"十四五"职业教育国家规划教材

Java 程序设计基础

新世纪高职高专教材编审委员会 组编

主　编　胡伏湘

副主编　吴名星　雷军环

　　　　郭　鹏　景　雨

第三版

U0244352

 大连理工大学出版社

图书在版编目(CIP)数据

Java 程序设计基础 / 胡伏湘主编. -- 3 版. -- 大连：
大连理工大学出版社，2022.1(2025.1 重印)
新世纪高职高专软件技术专业系列规划教材
ISBN 978-7-5685-3715-5

Ⅰ. ①J… Ⅱ. ①胡… Ⅲ. ①JAVA 语言－程序设计－
高等职业教育－教材 Ⅳ. ①TP312.8

中国版本图书馆 CIP 数据核字(2022)第 021547 号

大连理工大学出版社出版

地址：大连市软件园路 80 号　邮政编码：116023
营销中心：0411-84707410　84708842　邮购及零售：0411-84706041
E-mail：dutp@dutp.cn　URL：https://www.dutp.cn
辽宁星海彩色印刷有限公司印刷　　大连理工大学出版社发行

幅面尺寸：185mm×260mm　　印张：18.5　　字数：472 千字
2014 年 11 月第 1 版　　　　　　　　　　2022 年 1 月第 3 版
2025 年 1 月第 8 次印刷

责任编辑：高智银　　　　　　　　　　责任校对：李　红
封面设计：张　莹

ISBN 978-7-5685-3715-5　　　　　　　　定　价：58.80 元

本书如有印装质量问题，请与我社营销中心联系更换。

前　言

《Java 程序设计基础》(第三版)是"十四五"职业教育国家规划教材、"十三五"职业教育国家规划教材、"十二五"职业教育国家规划教材、2020 年湖南省职业教育优秀教材,也是新世纪高职高专教材编审委员会组编的软件技术专业系列规划教材之一。

党的二十大报告指出:我们要坚持教育优先发展、科技自立自强、人才引领驱动,加快建设教育强国、科技强国、人才强国,坚持为党育人、为国育才,全面提高人才自主培养质量,着力造就拔尖创新人才,聚天下英才而用之。培养软件开发技术技能型人才是时代赋予高职院校的使命,本教材将社会主义核心价值观、职业道德、工匠精神、团队合作等方面确定为引入课堂的思政元素,在教学中因势利导、潜移默化地引导学生将个人的成才梦有机融入实现中华民族伟大复兴中国梦的思想认识。

软件技术的迭代更新是永恒的话题,紧跟业界变化,融入最新技术和行业标准,培养软件企业优秀的程序员是本书编者的使命;掌握业界主流的编程语言和开发工具,能够独立开发网络软件项目,是软件类专业学生梦寐以求的事情;以行业项目引导人、以经典案例启发人、以通俗的语言教诲人是本书追求的目标。本书作者在企业从事软件开发工作多年,来到学校后继续承担程序设计类课程的教学任务,教材的编写过程既是企业开发经验的系统总结,又是技能训练方法与手段的完美升华。

本教材定位为培养 Java 程序员,立足于具有一定 C 语言和数据库基础、刚刚踏上软件开发之路的入门者,以业界通用的 Eclipse 作为设计平台,通过"银行 ATM 自动取款系统"作为项目主线,从需求分析到功能实现,贯穿整个教学过程,让学习者有兴趣、有目标、有挑战,实现从学生到程序员身份的顺利过渡。

本教材按照企业承接一个软件开发项目的标准流程,以项目导入开始,从搭建开发环境到最后实现,采用模块化结构进行编写。全书分为 5 个模块共 16 章。

模块 1——课程准备,包括前 3 章:初识 Java,搭建开发环境,建立面向对象的编程思想。通过分析"银行 ATM 自动取款系统"项目需求及面向对象特性,初步建立面向对象思想,为后续模块学习在环境上、思想上、项目上做好准备。

模块 2——面向对象编程初级,由第 4~7 章组成:创建类,创建类的成员属性和方法,创建对象,使用程序包。通过实现

"银行 ATM 自动取款系统"的类及包,掌握类、对象、包技术相关知识在实际项目中的应用方法。

模块 3——面向对象编程高级,包括第 8~11 章:实现继承,实现接口,实现多态,异常处理。通过实现"银行 ATM 自动取款系统"高级特性,掌握继承、接口、抽象类、多态、异常处理相关知识在实际项目中提高程序的重用性、可维护性、可扩展性、容错性的方法。

模块 4——图形用户界面,由第 12~13 章构成:创建图形用户界面,处理图形界面组件事件。通过实现"银行 ATM 自动取款系统"图形界面,掌握图形用户界面及事件处理相关知识在实际项目中的运用方法。

模块 5——网络编程及相关技术,包括第 14~16 章:实现流,实现多线程,实现网络通信。通过实现"银行 ATM 自动取款系统"网络编程,掌握网络通信技术及相关的流、多线程相关知识在实际项目中的综合运用。

与第二版相比,第三版在保持原有框架的基础上,主要有四个方面的变化:一是教材所有内容、技能训练和项目实践全部更新为最新技术,紧密对接软件企业主流开发平台。二是增加了课程思政内容,立德树人目标更加明确。三是完善了实践教学体系,按照 ATM 自动取款系统的项目分析,逐步实现,渗透软件行业标准和规范,技能训练全部对接本章教学内容,理实一体,既方便教学,又方便实践。四是删除第二版第 17 章"实现数据库编程",内容更聚焦,体系更精练。

本教材的主要特色:

1. 面向 Java 程序员职业岗位,从"银行 ATM 自动取款系统"需求分析入手,以项目为主线,完全贯通。

2. 本教材包含 5 个知识模块,5 个项目实战训练,16 章内容,14 个与章节对应的技能训练,从生手到高手不再是难事。

3. 每个知识点都设计了典型例题,既能反映教材内容,又具有很强的实用价值,是模块设计的缩影。

4. 除了模块 1 课程准备的 3 章,每章均安排了对应的技能训练,包括基础知识训练和 ATM 项目内容实现,达到由理论到实践的本质提升。

5. 本教材语言通俗易懂,讲解深入浅出,可以让读者迅速上手,逐步建立编程思路,最后给出程序代码,实现由思想到实际的根本突破。

本教材所有的例题和源程序均在 JDK 1.8、Eclipse 4.4.1 中英文版、MyEclipse 10 环境中运行通过,提供配套教学资源,包括全部源程序代码及相应素材、电子教案。

本教材由长沙商贸旅游职业技术学院胡伏湘任主编,长沙民政职业技术学院吴名星、雷军环和大连外国语大学郭鹏、景雨任副主编,湖南诚捷达通信技术有限公司苏子庆参与了教材编写。具体分工为:胡伏湘负责编写模块 1、模块 2 及整体设计,吴名星负责编写技能训练和项目设计,雷军环负责编写模块 3、模块 4,郭鹏负责编写模块 5 及制作微课和教学资源,景雨负责编写模块 5 及制作教学资源和考试平台,苏子庆负责技能训练设计、项目设计与实施。全书由胡伏湘审阅并统稿。

由于编者水平有限,不足之处在所难免,恳求读者和各位老师指正,不胜感激。

编　者

所有意见和建议请发往:dutpgz@163.com

欢迎访问职教数字化服务平台:https://www.dutp.cn/sve/

联系电话:0411-84706671　84707492

目 录

模块 1 课程准备

模块 2　面向对象编程初级

模块3　面向对象编程高级

模块4　图形用户界面

模块 5　网络编程及相关技术

本书微课视频列表

模块 1

课程准备

在具体学习 Java 程序设计语言之前，了解 Java 语言的发展历史，明确它的特点、开发环境及其在软件开发中所处的位置和环境，它的目的、任务和思想，有助于在学习过程中有的放矢。

通过本模块的学习，能够：

- 了解 Java 的发展历史和特点。
- 搭建 Java 程序的开发和运行环境。
- 理解 Java 程序的运行原理。
- 初步建立面向对象的编程思想。

本模块通过分析"银行 ATM 自动取款系统"需求及面向对象特征，帮助读者初步建立面向对象思想，在环境、思想、项目上为后续模块学习做好准备。

第1章

初识 Java

✐ 主要知识点

- Java 语言的发展历史。
- Java 语言的特点。
- Java 的三种版本。

✐ 学习目标

熟悉 Java 语言的特点和三种版本。

目前软件开发的主流技术包括四个：数据库开发技术、商务网站设计、Java 技术和. NET 技术。数据库开发技术主要包括 SQL Server、Oracle、DB2、SYBASE 等，大多数软件用这些数据库保存信息。商务网站设计包括客户端技术和服务器端技术，客户端技术用于设计客户端页面、动态脚本和动画，主要包括 HTML、CSS＋DIV、JavaScript/VBScript、PHP、ASP. NET、JSP. NET、Perl 等；服务器端技术用于数据的保存及后台处理，通常包括 ASP. NET 和 JSP，前者运用于 Windows 环境，后者可用于任意操作系统环境。Java 技术以 Java 语言开发平台 JDK 为基础，基于 struts＋spring＋hibernate/ibatis 架构或者 JSP＋Servlet＋JavaBean＋dao 框架，是目前软件行业最主要的开发技术之一，可以跨平台运行。. NET 技术以 Windows 操作系统为基础，主要用于开发 Windows 环境的应用软件。

Java 的先导技术有计算机应用基础和 C 语言，根据软件开发类型选择后续技术，见表 1-1。

表 1-1　　　　　　　　　　　　Java 的后续技术

主要技术	说　明	主要应用
Java EE	Java 开发平台企业版	企业级网络应用软件开发
Java ME	Java 开发平台微型版	嵌入式设备、无线终端、WAP 应用开发
JSP	动态网页设计	Web 应用和动态网站开发
Android	安卓操作系统	智能手机应用软件开发

3

1.1 Java 语言的发展历史

Java 是 Sun Microsystems 公司在 1995 年推出的通用软件平台，1998 年发布了 Java 开发的免费工具包 JDK 1.2，并开始使用 Java 2 这一名称，从此 Java 技术在软件开发领域全面普及，以后又陆续推出了 JDK 1.3、1.4、1.5、1.6、1.7、1.8、1.9 等版本，Java SE 10 及以后名称为：JDK 10、JDK 11、JDK 12、JDK 13、JDK 14、JDK 15、JDK 16、JDK 17 等，Java 是一种跨平台的面向对象程序设计语言。2009 年，Sun Microsystems 公司被 Oracle 公司收购。JDK 软件及帮助文档等相关技术资料可以在 Oracle 官网上免费下载。

1.1.1 Java 的三种版本

Java 程序的运行需要 JDK(Java Development Kit，Java 开发工具)软件的支持，JDK 有三种版本：

1. Java SE：Standard Edition(标准版)，又称为 J2SE，包含了构成 Java 语言核心的类，主要用于桌面应用软件的编程。

2. Java EE：Enterprise Edition(企业版)，又称为 J2EE，是 Java2 企业开发的技术规范，是对标准版的扩充，包括企业级软件开发的许多组件，如：JSP、Servlet、JavaBean、EJB、JDBC、JavaMail 等。

3. Java ME：Micro Edition(微型版)，又称为 J2ME，是对 J2SE 的压缩，并增加了一些专用类，用于嵌入式系统和电子产品的软件开发，如智能卡、手机、PDA、机顶盒等。

Java 编程入门一般都是从标准版开始，这也是本教材要用的版本，其他版本在后续课程中将会单独开设，也可以自学掌握。

1.1.2 Java 的应用

2022 中国软件 150 强

Java 技术自 1995 年问世以来，在我国得到了迅速普及，主要集中于企业应用开发。从开发领域的分布情况上看，Web 开发占了一半以上，还包括 Java ME 移动或嵌入式开发、C/S 应用、系统编程等。具体应用在如下四个领域：

1. 行业和企业信息化：由于 SUN、IBM、Oracle、BEA 等国际厂商相继推出各种基于 Java 技术的应用服务器以及各种应用软件，带动了 Java 在金融、电信、制造等领域日益广泛的应用。Java 在我国软件开发领域应用非常广泛，如移动、联通、电信等通信行业的信息化平台，银行、证券、保险公司的金融管理系统，ERP 企业资源计划软件等，特别是淘宝、京东这类访问量极大的购物网站，程序员们需要设计最优架构，多次峰值测试，确保在流量极大的时间段还能稳定运行。

2. 电子政务及办公自动化：东方科技、金蝶、中创等开发的 J2EE 应用服务器在电子政务及办公自动化中也得到应用。例如，金蝶的 Apusic 在民政部、广东省工商局得到应用；东软电子政务架构 EAP 平台在社会保险、公检法、税务系统得到应用；中创的 Inforweb 等 Infor 系列中间件产品在国家海事局、山东省政府及中国建设银行、民生银行等金融系统得到应用；无锡永中科技的国产化集成办公软件永中 Office 应用到一些省市政府部门中。

3. 嵌入式设备及消费类电子产品：手机、无线手持设备、通信终端、医疗设备、信息家电(如数字电视、机顶盒、电冰箱)、物联网、汽车电子设备等都是热门的 Java 应用领域。

4.辅助教学：运用 Java 架构设计的远程教学系统、教学资源管理系统、交互式仿真教学平台、网络虚拟课堂、电子书包等软件极大地提高了教育信息化程度。

1.2　Java 语言的特点

Java 语言克服了其他语言的许多缺陷（如 C 语言中的指针类型），采用面向对象编程方式，与人类处理事务的过程更加接近，受到广大程序员的喜爱。

1.2.1　Java 语言的技术特点

1.面向对象：面向对象其实是现实世界模型的自然延伸，现实世界中的任何实体都可以看作对象，对象之间通过消息相互作用。如果说传统的面向过程的编程语言是以过程为中心，以算法为驱动的话，那么面向对象的编程语言则是以对象为中心，以消息为驱动。用公式表示，面向过程的编程语言为：程序＝算法＋数据；面向对象的编程语言为：程序＝对象＋消息。Java 语言是一种典型的面向对象编程语言，具有封装、多态性和继承性。

2.平台无关性：用 Java 编写的应用程序不用修改就可在不同的软、硬件平台上运行，也称为跨平台，Java 主要靠 Java 虚拟机（JVM）实现平台无关性。

3.分布式：分布式包括数据分布和操作分布。数据分布是指数据可以分散在网络的不同主机上，操作分布是指把一个计算分散在不同主机上处理。Java 支持 WWW 客户机/服务器计算模式，因此，它支持这两种分布性。对于前者，Java 提供了一个称为 URL 的对象，利用这个对象可以打开并访问具有相同 URL 地址的对象，访问方式与访问本地文件系统相同。对于后者，Java 的 Applet 小程序可以从服务器下载到客户端，即部分计算在客户端进行，提高系统执行效率。Java 提供了一整套网络类库，开发人员可以利用类库进行网络程序设计，方便地实现 Java 的分布式特性。

4.可靠性和安全性：Java 最初的设计目的是应用于电子类消费产品，因此要求具有较高的可靠性。Java 虽然源于 C++，但它消除了许多 C++中的不可靠因素，可以防止许多编程错误。第一，Java 是强类型的语言，要求用显式的方法声明，保证了编译器可以发现方法调用错误，保证程序更加可靠；第二，Java 不支持指针，杜绝了内存的非法访问；第三，Java 的自动单元收集防止了内存丢失等动态内存分配导致的问题；第四，Java 解释器运行时实施检查，可以发现数组和字符串访问的越界；第五，Java 提供了异常处理机制，程序员可以把一组错误代码放在一个地方，这样可以简化错误处理任务，便于恢复。

Java 主要用于网络应用程序开发，对安全性有较高的要求。如果没有安全保证，用户从网络上下载执行程序就非常危险。Java 通过自己的安全机制防止了病毒程序的产生和下载程序对本地系统的威胁破坏。当 Java 字节码进入解释器时，首先，必须经过字节码校验器的检查；然后，Java 解释器将决定程序中类的内存布局；随后，类装载器负责把来自网络的类装载到单独的内存区域，避免应用程序之间相互干扰破坏；最后，客户端用户还可以限制从网络上装载的类只能访问某些文件系统。上述几种机制结合起来，使得 Java 成为安全的编程语言。

5.多线程：线程是操作系统的一种新概念，又称为轻量进程，是比传统进程更小的可并发执行的单位。Java 在两方面支持多线程：一方面，Java 环境本身就是多线程的，若干个系统线程运行负责必要的无用单元回收、系统维护等系统级操作；另一方面，Java 语言内置多线程控制，可以大大简化多线程应用程序开发。Java 提供了一个类 Thread，由它负责启动运行、终止线程,并可检查线程状态。Java 的线程还包括一组同步原语,这些原语负责对线程实行并发控制。利用 Java 的多线程编程接口,开发人员可以方便地写出支持多线程的应用程序,提高程序执行效率。

6.健壮性:Java 在编译和运行程序时,都要对可能出现的问题进行检查,以消除错误的产生。它提供自动垃圾收集来进行内存管理,防止程序员在管理内存时产生错误。通过集成的面向对象的异常处理机制,在编译时,Java 提示可能出现但未被处理的异常,帮助程序员正确地选择以防止系统崩溃。另外,Java 在编译时还可捕获类型声明中的许多常见错误,防止动态运行时不匹配问题的出现。

7.灵活性:Java 的设计使它适合于一个不断发展的环境。在类库中可以自由地加入新的方法和实例变量而不会影响用户程序的执行。并且,Java 通过接口来支持多重继承,使之比严格的类继承具有更灵活的方式和扩展性。

SUN 公司在其网站上定期扩充和更新其系统类库,还有大量的免费资源,用户可以将这些资源无缝嵌入自己的系统,缩短了用户开发软件的周期。

1.2.2 Java 虚拟机(JVM)

JVM 是一种抽象机器,它附着在具体操作系统之上,本身具有一套虚拟机器指令,并具有自己的栈、寄存器组等,在 JVM 上有一个 Java 解释器,其用来解释 Java 编译器编译后的程序。Java 编程人员在编写完软件后,通过 Java 编译器将 Java 源程序编译为 JVM 的字节代码。任何一台机器只要配备了 Java 解释器,就可以运行这个程序,而不管这种字节码是在何种平台上生成的,如图 1-1 所示。Java 采用了基于 IEEE 标准的数据类型,通过 JVM 保证数据类型的一致性,也确保了 Java 的平台无关性,程序员开发一次软件即可在任意平台上运行,而无须进行任何改造。

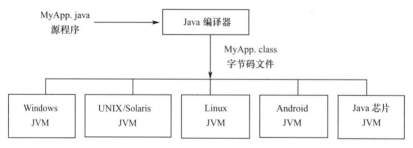

图 1-1 Java 的平台无关性示意图

JVM 是 Java 的核心和基础,是 Java 编译器和 OS 平台之间的虚拟处理器,是一种利用软件方法实现的抽象计算机。基于下层的操作系统和硬件平台,可以在上面执行 Java 的字节码程序,JVM 的运行原理如图 1-2 所示。

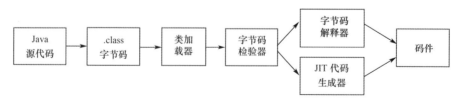

图 1-2 JVM 的运行原理

字节码是可以发送给任何平台并且能在那个平台上运行的独立于平台的代码,而不是编译成与某个特定的处理器硬件平台对应的指令代码。在 Java 编程语言和环境中,即时编译器 JIT(Just-in-time Compiler)是一个把 Java 的字节码(包括需要被解释的指令的程序)转换成可以直接发送给处理器的指令的程序,因此 Java 编译器只要面向 JVM,生成 JVM 能理解的代码或字节码文件即可,通过 JVM 将每一条指令翻译成不同平台机器码,在 JRE(Java 运行时环境)下运行,JRE 是由 JVM 构造的 Java 程序的运行环境。JVM 的功能包括加载.class 文件、管理并分配内存、执行垃圾收集等。

 习 题

一、简答题

1.Java 语言有哪些特点? 主要用于哪些方面的软件开发?

2.Java 有哪些版本? 各用于什么场合?

3.什么是 Java 虚拟机? 简述其工作机制。

4.什么是 JDK? 它与 Java 有什么关系?

二、操作题

试着写一个简单的 Java 程序,输出一行信息"这是我第一次使用 Java!",并与 C 语言程序进行对比,比较其异同。

第2章

搭建开发环境

- 掌握 Java 开发环境的建立方法。
- 掌握 Java 程序的分类、工作原理、建立方法和运行过程。
- 掌握 Java 程序的开发平台。

学习目标

掌握 Java 程序的设计过程。

Java 源程序的编辑和运行环境有多种,最常用的是采用 Windows 中的记事本编写源程序,然后进入 MS-DOS 窗口状态,在提示符状态下输入编译命令,将源程序编译为 class 文件,最后运行程序。也可以在 JCreator 集成环境下输入源程序并运行,适合于初学者。而业界通常是在 Eclipse 或者 MyEclipse 环境下开发应用软件,这也是本教材采用的开发平台。

2.1 软件的安装与配置

Java 开发环境包括两个部分:Java 开发工具集 JDK 和开发平台。开发平台有很多种,本教材采用业界通用的 Eclipse。

2.1.1 安装和设置 JDK

JDK 是一种免费资源,用户可以在 SUN 公司的网站上免费下载,一般使用的是其标准版,即 Java SE,本教材采用软件企业常用的版本 JDK 8,其对应的安装文件名为 jdk-8u25-windows-x64.exe,将下载的 JDK 解压安装后即可使用,JDK 默认的安装位置是 C:\Program Files\Java\jdk1.8.0_25。

2.1.2 Eclipse 简介

Eclipse 是 IBM 公司设计的集成环境,是一个开放源代码的、基于 Java 技术的可扩展开发平台,本身只是一个框架和一组服务,但通过添加插件可以搭建各种基于 Java 技术的软件项目,例如,Java EE、Java ME、Android、JSP,甚至还支持 Java 以外的其他语言,例如,C/C++、Perl、Ruby、Python、Telnet 和数据库开发,是开发企业级软件的标准平台。

Eclipse 是一款绿色软件,可以从 Eclipse 网站(http://www.eclipse.org/downloads)上下载,从网站上下载后直接解压即可运行,第一次启动时它会自动查找 JDK 的位置并配置好相应的参数。

Eclipse 平台由平台核心(Platform Kernel)、工作区(Workspace)、工作台(Workbench)、团队组件(Team)以及说明组件(Help)等组成。

平台核心的任务是让每样东西动起来,并加载所需的外挂程序。当启动 Eclipse 时,先执行的就是这个组件,再由这个组件加载其他外挂程序。

工作区负责管理使用者的资源,这些资源被组织成一个(或多个)项目,摆在最上层。每个项目对应到 Eclipse 工作区目录下的一个子目录。每个项目可包含多个文件和数据夹,每个数据夹对应到一个在项目目录下的子目录,也可链接到档案系统中的任意目录。

Eclipse 工作台如图 2-1 所示,这是操作 Eclipse 时会碰到的基本图形接口,工作台是 Eclipse 中仅次于平台核心的最基本的组件,启动 Eclipse 后出现的主要窗口就是工作界面,主要包括菜单栏、常用工具栏、包浏览器窗格 Package Explorer(左边)、源文件编辑器窗格(中间)、大纲窗格 Outline(右边)、任务窗格 Problems(下边)等。

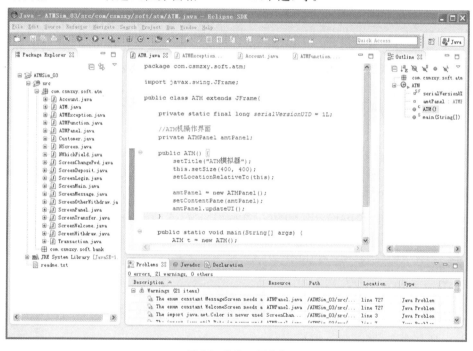

图 2-1　Eclipse 工作台

包浏览器窗格中包括项目名、源文件列表和 JRE(Java 运行时环境)系统库及其他文件;大纲窗格中则列出了当前源程序中所包含的常量、变量和方法;任务窗格中通常包括问题(Problems)、文档(Javadoc)、声明(Declaration)、控制台(Console)、服务器(Servers)等选项卡,如果选择 Problems 选项卡,则系统检测源程序并显示其中存在的错误数(Errors)、警告数(Warnings)和其他问题数量,并在下方的描述窗格(Description)显示详细情况。

Eclipse 允许用户同时打开或编辑多个文件,以选项卡的形式进行切换,源程序中,系统用不同颜色标记语法成分,并具有逐步提示功能,方便用户输入。如果需要设置工作台的内容,可以从"Window"中的"Show View"菜单中选取一个视图来实现。

2.2　体验第一个 Java 程序

Java 程序分为两类:应用程序 Application 和小程序 Applet。Application 多以控制台 (Console)方式经编译后单独运行;而 Applet 程序不能单独运行,必须以标记的方式嵌入 Web 页面(HTML 文件)中,在支持 Java 虚拟机的浏览器上运行。在使用时应该区别应用。

2.2.1　应用程序(Application)

下面是一个 Java 应用程序,用于输出一行文字"我在学习 Java!"。

【例 2-1】　源程序文件名是:HelloJava.java。

```java
public class HelloJava{//最简单的应用程序
    public static void main(String args[]){
        System.out.println("我在学习 Java!");
    }
}
```

程序中,首先用保留字 class 来声明一个新的类,其类名为 HelloJava,它是一个公共类 (public)。整个类定义由大括号{}括起来。在该类中定义了一个 main()方法,其中 public(公共的)表示访问权限,指明所有的类都可以使用这一方法;static(静态的)指明该方法是一个类方法,可以通过类名直接调用;void(任意的)则指明 main()方法不返回任何值。对于一个应用程序来说,main()方法是必需的,而且必须按照如上的格式来定义。Java 解释器在没有生成任何实例的情况下,以 main()作为入口来执行程序。Java 程序中可以定义多个类,每个类中可以定义多个方法,但是最多只能有一个公共类,main()方法也只能有一个,作为程序的入口。在 main()方法定义中,括号()中的 String args[]是传递给 main()方法的参数,参数名为 args,它是类 String(字符串)的一个实例,参数可以为 0 个或多个,每个参数用"类名 参数名"来指定,多个参数间用逗号分隔。在 main()方法的实现(大括号)中,只有一条语句:

```java
System.out.println("我在学习 Java!");
```

用来将字符串输出,调用了 println 方法。第 1 行中,"//"后的内容为注释。

2.2.2　应用程序的运行

在 Eclipse 中,要运行 Java 程序,首先要建立一个项目(Project),然后在 这个项目中增加一个类(Class),最后运行此项目。

微 课

Java 应用程序的运行

第一步:新建一个项目。

执行 File→New→Java Project,出现建立 Java 项目对话框,输入项目名并设置好项目所在的位置以及其他参数,单击【Finish】按钮,完成项目的创建,如图 2-2 所示。

第二步:创建一个 Java 程序。

一个项目中可以包括多个 Java 程序(类),这些程序不能同名。在包浏览器窗格中,选择刚刚创建的项目,执行 File→New→Class,打开新建类对话框,如图 2-3 所示,输入类名,设置好其他参数,单击【Finish】按钮,完成类的创建,返回工作窗口,即可输入类的内容。

说明:Java 源程序文件实际上就是类,文件名就是类名,类型名为.java,所以说,编写 Java 程序就是创建类。

图 2-2   建立 Java 项目对话框

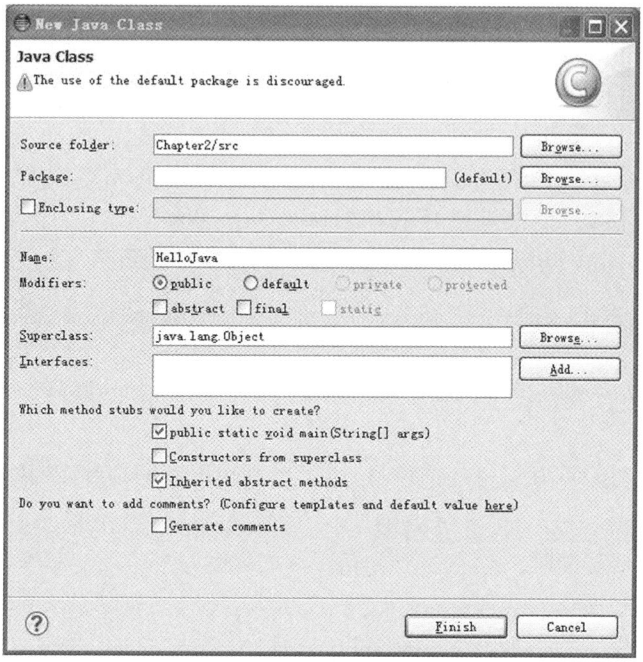

图 2-3   新建类对话框

第三步：输入源程序内容。

☞ 思政小贴士

Java 程序（包括文件名）严格区分大小写，书写代码时要形成习惯，语法格式中采用英文标点（不能是中文标点）。一个标点、一个字母出错，程序都会报错而不能运行，因此程序员要有细致耐心、一丝不苟的工匠精神。

第四步:运行程序。

在包浏览器窗格中,选择刚刚创建的文件(HelloJava.java),执行 Run→Run AS→Java Application,系统在任务窗格中显示运行结果,如图 2-4 所示。

```
Problems  @ Javadoc  Declaration  Console
<terminated> HelloJava [Java Application] C:\Program Files\Java\jre7\bin\javaw.exe (2022-1-8 下午3:30:33)
我在学习Java!
```

图 2-4 程序 HelloJava.java 的运行结果

也可以在包浏览器窗格中右击文件名 HelloJava.java,或者直接在文件编辑窗口任何空白位置右击,在弹出的快捷菜单中选择 Run AS→Java Application。

2.2.3 小程序(Applet)

下面是一个 Java 小程序,用于输出一行信息"Hello Java World!"。

【例 2-2】 源程序文件名是 HelloWorldApplet.java。

```
import java.awt. * ;
import java.applet. * ;
public class HelloWorldApplet extends Applet{//这是一个小程序
    public void paint(Graphics g){
        g.drawString("Hello Java World!",20,20);
    }
}
```

在程序中,首先用 import 语句导入 java.awt 和 java.applet 下所有的包,使该程序可以使用这些包中所定义的类,类似于 C 语言中的 ♯include 语句。然后声明一个公共类 HelloWorldApplet,用 extends 指明它是 Applet 的子类。程序中重写了父类 Applet 的 paint()方法,其中参数 g 为图形类 Graphics 的对象。在 paint()方法中,调用 g 的方法 drawString(),在坐标(20,20)处输出字符串"Hello Java World!"。

小程序中没有 main()方法,这是 Applet 与 Application 的重要区别之一。

2.2.4 小程序的运行

小程序的运行方法,也要经过建立项目、建立 Java 程序、输入源程序和运行程序四个步骤。

Java 小程序的运行

第一步:建立项目。可以新建一个项目,也可以利用原有的项目,只添加文件。

第二步:建立 Java 程序,方法与 Java Application 相同,但不要选择"public static void main(String[] args)"复选框。

第三步:输入源程序代码并保存。

第四步:运行程序。右击源程序名(HelloWorldApplet.java),在弹出的快捷菜单中执行 Run AS→Java Applet,然后出现 Save and Launch 对话框,勾选小程序文件名,单击【确定】按钮,系统会打开一个小窗口显示运行结果,如图 2-5 所示。

源程序在保存后,系统会自动编译此文件,并在项目所在文件夹的 bin 目录中产生同名 (HelloWorldApplet.class)的字节码文件。

字节码文件可以作为网页文件的一个标记嵌入网页中,由浏览器软件打开。在网页文件中加进 applet 标记的方法是:

图 2-5　程序 HelloWorldApplet.java 的运行结果

＜applet code＝字节码文件名.class width＝宽度 height＝高度＞ ＜/applet＞

例如,建立一个网页文件 mypage.html,与 HelloWorldApplet.class 存放在同一文件夹下,其内容如下:

＜HTML＞
＜HEAD＞
＜TITLE＞ 这是一个 Java Applet 的例子 ＜/TITLE＞
＜/HEAD＞
＜BODY＞
＜applet code＝HelloWorldApplet.class width＝200 height＝40＞
＜/applet＞
＜/BODY＞
＜/HTML＞

用浏览器软件如 IE 打开此网页文件即可,此时需要在浏览器软件中设置允许 Java 程序运行,否则会被当成不安全因素而禁止。

从上面两个例子可以看出,Java 程序是由类构成的,对于一个应用程序来说,必须有一个类中定义了 main()方法,程序的运行就是从这个方法开始的,而 Applet 中没有 main()方法且必须作为网页对象才能运行。可以说,编写 Java 程序的过程就是编写类(Class)的过程。

课堂练习:分别用应用程序和小程序编写一个程序,输出一行信息"欢迎进入 Java 天地!",并写出小程序对应的 HTML 文件。

　习　题

一、简答题

1.运行 Java 程序需要哪些软件?

2.JDK 与 Eclipse 有什么关系?

3.Java 程序分为哪几类? 有什么区别?

4.如何在 Eclipse 环境下运行 Java 程序?

二、操作题

1.从网上下载 JDK 1.8,并安装到本机,了解此软件安装后的目录结构和文件组成。

2.从网上下载 Eclipse 软件,最好是中文版,并安装到本机,熟悉其工作界面和 Java 程序运行过程。

3.依照本章例题,分别编写一个 Application 和 Applet 程序,功能是输出以下信息并在 Eclipse 环境下运行:

I love Java!

第3章

建立面向对象的编程思想

- 理解面向对象编程的基本思想。
- 掌握面向对象编程的一般方法。
- 能够运用 Java 语言编写简单的应用程序。

学习目标

掌握面向对象编程的基本思想。

面向对象编程(Object-Oriented Programming,OOP)是一套概念和想法,利用计算机程序来描述实际问题,也是一种更直观、效率更高的解决问题的方法,与面向过程的编程方法(如C语言)相对应。面向过程的程序设计方法从解决问题的每一个步骤入手,适合于解决比较小的简单问题;而面向对象的程序设计方法则按照现实世界的特点来管理复杂的事物,把它们抽象为对象(Object),把每个对象的状态和行为封装在一起,通过对消息的反应来完成一定的任务。

Java 和 C++ 都是面向对象的典型编程语言。面向对象编程方法主要解决两个方面的问题:

(1)避免程序代码的重复使用,提高共享程度,增加程序的开发速度。

(2)降低维护负担,将具备独立性的代码封装起来,在修改部分程序代码时,不会影响到程序的其他部分。

3.1 面向对象的思想

从现实世界中客观存在的事物(对象)出发来构造软件系统,并在系统构造中尽可能运用人类的自然思维方式,强调直接以问题域(现实世界)中的事物为中心来思考问题,认识问题,并根据这些事物的本质特点,把它们抽象地表示为系统中的对象,作为系统的基本构成单位。这可以使系统直接地映射问题域,保持问题域中事物及其相互关系的本来面貌。

3.1.1 面向对象思想的基本概念

面向对象(Object-Oriented,OO)是当今软件开发的主流方法,其概念和应用领域已超越了程序设计和软件开发,扩展到很广的范围。例如,数据库系统、交互式界面、应用结构、应用平台、分布式系统、网络管理结构、CAD 技术、人工智能等领域。

面向对象的程序设计语言必须有描述对象及其相互之间关系的语言成分。这些程序设计语言可以归纳为以下几类:系统中一切皆为对象;对象是属性及其操作的封装体;对象可按其性质划分为类,对象成为类的实例;实例关系和继承关系是对象之间的静态关系;消息传递是对象之间动态联系的唯一形式,也是计算的唯一形式;方法是消息的序列。主要概念如下:

1. 对象:对象是人们要进行研究的任何事物,从最简单的整数到复杂的飞机等均可看作对象,它不仅能表示具体的事物,还能表示抽象的规则、计划或事件。

2. 对象的状态和行为:对象具有状态,一个对象用数据值来描述它的状态。对象具有可被操作、用于改变对象的状态,操作就是对象的行为。对象实现了数据和操作的结合,使数据和操作封装于对象的统一体中。

3. 类:具有相同或相似性质的对象的抽象就是类。因此,对象的抽象是类,类的具体化就是对象,也可以说类的实例是对象。

类具有属性,它是对象的状态的抽象,用数据结构来描述类的属性。类具有操作,它是对象的行为的抽象,用操作名和实现该操作的方法来描述。

4. 类的结构:在客观世界中有若干类,这些类之间有一定的结构关系。通常有两种主要的结构关系,即一般与具体、整体与部分的结构关系。一般与具体结构称为分类结构,也可以说是"或"关系,或者是"is a"关系。整体与部分结构称为组装结构,它们之间的关系是一种"与"关系,或者是"has a"关系。类中操作的实现过程称为方法,一个方法有方法名、参数、方法体。

5. 消息和方法:对象之间进行通信的结构称为消息。在对象的操作中,当一个消息发送给某个对象时,消息包含接收对象去执行某种操作的信息。发送一条消息至少要包括说明接收消息的对象名、发送给该对象的消息名(对象名、方法名)。一般还要对参数加以说明,参数可以是认识该消息的对象所知道的变量名,或者是所有对象都知道的全局变量名。

3.1.2 面向对象思想的基本特征

1. 唯一性:每个对象都有自身唯一的标识,通过这种标识,可找到相应的对象。在对象的整个生命周期中,它的标识都不改变,不同的对象不能有相同的标识。

2. 分类性:指将具有一致的数据结构(属性)和行为(操作)的对象抽象成类。一个类就是这样一种抽象,它反映了与应用有关的重要性质,而忽略其他一些无关内容。任何类的划分都是主观的,但必须与具体的应用有关。

3. 继承性:继承性是子类自动共享父类数据结构和方法的机制,这是类之间的一种关系。在定义和实现一个类的时候,可以在一个已经存在的类的基础之上来进行,把这个已经存在的类所定义的内容作为自己的内容,并加入若干新的内容。

继承性是面向对象程序设计语言不同于其他语言的最重要的特点,是其他语言所没有的。在类层次中,子类只继承一个父类的数据结构和方法,则称为单一继承,子类继承了多个父类的数据结构和方法,则称为多重继承。

在软件开发中,类的继承性使所建立的软件具有开放性、可扩充性,这是对信息进行组织与分类的行之有效的方法,它简化了创建对象、类的工作量,增加了代码的可重用性。采用继承性,提供了类的规范的等级结构。通过类的继承关系,使公共的特性能够共享,提高了软件的重用性。

4. 多态性：指相同的操作、函数或过程可作用于多种类型的对象上并获得不同的结果，不同的对象，收到同一消息可以产生不同的结果。多态性允许每个对象以适合自身的方式去响应共同的消息，增强了软件的灵活性和重用性。

3.1.3　面向对象思想的基本要素

1. 抽象：抽象是指强调实体的本质、内在的属性。在系统开发中，抽象指的是在决定如何实现对象之前的对象的意义和行为。使用抽象可以尽可能避免过早考虑一些细节，类实现了对象的数据（状态）和行为的抽象。

2. 封装性（信息隐藏）：封装性是保证软件部件具有优良的模块性的基础。面向对象的类是封装良好的模块，类定义将其说明（用户可见的外部接口）与实现（用户不可见的内部实现）显式地分开，其内部实现按其作用域提供保护。

对象是封装的最基本单位。封装防止了程序相互依赖性而带来的变动影响。面向对象的封装比传统语言的封装更为清晰。

3. 共享性：面向对象技术在不同级别上促进了共享，同一类中的对象有着相同数据结构，这些对象之间是结构、行为特征的共享关系。在同一应用的类层次结构中，存在继承关系的各相似子类中，存在数据结构和行为的继承，使各相似子类共享共同的结构和行为，使用继承来实现代码的共享，这也是面向对象的主要优点之一。面向对象不仅允许在同一应用中共享信息，而且为未来目标的可重用设计准备了条件，通过类库这种机制和结构来实现不同应用中的信息共享。

3.2　面向对象的编程方法

面向对象编程方法（Object-Oriented Method）是一种把面向对象的思想应用于软件开发过程中，指导开发活动的系统方法，简称 OO 方法，是建立在"对象"概念基础上的方法学。对象是由数据和允许的操作所组成的封装体，与客观实体有直接对应关系，一个对象类定义了具有相似性质的一组对象。而继承性是对具有层次关系的类的属性和操作进行共享的一种方式。所谓面向对象，就是基于对象概念，以对象为中心，以类和继承为构造机制，来认识、理解、刻画客观世界和设计、构建相应的软件系统。

3.2.1　面向对象编程的基本步骤

面向对象编程通常要经过九个步骤：

1. 分析确定在问题空间和解空间出现的全部对象及其属性。

2. 确定应施加于每个对象的操作，即对象固有的处理能力。

3. 分析对象间的联系，确定对象彼此间传递的消息。

4. 设计对象的消息模式，消息模式和处理能力共同构成对象的外部特性。

5. 分析各个对象的外部特性，将具有相同外部特性的对象归为一类，从而确定所需要的类。

6. 确定类间的继承关系，将各对象的公共性质放在较上层的类中描述，通过继承来共享对公共性质的描述。

7. 设计每个类关于对象外部特性的描述。

8.设计每个类的内部实现(数据结构和方法)。

9.创建所需的对象(类的实例),实现对象间的联系(发消息)。

3.2.2　主要概念解析

1.对象、类和消息

对象就是变量和相关方法的集合,其中变量表明对象的状态,方法表示对象所具有的行为,一个对象的变量构成这个对象的核心,包围在它外面的方法使这个对象和其他对象分离开来。例如,可以把汽车抽象为一个对象,用变量来表示它当前的状态,如速度、油量、型号、所处的位置等,它的行为则可以有加速、刹车、换挡等。操纵汽车时,不用去考虑汽车内部各个零件如何运作的细节,而只需根据汽车可能的行为使用相应的方法即可。实际上,面向对象的程序设计实现了对对象的封装,使用者不必关心对象的行为是如何实现的这样一些细节。通过对对象的封装,实现了模块化和信息隐藏,有利于程序的可移植性和安全性,也有利于对复杂对象的管理。

对象之间必须进行交互来实现复杂的行为。例如,要使汽车加速,必须发给它一个消息,告诉它进行何种动作(这里是加速)以及实现这种动作所需的参数(这里是需要达到的速度等)。一个消息包含三个方面的内容:

(1)消息的接收者。

(2)接收对象应采用的方法。

(3)方法所需要的参数。

同时,接收消息的对象在执行相应的方法后,可能会给发送消息的对象返回一些信息,如上例中汽车的仪表上会出现已经达到的速度等。

由于任何一个对象的所有行为都可以用方法来描述,通过消息机制可以实现对象之间的交互,同时,处于不同处理过程甚至不同主机的对象间也可以通过消息实现交互。上面所说的对象是一个具体的事物,例如,每辆汽车都是一个不同的对象。但是多个对象常常具有一些共性,如所有的汽车都有轮子、方向盘、刹车装置等。于是可以抽象出一类对象的共性,这就是类(class)。典型的类是"人类",表明人的共同性质。类中定义一类对象共有的变量和方法。把一个类实例化即生成该类的一个对象。例如,可以定义一个汽车类来描述所有汽车的共性,通过类的定义可以实现代码的复用。我们不用去描述每一个对象(某辆汽车),而是通过创建类(如汽车类)的一个实例来创建该类的一个对象,这样大大简化了软件的设计过程。

类是对一组具有相同特征的对象的抽象描述,所有这些对象都是这个类的实例。在程序设计语言中,类是一种数据类型,而对象是该类型的变量,变量名即是某个具体对象的标识名,即对象名。

2.继承

通过对象、类,可以实现封装,通过子类则可以实现继承。

公共汽车、出租车、货车等都是汽车,但它们是不同的汽车,除了具有汽车的共性外,还具有自己的特点,如不同的操作方法、不同的用途等。这时可以把它们作为汽车的子类来实现,它们继承父类(汽车)的所有状态和行为,同时增加自己的状态和行为。通过父类和子类实现了类的层次,可以从最一般的类开始,逐步特殊化定义一系列的子类。同时,通过继承也实现了代码的复用,使程序的复杂性线性地增长,而不是呈几何级数增长。

Java 只支持单一继承,降低了继承的复杂度。通过接口也能实现多重继承,但接口的概念更简单,使用更方便,而且不仅仅限于继承,还可使多个不相关的类具有相同的方法。

3. 抽象与接口

虽然继承别人已写好的功能,使程序代码能重复使用,不过,若修改了基础类,继承基础类的扩展类是否还能正常运行呢? 如果基础类是自己开发的,要修改很简单,但如果基础类是别人做好了的,该如何处理呢,这就引出了抽象化(Abstract)的概念。抽象化概念的生成是为了要降低程序版本更新后,在维护方面的负担,使功能的提供者和功能的使用者能够彼此分开,各自独立,互不影响。

为了达到抽象化的目的,需要在功能提供者与功能使用者之间提供一个共同的规范,功能提供者与功能使用者都要按照这个规范来提供、使用这些功能。这个共用的规范就是接口(Interface),接口定义了功能数量、函数名称、函数参数、参数顺序等。它是一个能声明属性、事件和方法的编程结构,只提供定义,并不实现这些成员,而是留给用户自己扩充。接口定义了功能提供者与功能使用者之间的准则,因此只要接口不变,功能提供者就可以任意更改实现的程序代码,而不影响使用者。接口就好比两个以上的体系拟定的共同规范,如调用Windows API 一样。

4. 多态

一个类中可以包含多个方法,是不是允许同名呢? 答案是允许。一方面,多个方法可以同名,但参数不能完全相同,否则系统无法识别。另一方面,如果在父类和子类中都有同一个方法名,也是允许的,方法体可以相同也可以不同。这就是多态,Java 通过方法重载和方法覆盖来实现多态。

通过方法重载,一个类中可以有多个具有相同名字的方法,由参数来区分哪一个方法,包括参数的个数、参数的类型和参数的顺序。例如,对于一个绘图的类 Graphics,它有一个 draw()方法用来画图或输出文字,可以传递给它一个字符串、一个矩形或一个圆形,甚至还可以指明绘图的起始位置、图形的颜色等,对于每一种实现,只需实现一个新的 draw()方法即可,而不需要新起一个名字,这样大大简化了方法的实现和调用,程序员和用户不需要记住很多的方法名,只需要设置相应的参数即可。

通过方法覆盖,子类可以重新实现父类的某些方法,使其具有自己的特征。例如,对于车类的加速方法,其子类(如赛车)中可能增加了一些新的部件来改善提高加速性能,这时可以在赛车类中覆盖父类的加速方法。覆盖隐藏了父类的方法,使子类拥有自己的具体实现,更进一步表明了与父类相比,子类所具有的特殊性。

3.2.3 类的实现

类是组成 Java 程序的基本要素,封装了一类对象的状态和方法,是这一类对象的原型。在前面的例子中已经定义了一些简单的类,看下面的 HelloWorldApp 类。

```
public class HelloWorldApp{
   public static void main(String args[ ]){
      System. out. println("Hello World !");
   }
}
```

可以看出,一个类包含类声明和类体两部分内容:

```
类声明{
   类体
}
```

1. 类声明

一个最简单的类声明如下：

class 类名{

　……

}

例如：

class Point{

　……

}

同时,在类声明中还可以包含类的父类,类所实现的接口以及修饰符 public、abstract 或 final。这些内容将分别在第 4 章介绍。

2. 类体

类体中定义了该类所有的属性(也称为变量)和该类所支持的方法(也称为函数)。通常属性在方法前定义(但不强制),例如：

class 类名{

　属性声明；

　方法声明；

}

下面定义了一个 Point 类,并且声明了它的两个变量 x、y 坐标,同时通过 init()方法实现对 x、y 赋初值。

```
class Point{
    int x,y;
    void init(int m,int n){
        x=m;
        y=n;
    }
}
```

3. 属性

最简单的属性声明格式为：

类型 属性名；

属性的类型可以是 Java 中的任意数据类型,包括简单数据类型、数组、类和接口。在一个类中,属性必须是唯一的,但是属性名可以和方法名相同,例如：

```
class Point{
    int x,y;
    int x(){
        return x;
    }
}
```

其中,方法 x()和属性 x 具有相同的名字,但最好是不同名。

类的属性和在方法中所声明的局部变量是不同的,属性的作用域是整个类,而局部变量的作用域只是方法内部。

对一个属性,也可以限定它的访问权限,用 static 限定它为静态变量,或者用修饰符加以限定:

final:表示最终的,最终变量就是常量,因而它用来声明一个常量。例如:

```
class FinalVar{
    final float PAI=3.14;
    ......
}
```

例中声明了常量 PAI,并赋值为 3.14,程序中任何时候用到 PAI,均是 3.14,其值不能再变化,常量名通常全部用大写字母表示。

☞思政小贴士

一个简单的程序,可以依赖程序员的经验直接写出来,而功能强大的软件,其代码量可能达到数万条,由专门的软件设计团队,经过需求分析和整体设计,各程序员分工合作共同完成。大家都要养成良好的编程习惯,遵守行业标准和流程,并按照软件工程规范进行。

习 题

一、简答题

1.面向对象思想有哪些基本特征?

2.面向对象思想包括哪些基本要素?

3.面向对象编程需要哪些步骤?

4.什么是类?类由哪些成分构成?

5.解释以下概念:类,对象,继承,封装,抽象。

二、操作题

1.定义一个类 Person,并设置若干成员变量和成员方法。

2.定义一个类 Teacher,并设置若干成员变量和成员方法。

3.分析 Teacher 和 Person 的关系。

分析"银行 ATM 自动取款系统"

一、目的

1.掌握面向对象的基本概念。

2.掌握面向对象的分析与设计方法。

3.培养良好的编程习惯。

二、内容

1.任务描述

在日常生活中我们经常和 ATM(自动取款机)打交道,ATM 的出现大大提高了银行的服务质量,可以为储户提供 24 小时不间断的服务。本项目训练的主要目标是模拟 ATM 自动取款系统进行分析设计。

2.步骤

(1)需求分析

ATM 自动取款系统由两大部分组成,一是自动取款机,一是银行处理机。ATM 允许用户对其账户执行不同的业务:查询、取款、存款、转账、更改密码等。每项业务都包含了一个操作列表。下面以取款业务为例,描述 ATM 系统的工作流程。

①ATM 提示用户插卡。

②用户插入 ATM 卡。

③ATM 读取卡中的卡号。

④ATM 提示用户输入 PIN 号码。

⑤用户输入 PIN 号码。

⑥ATM 接收 PIN 号码,并请求银行处理机验证 ATM 卡号和 PIN 号码。

⑦银行处理机验证 ATM 卡号和 PIN 号码。

⑧ATM 获取验证结果,如果正确进入⑨,如果错误进入④,当错误超过 3 次时进入⑯。

⑨ATM 提示用户选择服务种类。

⑩用户选择"取款"服务。

⑪ATM 提示用户输入取款金额。

⑫用户输入取款金额。

⑬ATM 请求银行处理机处理该请求,如果取款金额小于卡内余额,交易成功,进入⑭,否则进入⑪。

⑭ATM 在屏幕上显示交易成功消息,提示用户拿出取款金额现金,并询问是否继续交易,选择"是",进入⑮,选择"否",进入⑯。

⑮ATM 向用户显示主菜单,用于选择下一项服务。

⑯ATM 弹出 ATM 卡,用户取走卡。

图 P1-1 给出了 ATM 系统"取款"业务的泳道活动图,第一个泳道说明了 ATM 自动取款系统中顾客、ATM 机、银行处理机所进行的活动,这个活动图以顾客插入卡开始,以顾客取走卡结束。

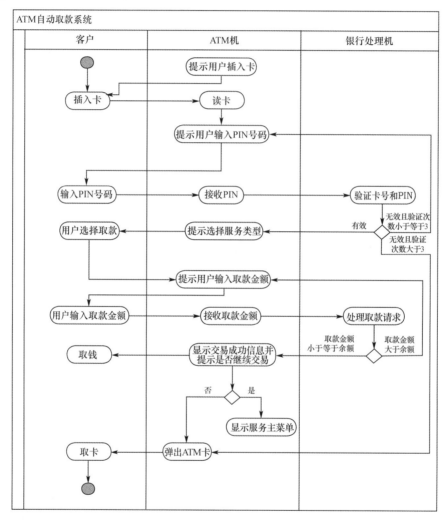

图 P1-1　ATM 的取款流程

(2)界面设计

①待机界面,ATM 开机后处于待机界面,界面效果如图 P1-2 所示。

②账户验证界面,当客户插入卡后,ATM 机显示登录界面,如图 P1-3 所示。

③功能主界面,当银行处理机验证 ATM 卡号和 PIN 号码正确时,ATM 机显示界面如图 P1-4 所示。

④查询界面,单击 ATM 显示器右边和"查询"对齐的【<<】按钮,进入账户当前余额界面,如图 P1-5 所示。

图 P1-2 ATM 待机界面

图 P1-3 ATM 账户验证界面

图 P1-4 ATM 功能主界面

图 P1-5 ATM 余额查询界面

⑤取款界面，单击 ATM 显示器右边和"取款"对齐的【＜】按钮，进入取款界面，如图 P1-6 所示；假设要取 2000 元，当前快捷操作只有"100""200""500"，那就需要操作"自定义取款"，单击 ATM 显示器右边和"自定义取款"对齐的【＜＜＜＜】按钮，进入账户自定义取款界面，如图 P1-7 所示，单击小按钮【2】【0】【00】，单击【确定】按钮，取款金额就显示在界面上了。

图 P1-6 ATM 取款界面

图 P1-7 ATM 自定义取款界面

⑥转账界面，在功能主界面(图 P1-4)上，单击 ATM 显示器右边和"转账"对齐的【＜＜＜＜】按钮，系统进入转账界面，如图 P1-8 所示，单击右边的【＜＜】按钮获得账号输入焦点，用数字键盘输入相应账号后，再单击【＜＜＜】按钮，使所转金额输入框得到焦点，如果输入有误，可以

单击【取消】按钮来删除当前焦点输入框中的内容。输入完成后,单击【确定】按钮,提交转账请求,银行服务机响应成功后,弹出消息显示界面显示处理结果。

⑦单击【更改密码】按钮,显示如图 P1-9 所示的界面。单击【打印凭条】按钮后显示当前的操作记录。

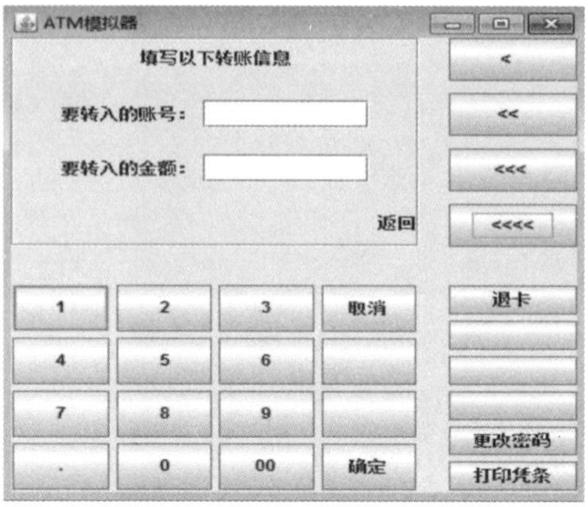

图 P1-8　ATM 转账界面 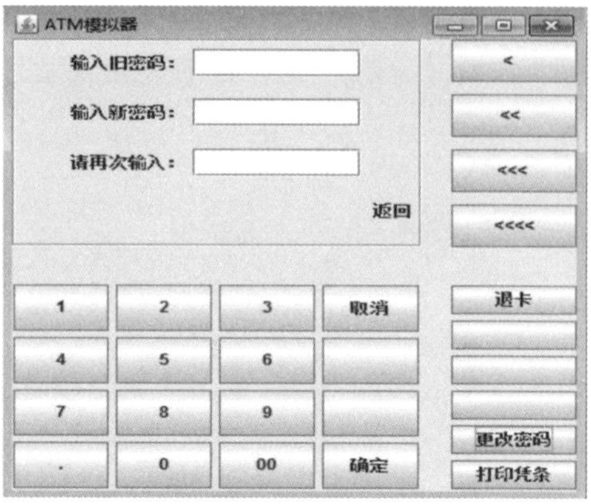　　　　　　图 P1-9　ATM 更改密码界面

(3)主要类的分析与设计

业务分析:一个储户可以开设多个账户,储户可以存钱到账户中,也可以从自己的账户中取现,还可以将存款从一个账户转到另一个账户。储户还可以随时查询自己账户的情况,并查询以前所进行的存款、取款、转账等流水交易记录。账户类型可以有多种:储蓄账户和信用卡账户,储蓄账户可以随时存取现金,而信用卡账户还可以透支取款消费。ATM 端的操作还要与银行端进行网络通信。

界面分析:在 ATM 系统中,界面由几部分构成:显示屏幕,操作键盘,功能面板和一些特殊的操作功能面板,其中显示屏幕的内容随着功能的变化而不同。

模块 2

面向对象编程初级

任何一个 Java 程序都是由一个个类组成的,编写 Java 程序的过程就是从现实中抽象出 Java 可以实现的类并用合适的语句定义它们的过程,这个定义包括对类内各种成员变量和方法的定义。在程序中通过创建类的对象使用类,创建包组织类。

通过本模块的学习,能够:

- 用 Java 创建类。
- 用 Java 创建对象。
- 理解抽象和封装的特性。
- 使用包来组织类。

本模块通过实现"银行 ATM 自动取款系统"的类及包,掌握类、对象、包技术的相关知识在实际项目中的应用方法。

第4章

创建类

主要知识点

- 类的定义。
- 类的修饰。

学习目标

通过本章的学习,掌握类的定义方法,能够编写简单的类,即 Java 程序。

在第 3 章里,初步介绍了面向对象的基本思想及编程步骤,为面向对象编程奠定了基础,本章将深入学习类的定义方法并运用 Java 语言实现。

4.1 类的定义

问题空间元素在方法空间中的表示称为对象(Object),对象是现实世界的实体或概念在计算机逻辑中的抽象表示。面向对象的程序设计是以要解决的问题中所涉及的各种对象为主要考虑因素,面向对象语言更加贴近人的思维方式,面向对象程序设计(OOP)允许用问题空间中的术语来描述问题。

4.1.1 定义类

类(Class)实际上是对某种类型的对象定义变量和方法的原型。类是对某个对象的定义,包含有关对象动作方式的信息,包括其名称、方法、属性和事件。实际上它本身并不是对象,只是某一类型对象的抽象表示,当引用类的代码运行时,类的一个新的实例(Instance)即对象,就在内存中创建了。虽然只有一个类,但在内存中能从这个类创建多个相同类型的对象。例如,university 是一个代表大学的类,而"大连理工大学"就是这个类的一个具体实例。

Java 程序由类组成,一个程序至少包括一个类,编写程序就是设计类,创建类既可以从父类继承得到,也可以自行定义,其关键字是 class,声明类的格式如下:

修饰符 class 类名 [extends 父类名] [implements 接口名] {

类型 成员属性名;

……

修饰符 类型 成员方法(参数列表) {

类型 局部变量名;

```
        方法体；
        ……
    }
}
```

【例 4-1】 定义一个类"工人"，并创建一个对象 e，输出其属性。

```
class Employee{                    //工人类
    String name;                   //姓名属性
    int age;                       //年龄属性
    float salary;                  //工资属性
}
Employee e=new Employee();        //创建工人类的对象 e
e. name="张立";
e. age=21;
e. salary=3528.5F;
System. out. println(e. name +"年龄为："+e. age +"月薪为："+e. salary);
```

注意事项：

(1)类的定义与实现是放在一起保存的，整个类必须保存在一个文件中。

(2)如果类的修饰符为 public，则表示此类为公共类，对应的文件名就是这个类名。

(3)新类必须在已有类的基础上构造。

(4)在已有类的基础上构造新类的过程称为派生，派生出的新类称为已有类的子类，已有类称为父类，子类继承父类的方法和属性。

(5)当没有显式指定父类时，父类隐含为 java. lang 包中的 Object 类。Object 类是 Java 中唯一没有父类的类，是所有类的祖先。

(6)类的成员变量也称为属性，类的成员方法也称为函数。

使用 extends 可以继承父类的成员属性和成员方法，形成子类，即子类是父类派生出来的。上面定义了一个类"工人"，如果再定义一个类"管理者"，在"工人"类的基础上增加属性：部门名称、编号。则可以这样定义：

```
class Manager extends Employee{    //经理
    String departmentName;         //部门名称
    int departmentNumber;          //部门编号
}
```

通过继承提高了代码的重用率，子类可以使用父类的属性，例如，有个 Manager 对象 m，则它具有 name、age、salary、departmentName、departmentNumber 共五个属性，其中前三个属性是继承来的，后两个属性是自己定义的，这比重新定义一个新类简单多了，而且层次关系更加明确。

通过子项 implements(实现的意思)来说明当前类中实现了某个接口定义的功能和方法。接口是 Java 语言实现多重继承的一种特殊的类，这种类全部由抽象方法组成，它在实现之前不可以实例化。通过在类的定义中加上 implements 子句实现接口的功能，增加类的处理能力。

在定义类、声明类的属性和方法时，其名称要符合行业规范，由相应意义的单词构成，见名思义，既方便软件团队成员阅读，也有利于自己检查。同时，还要巧妙借力，通过类的继承机制，减少代码量，实现编程风格的统一，提高源代码的可读性。

课堂练习：定义一个学院类 college，成员属性包括学校名 name、所在城市 city、地址 address、电话 telephone、邮政编码 postcode，成员方法包括招生 enroll、教学 teach、就业 employ，然后以自己学校为例，建立一个 college 类的实例。

4.1.2 修饰类

类的修饰符用于说明类的特殊性质,分为访问控制修饰符、抽象类说明符、最终类说明符三种。

1.访问控制修饰符

用于声明类的被访问权限,分为两种情况:

(1)public:公共类,说明这是一个公共类,可以被其他任何类引用和调用。

(2)不写访问控制符,表示类只能被本包的其他类访问。

说明:同一个源程序文件中不能出现两个或者两个以上的公共类,否则编译时系统会提示应将第二个公共类放在另一个文件中。

2.抽象类说明符

以 abstract 作为关键字,如果有的话,应该放在访问控制修饰符后面,表示这个类是一个抽象类,抽象类不能直接实例化一个对象,它只能被继承。

现实世界中也存在抽象概念,例如,"食品"可以理解为能够吃的东西,但谁也不会说明食品具体是什么样子,平时可能指的是粮食、饼干、水果等具体对象。对食品这个概念,必须进一步分类,才能实例化,如水果,包括苹果、西瓜等对象。

3.最终类说明符

以 final 作为关键字,如果有的话,应该放在访问控制修饰符后面,表示这个类是一个最终类,也就是说最终类不能被继承,不能再派生出其他子类。

Java 中的 String 类(字符串)就是一个最终类,一个方法或者对象无论何时使用 String,解释程序总是使用系统的 String 而不会是其他类的 String,保证了任何字符串不会出现不可理解的符号。程序员也可以把一些非常严密的类声明为最终类,以避免被其他程序修改。

abstract 和 final 不能同时修饰一个类,既是抽象类又是最终类的类没有意义。

4.2 成员属性

微 课

成员属性就是变量,与其他程序设计语言的变量声明方法相同,遵循先声明后使用的原则。

基本数据类型

4.2.1 基本数据类型

Java 的数据类型分为两大类,一类是基本数据类型,另一类是复合数据类型。基本数据类型共有八种,分四小类,即布尔型、字符型、整型和浮点型。复合数据类型包括类、接口、数组和字符串等,其中数组是一个很特别的概念,它是对象而不是一个类,但几乎可以当成类来使用,一般归到复合数据类型中。如图 4-1 所示。

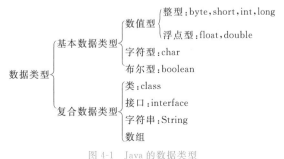

图 4-1 Java 的数据类型

Java 是一种严格的类型语言,不允许在数值型和布尔型之间转换,它不同于 C 语言,1 不能表示 true,0 也不能表示 false。

基本数据类型可以用于变量,也可用于常量。见表 4-1。

表 4-1 Java 基本数据类型一览表

类　型	描　述	取值范围	说　明
boolean	布尔型	只有两个值 true、false	全是小写字母
char	字符型	0～65535,一个 char 表示一个 Unicode 字符	常量用''括起来
byte	8 位带符号整数	−128～127 的任意整数	
short	16 位无符号整数	−32768～32767 的任意整数	
int	32 位带符号整数	$-2^{31} \sim 2^{31}-1$ 的任意整数	
long	64 位带符号整数	$-2^{63} \sim 2^{63}-1$ 的任意整数	
float	32 位单精度浮点数	−3.4E+38～3.4E+38	默认值是 0.0f
double	64 位双精度浮点数	−1.8E+308～1.8E+308	默认值是 0.0d

1. 布尔型

boolean 也称为逻辑型,只有两个取值:true 表示逻辑真,false 表示逻辑假。

2. 字符型

字符型用来表示字母,它仅能表示一个单一的字母,其值用 16 位无符号整数表示,范围是 0～65535。通常 char 型常量必须使用单引号括起来,以与数字区分开来。例如:

char letter1='a';　　　　//表示字符 a
char letter2='\t';　　　　//表示 Tab 键

字符型在 Java 语言中并不常用,因为如果要存储字符的话,一般使用扩展的数据类型 String 即字符串表示。

3. 整型

Java 提供了四种整型数据类型:byte、short、int、long,它们都定义一个整数,但能够表示的数据范围不同。表示的数据范围越大,占用的内存空间也就越大,因此,在程序设计中应该选择最合适的类型来定义整数。整型可用十进制(以 1～9 开头)、十六进制(以 0x 开头)、八进制(以数字 0 开头)表示。

int 是最基本的整型数据类型,它占用 32 位;long,长的,也就是比 int 还长,它占用 64 位;short,短的,比 int 还短,它占用 16 位;byte,字节型的,8 位组成一个字节,只占 8 位。

例如,243 表示十进制整数 243;243L 表示十进制长整数 243,L 不可缺少;077 表示八进制数 77,即十进制数 63;0xB2F 表示十六进制数 B2F。

【例 4-2】 整型数据的使用。

```java
public class Test402{
    public static void main(String args[]){
        int x=25;
        System. out. println(x+5);
        System. out. println(x * 7);
    }
}
```

【**例 4-3**】　定义变量时,应充分考虑运算后的结果是否会超过数据类型的取值范围,本程序演示了因为溢出而报错的情况。

```
public class Test403{
    public static void main(String args[]){
        byte x＝129;
        System. out. println(x＋5)；
    }
}
```

编译这个程序时,将无法通过,出现如图 4-2 所示的提示。

```
Exception in thread "main" java.lang.Error: Unresolved compilation problem:
        Type mismatch: cannot convert from int to byte

        at Test403.main(Test403.java:4)
```

图 4-2　例 4-3 的运行结果

原因是 x 是 byte 型数据,它占用 8 位空间,最大能够表示的数是 128,而此处赋值 129,超出了 byte 型数据的取值范围,所以导致了编译错误。

Java 定义了四个整型常量,分别是:

Integer. MAX_VALUE 表示最大 int 数

Integer. MIN_VALUE 表示最小 int 数

Long. MAX_VALUE 表示最大 long 数

Long. MIN_VALUE 表示最小 long 数

4. 浮点型

在 Java 语言中有两种浮点数类型:float、double。其中 float 是单精度浮点型,占用 32 位内存空间,而 double 是双精度浮点型,占用 64 位内存空间。它们都是有符号数,浮点数常量是 double 型,也可以在后面加上 D 说明,如果要求是 float 型实数,必须加上 F 标志,F 和 D 可以大写,也可以小写。例如,5.31,5.31D,−12.54e−6 均是 double 型实数;−35.97F 是 float 型实数。

Java 提供了一些特殊浮点型常量,见表 4-2。

表 4-2　　　　　　　　　　　　　特殊浮点型常量

含　义	Float	Double
最大值	Float. MAX_VALUE	Double. MAX_VALUE
最小值	Float. MIN_VALUE	Double. MIN_VALUE
正无穷大	Float. POSITIVE_INFINITY	Double. POSITIVE_INFINITY
负无穷大	Float. NEGATIVE_INFINITY	Double. NEGATIVE _INFINITY
0/0	Float. NaN	Double. NaN

4.2.2　类型转换

整型、浮点型、字符型数据可以进行混合运算。运算时,不同类型的数据先转换成同一类型后再参与运算,转换的原则是位数少的类型转换成位数多的类型,称为自动类型转换。不同类型数据的转换规则见表 4-3。

表 4-3　　　　　　　　　　　　　不同类型数据的转换规则

操作数 1 的类型	操作数 2 的类型	转换后的类型
byte、short	int	int
byte、short、int	long	long
byte、short、int、long	float	float
byte、short、int、long、float	double	double
char	int	int

当位数多的类型向位数少的类型进行转换时,需要用户明确说明,即强制类型转换。例如:

int i1＝12;

byte b＝(byte)i1;

一般高位类型数据转化为低位类型数据时,可能会截掉高位内容,导致精度下降或者数据溢出。

4.2.3　成员属性的声明

成员属性又称为成员变量,描述对象的状态,是类的静态属性。类的属性可以是简单变量,也可以是对象、数组或者其他复杂数据结构。

声明类的属性为简单变量的格式如下:

［修饰符］变量类型　变量名［＝初值］;

成员属性、局部变量、类、方法、接口都需要一定的名称,称为标识符,由用户给定。Java中对标识符有一定的限制,命名规则是:

(1)首字符必须是字母(大小写均可)、下划线_或美元符$。

(2)标识符可以由数字(0～9)、A～Z 的大写字母、a～z 的小写字母和下划线_、美元符$和所有在十六进制 0xc0 前的 ASCII 码等构成。

(3)长度不限。

(4)汉字可以作为标识符,但不建议使用。

合法标识符　　非法标识符　　非法的原因

trip　　　　　trip♯　　　　标识符中不能出现♯

group_7　　　7group　　　不能用数字开头

$opendoor　　open－door　　－不能出现在标识符中

boolean_1　　boolean　　　boolean 为关键字,不能用关键字作标识符

说明:不能使用系统保留的关键字作为标识符,最好使用完整单词的组合或者汉字的拼音作为标识符,见文知义,方便阅读和理解,养成良好的编程习惯。

成员变量修饰符包括访问控制修饰符、静态修饰符 static、最终说明符 final。变量修饰符是可选项。一个没有修饰符的成员变量定义如下:

```
public class Cup{
    double width,height;
    int number;
}
```

成员变量的访问控制修饰符包括四种类型：

（1）private：私有，此成员只能在类的内部使用。

（2）default：默认，也可以不写访问控制修饰符，此成员可被本包的其他类访问。

（3）protected：被保护，此成员可被本包的所有类访问，也可以被声明它的类和派生的子类访问（家庭成员）。

（4）public：公共，此成员可被所有类访问。

四种访问控制修饰符的作用范围见表 4-4。

表 4-4　　　　　　　　　　　　访问控制修饰符的作用范围

修饰符	private	default	protected	public
同一类	√	√	√	√
同一包中的类		√	√	√
子类			√	√
其他包中的类				√

用 static 声明的成员变量被视为类的成员变量，而不能当成实例对象的成员变量，也就是说，静态变量是类固有的，可以被直接引用，而其他成员变量声明后，只有生成对象时才能被引用。所以有时也把静态变量称为类变量，非静态变量称为实例变量。相应地，静态方法称为类方法，非静态方法称为实例方法。

用 final 声明的成员变量是最终变量，即常量，其值不可以改变，例如：

final float PAI＝3.14；

如果以后的程序试图给 PAI 重新赋值，编译时将会产生错误。

声明类的属性为对象的格式如下：

［修饰符］类名 对象名［＝new 类名（实际参数列表）］；

这里的类名是另一个类的名称，即一个类内部又可以包含另一个类的对象。当一个类中包括其他类的对象时，可以在声明这个对象时创建，也可以仅仅声明这个对象，在类的方法中再创建。例如：

```
class rtment{
    int deptNo；          //部门编号
    String deptName；      //部门名称
    int member；          //人员数
    CEO deptManager；      //部门经理是 CEO，而 CEO 是另外一个类
}
```

1. 公共变量

凡是被 public 修饰的成员属性，都称为公共变量，可以被任何类访问。既允许该变量所属的类中所有方法访问，也允许其他类在外部访问。例如：

```
public class FirstClass{
    public int publicVar＝10；//定义一个公共变量
}
```

在类 FirstClass 中声明了一个公共变量 publicVar，可以被任何类访问。在下面的程序中，类 SecondClass 可以合法地修改变量 publicVar 的值，而且无论 SecondClass 位于什么地方。

```
public class SecondClass{
    void change(){
        FirstClass ca=new FirstClass();        //创建一个 FirstClass 对象
        ca. publicVar=20;                       //通过对象名访问它的公共变量,正确
    }
}
```

用 public 修饰的变量,允许任何类在外部直接访问,这破坏了封装的原则,造成数据安全性能下降,所以除非特别的需要,否则不要使用这种方式。

2.私有变量

凡是被 private 修饰的成员变量,都称为私有变量。它只允许在本类的内部访问,任何外部类都不能访问它。例如:

```
public class declarePrivate{
    private int privateVar=10;                //定义一个私有变量
    void change(){
        privateVar=20;                         //在本类中访问私有变量,合法
    }
}
```

如果企图在类的外部访问私有变量,编译器将会报错。

```
public class otherClass{
    void change(){
        declarePrivate ca=new declarePrivate();        //创建一个 declarePrivate 对象
        ca. privateVar=20;                              //企图访问私有变量,非法
    }
}
```

为了让外部用户能够访问某些私有变量,通常类的设计者会提供一些方法给外部调用,这些方法称为访问接口。下面是一个改写过的 declarePrivate 类。

```
public class declarePrivate{
    private int privateVar=10;        //定义一个私有变量
    void change(){
        privateVar=20;
    }
    public int getPrivateVar(){       //定义一个接口,返回私有变量 privateVar 的值
        return privateVar;
    }
    public boolean setPrivateVar(int value){
        //定义一个接口,可以设置私有变量 privateVar 的值,可以在这里先检测 value 是否在
        //允许的范围内,然后再执行下面的语句
        privateVar=value;
        return true;
    }
}
```

私有变量很好地贯彻了封装原则,所有的私有变量都只能通过接口来访问,任何外部使用者都无法直接访问它,所以具有很高的安全性。但是,在下面两种情况下,需要使用 Java 另外提供的两种访问类型:

(1)通过接口访问私有变量,将降低程序的性能,在程序性能比较重要的情况下,需要在安全性和效率间取得一个平衡。

(2)私有变量无法被子类继承,当子类必须继承私有成员变量时,需要使用其他的访问类型。

3. 保护变量

凡是被 protected 修饰的变量,都称为保护变量。除了允许在本类的内部访问之外,还允许它的子类以及同一个包中的其他类访问。子类是指从该类派生出来的类。包是 Java 中用于管理类的一种松散的集合。

下面的程序先定义一个名为 onlyDemo 的包,declareProtected 类属于这个包。

```
package onlyDemo;
public class declareProtected{
    protected int protectedVar=10;        //定义一个保护变量
    void change(){
        protectedVar=20;                   //合法
    }
}
```

下面的 otherClass 类也定义在 onlyDemo 包中,与 declareProtected 类属于同一个包。

```
package onlyDemo;
public class otherClass{          //在包 onlyDemo 中
    void change(){
        declareProtected ca=new declareProtected();
        ca.protectedVar=20;      //合法
    }
}
```

下面的 deriveClass 类是 declareProtected 的子类,它并不在 onlyDemo 包中。它也可以访问保护变量 protectedVar,但是只能通过继承的方式访问。

```
import onlyDemo.declareProtected；//引入需要的包
public class deriveClass extends declareProtected{//定义一个子类
    void change(){
        //合法,改变的是 deriveClass 从 declareProtected 中所继承的 protectedVar 值
        protectedVar=30;
    }
}
```

说明:import 是 Java 关键字,用于引入某个包。包的使用将在下一章详细介绍。

子类如果不在父类的同一包中,是无法通过"对象名.变量名"的方式来访问 protected 类型的成员变量的,例如,下面这种访问是非法的:

```
import onlyDemo.declareProtected；
public class deriveClass extends declareProtected{//定义一个子类
    void change(){
```

```
        declareProtected ca＝new declareProtected();
        ca. protectedVar＝30；//错误,不允许访问不在同一包中的保护变量
    }
}
```

4. 默认访问变量

如果在变量前不加任何访问权修饰符,它就具有 default 默认的访问控制特性,也称为 friendly 友好变量。和保护变量非常相似,它只允许被同一个包中的其他类访问,即便是子类,如果和父类不在同一包中,也不能继承默认变量(这是默认访问变量和保护变量的唯一区别)。因为它限定了访问权限只能在包中,所以也有人称默认访问权限为包访问权限。例如:

```
package onlyDemo；            //本类定义在包中
public class declareDefault{
    int defaultVar＝10；        //定义一个默认访问变量
    void change(){
       defaultVar＝20；          //合法
    }
}
//onlyDemo 包中的其他类,可以访问 defaultVar 变量
package onlyDemo；
public class otherClass{       //在包 onlyDemo 中
   void change(){
      declareDefault ca＝new declareDefault();
      ca. defaultVar＝20；     //合法
   }
}
```

下面是它的子类,也在 onlyDemo 包中。它除了可以像包中其他类那样通过"对象名. 变量名"来访问默认变量外,还可以通过继承的方式来访问。

```
package onlyDemo；
public class deriveClass extends declareDefault{//定义一个子类
   void change(){
      //合法,改变的是 deriveClass 从 declareDefault 中所继承的 defaultVar 值
      defaultVar＝30；
   }
}
```

如果子类不在 onlyDemo 包中,就不会继承默认变量,也无法像上面那样来访问。

```
import onlyDemo. declareDefault；
public class deriveClass extends declareDefault{//定义一个子类
   void change(){
      defaultVar＝30；//非法,这个变量没有继承下来
   }
}
```

技能训练 1　创建类

一、目的

1. 掌握面向对象的基本概念。
2. 掌握定义类与创建对象实例的方法。
3. 培养良好的编程习惯。

二、内容

1. 任务描述

圆是一类对象,圆具有圆心(x0,y0)、半径 radius、周长 length、面积 area 等相关特性,圆的周长 length＝2 * PI * radius,面积 area＝PI * radius * radius。其中 PI 是一个常数,取 PI＝3.14。

根据面向对象的分析方法,将一个圆抽象成一个类,用 CCircle 表示,其中圆心和半径可以作为圆的成员属性,而周长和面积的计算则可以封装为类的成员方法。编程实现 CCircle 类,并编写主类进行测试。

2. 实训步骤

(1)打开 Eclipse 开发工具,新建一个 Java Project,如图 4-T-1 所示,项目名称为 Ch04Train,项目的其他设置采用默认设置。注意当前项目文件的保存路径。

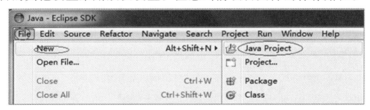

图 4-T-1　新建项目

(2)在新建的 Ch04Train 项目中新建一个名称为 CCircle 的类,包名称为空,如图 4-T-2 所示。

图 4-T-2　新建类

打开 CCircle.java 文件,编写如下代码:

```java
/**
 * 圆的类
 */
public class CCircle{
    public final static double PI＝3.14;              //静态常量 PI
    private double radius＝0;                         //半径成员变量
```

```
/**
 * 给半径赋值的成员方法
 * @param r 圆的半径
 */
public void setRadius(double r){
    radius=r;
}
/**
 * 返回圆的周长
 * @return
 */
public double calcLength(){
    double l=2 * PI * radius;
    return l;
}
}
```

（3）为了测试 CCircle 类，向 Ch04Train 项目中再添加一个类名为 TestCCircle 的测试类，在 TestCCircle 类的 main 方法中实现以下功能：用 CCircle 类创建一个实例，设置圆的半径为 2.0，并在控制台输出该圆的周长。

```
/**
 * 用于测试 CCircle 类
 */
public class TestCCircle{
    public static void main(String[] args){
        CCircle circle=new CCircle();        //使用 CCircle 类创建一个对象 circle
        circle.setRadius(2.0);               //给对象圆半径赋值 2.0
        double len=circle.calcLength();      //调用 calcLength 方法计算圆的周长
        System.out.print("半径为 2.0 的圆,周长是:"+len);//输出圆的周长
    }
}
```

（4）当没有编译错误时，选择 TestCCircle.java 窗口，单击“运行”（Run）菜单下的“运行”（Run），如图 4-T-3 所示，运行 TestCCircle 类。

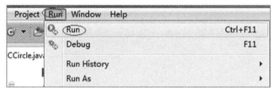

图 4-T-3　运行 TestCCircle 类

在 Eclipse 控制台中程序的运行结果如图 4-T-4 所示。

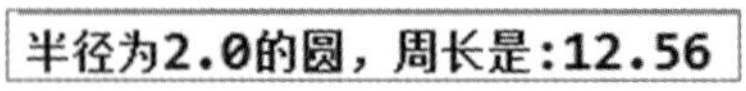

半径为2.0的圆，周长是:12.56

图-T-4　程序 TestCCircle.java 的运行结果

3. 任务拓展

完善圆 CCircle 类的定义,增加计算圆面积的方法 double calcArea(),并在 TestCCircle 类中输出圆的面积。输出内容如图 4-T-5 所示。

半径为2.0的圆,周长是:12.56,面积是:12.56

图 4-T-5 运行结果

4. 思考题

在前面程序的基础上,思考如下问题:

(1)将方法 setRadius() 的修饰符改为 private 或 protected,程序能否正确运行?

(2)如果将 CCircle 的修饰符 public 去掉,程序能否正确运行? 如果修改为 private 或 protected 呢?

(3)在正确运行的基础上,如果将 TestCCircle 类的名称修改为 TestCCircle2,程序还能运行吗?

三、独立实践

1. 创建一个书类 Book,具有以下属性和方法:

属性:书名(title),出版日期(publishDate),字数(words)。

方法:计算单价 price():单价=字数/1000 * 35 * 日期系数

　　　　上半年的日期系数=1.2;下半年的日期系数=1.18。

2. 创建一个银行账户类 Account,具有以下属性和方法:

属性:账号(id),密码(password),创建日期(createDate),余额(balance)。

方法:存钱 deposit(double money),取钱 withdraw(double money),查询余额 getBalance()。

 习 题

一、简答题

1. Java 提供了哪些数据类型,全部写出来。

2. 如何进行数据类型的转换?

3. 类的修饰符有哪些? 有什么区别?

4. public 的类和 abstract 的类有什么区别?

5. 什么是最终类? 如何声明最终类?

二、操作题

1. 创建一个学生类 Student,包括学号 no、姓名 name、年龄 age、性别 sex 四个属性以及学习 study、实践 practice 两个方法。

2. 分别创建一个普通类、抽象类和最终类,类名均为 Student。

第5章

创建类的成员属性和方法

主要知识点

- Java 语言的基本组成。
- 运算符与表达式。
- 程序控制结构。
- Java 程序的编程规范。
- 类成员方法的创建方法。

学习目标

能根据 Java 语言的基本语法和程序结构声明类的成员方法，从而定义完整的类。

在第 4 章里，学习了类的定义方法，能够对类的属性进行声明。一个完整的类是由若干属性和方法构成的，本章将在学习 Java 语法的基础上，学会定义类的成员方法，从而能够编写简单的应用程序，通过对 ATM 项目的分析，掌握类的定义与用法。

5.1 Java 语言的基本组成

Java 语言主要由五种元素组成：分隔符、关键字、文字、运算符和标识符。各元素有着不同的语法含义和组成规则，它们互相配合，共同完成 Java 语言的语意表达。

5.1.1 分隔符

分隔符用于将一条语句分成若干部分，便于系统识别，让编译程序确认代码在何处分隔，Java 语言的分隔符有三种：空白符、注释语句和普通分隔符。

1. 空白符

在 Java 程序中，换行符和回车键均表示一行的结束，都是典型的空白符，空格键和 Tab 制表键也是空白符。为了增加程序的可读性，Java 语句的成分之间可以插入任意多个空白符，在编译时，系统自动忽略多余的空白符。

2. 注释语句

注释语句是为了提高程序的可读性而附加的内容，编译程序对注释部分既不显示也不执

行,有没有注释部分不会影响程序的执行。Java 提供了三种形式的注释:

(1)//一行的注释内容

以"//"开始,最后以回车结束,表示从"//"到本行结束的所有字符均为注释内容。

(2)/ * 一行或多行的注释内容 * /

从" / * "到" * /"间的所有字符(可能包括几行内容)都作为注释内容。

以上两种注释可用于程序的任何位置。

(3)/**文档注释内容 * /

当这类注释出现在任何声明之前时,被括起来的正文部分将会做特殊处理,它们不能再用在代码的任何地方。这类注释意味着被括起来的正文部分应该作为声明项目的描述而被包含在自动产生的文档中。

编写程序时,除了加入适当的空白符和注释内容外,还要尽可能使用层次缩进格式,使同一层语句的起始列号位置相同,层次分明,便于阅读和维护,形成良好的编程风格。

3. 普通分隔符

普通分隔符用于区分程序中的各种基本成分,但它在程序中有确切的意义,不可忽略。包括四种:

(1){}:花括号,用来定义复合语句、类体、方法体以及进行数组的初始化。

(2);:分号,表示一条语句的结束。

(3),:逗号,用来分隔变量说明和方法的参数。

(4)::冒号,说明语句标号。

【例 5-1】　分隔符的用法。

```
/ * * 程序名:MyClass.java
功能:简单程序使用举例
开发日期:2014 年 1 月 20 日
设计者:胡伏湘 * /
public class MyClass{//这里定义一个类
    public static void main(String args[]){//定义程序的主方法
        int int1,int2;//声明两个整型变量
        / * 从这里开始书写方法的内容 * /
        ……
    } //main()方法结束
} //MyClass 类结束
```

程序说明:对于应用程序 Application,必须有一个 main()方法,称为主方法,是程序执行的入口,其中的参数格式是 String args[],表示含有 String 字符串类型的数组参数 args,args 是数组名,是用户自定义标识符,可以改成其他名称。以上参数也可以写成 String[] args 的形式。

main()方法的返回值是 void,表示无返回值,是公有的(public),是类的静态成员(static)。

5.1.2　关键字

关键字用来表示特定的意义,也称为保留字,由系统本身使用,不能用作标识符。Java 的关键字共有 48 个。见表 5-1。

表 5-1   Java 关键字

abstract	boolean	break	byte	case
catch	char	class	continue	default
do	double	else	extends	false
final	finally	float	for	if
implements	import	instanceof	int	interface
long	native	new	null	package
private	protected	public	return	short
static	super	switch	synchronized	this
throw	throws	transient	true	try
void	volatile	while		

说明：

• 所有的关键字都是小写的,所以 Class 不是关键字。

• then 和 sizeof 都不是 Java 的关键字,大写的 NULL 不是 Java 语言的关键字,String 是 Java 语言的一个封装类(字符串)的类名,也不是关键字。

5.2 运算符与表达式

运算符指明对操作数所进行的运算。按操作数的数目来分,可以有单目运算符(如++、——),双目运算符(如+、>)和三目运算符(如?:),它们分别对应于一个、两个和三个操作数。对于单目运算符来说,有前缀表达式(如++i)和后缀表达式(如 i++);对于双目运算符来说,则采用中缀表达式(如 a+b)。按照运算符功能来分,基本的运算符有下面几类：

1.算术运算符(+,—,*,/,%,++,——)。

2.关系运算符(>,<,>=,<=,==,!=,<>)。

3.布尔逻辑运算符(!,&&,||)。

4.位运算符(>>,<<,>>>,&,|,^,~)。

5.赋值运算符(=及其扩展赋值运算符,如+=)。

6.条件运算符(?:)。

7.其他,包括分量运算符.,下标运算符[],实例运算符 instanceof,内存分配运算符 new,强制类型转换运算符(类型),方法调用运算符()等。

5.2.1 算术运算符

算术运算符作用于整型或浮点型数据,完成算术运算。

1.双目算术运算符

双目算术运算符包括+、—、*、/、%(取模)五种。

Java 对加法运算符进行了扩展,使它能够进行字符串的连接,例如,"abc"+"de",得到字符串"abcde"。取模运算符%的操作数可以是浮点数,如 37.2%10=7.2。

2.单目算术运算符

单目算术运算符见表 5-2(op 表示操作数)。

表 5-2　　　　　　　　　　　单目算术运算符

运算符	用　法	描　述
＋	＋op	正值
－	－op	负值
＋＋	＋＋op,op＋＋	加 1
－－	－－op,op－－	减 1

i＋＋与＋＋i的区别:i＋＋在使用i之后,使i的值加 1,因此执行完i＋＋后,整个表达式的结果仍为i,而i的值变为了i+1。＋＋i在使用i之前,使i的值加 1,因此执行完＋＋i后,整个表达式和i的值均为i+1。例如,初值 a＝1,b＝1,执行 a＝b＋＋后,a＝1,b＝2,而执行 a＝＋＋b 后,a＝2,b＝2。

i－－与－－i同理,这种运算方法与 C 语言完全相同。

5.2.2　关系运算符

关系运算符用来比较两个值的大小关系,返回布尔类型的值 true 或 false。关系运算符都是双目运算符,包括＞、＞＝、＜、＜＝、＝＝、!＝、＜＞共七个。

Java 中,任何数据类型(包括基本数据类型和复合数据类型)的数据都可以通过＝＝或!＝来比较是否相等,结果返回 true 或 false。关系运算符常与逻辑运算符一起使用,作为流控制语句的判断条件。

5.2.3　逻辑运算符

逻辑运算符包括＆＆(逻辑与)、||(逻辑或)、!(逻辑非),逻辑表达式的结果是一个布尔值 true 或 false。

逻辑运算符

对于布尔逻辑运算,先求出运算符左边的表达式的值,对于逻辑或运算,如果左边表达式的值为 true,则整个表达式的结果为 true,不必再对运算符右边的表达式进行运算;同样,对于逻辑与运算,如果左边表达式的值为 false,则不必再对右边的表达式求值,整个表达式的结果为 false,这种逻辑运算又称为逻辑短路或和逻辑短路与。

【例 5-2】　逻辑运算符的应用。

```
public class Test502{
    public static void main(String args[]){
        int a＝25,b＝3;
        boolean d＝a＜b; //d＝false
        System. out. println("a＜b＝"+d);
        int e＝3;
        if(e!＝0 ＆＆ a/e＞5)
            System. out. println("a/e＝"+a/e);
        int f＝0;
        if(f!＝0 ＆＆ a/f＞5) //注意此语句中被 0 除
            System. out. println("a/f＝"+a/f);
        else
            System. out. println("f＝"+f);
    }
}
```

说明:第二个 if 语句在运行时不会发生除 0 溢出的错误,因为 f!=0 的值已经为 false,所以就不需要再对 a/f 进行运算。

5.2.4 赋值运算符

赋值运算符=把一个数据赋给一个变量,在赋值运算符两侧的数据类型不一致的情况下,如果赋值运算符左侧变量的数据类型的级别高,则右侧的数据类型被转化为与左侧相同的数据类型,然后赋给左侧变量,否则,需要使用强制类型转换运算符,例如:

```
byte b=100;
int i=b;        //自动转换
int a=100;
byte b=(byte)a;  //强制类型转换
```

在赋值运算符=前加上其他运算符,即构成扩展赋值运算符,例如,a+=3 等价于 a=a+3,用扩展赋值运算符可表达为:变量 运算符=表达式,如 x∗=5。

5.2.5 条件运算符

条件运算符?:是三目运算符,一般形式为:

expression? statement1:statement2

其中,表达式 expression 的值应为一个布尔值,如果该值为 true,则执行语句 statement1,否则执行语句 statement2,而且语句 statement1 和 statement2 需要返回相同的数据类型,且该数据类型不能是 void。

例如,money=score>=60?100:0;

表示:如果 score>=60,则 money=100,否则 money=0。

如果要通过测试某个表达式的值来选择两个表达式中的一个进行计算时,用条件运算符来实现是一种简捷的方法,实现了 if-else 条件语句的功能。

例如,求 a 和 b 的较大值,表达式是 max=a>b?a:b。

5.2.6 表达式

表达式是变量、常量、运算符、方法调用的序列,它执行这些元素指定的计算并返回某个值。例如,a+b,c+d 等都是表达式。表达式用于计算并对变量赋值,以及作为程序控制的条件。表达式的值由表达式中的各个元素来决定,可以是基本数据类型,也可以是复合数据类型。

在对一个表达式进行运算时,要按运算符的优先顺序从高向低进行,同级的运算符则按从左到右的方向进行,通过加小括号()可以提高运算符的优先级,因为小括号的优先级最高。因此,在表达式中可以用小括号()显式地表明运算次序,小括号中的表达式首先被计算。适当地使用小括号可以使表达式的结构清晰。例如,a<=b&&c<d||e==f 可以用小括号显式地写成((a<=b)&&(c<d))||(e==f),这样就清楚地表明了运算次序,增强了程序的可读性。

技能训练 2　创建类的成员属性

一、目的

1. 掌握面向对象的基本概念。
2. 掌握定义类与创建对象实例的方法。
3. 掌握类属性的定义和使用。
4. 掌握 get 和 set 方法的定义和使用。
5. 培养良好的编程习惯。

二、内容

1. 任务描述

客户 Customer 在银行系统中是一个非常重要的类,银行需要对客户的信息进行管理和维护。本任务假设只需要维护客户姓名 name、身份证号 idCard、联系电话 telephone 三个属性。另外,客户的这些属性可能经常需要被系统的其他程序访问,假设客户的身份证号和姓名在创建后就不能修改。对需要修改和读取的属性定义 get 和 set 两个方法,而对不能修改的属性只定义 get 方法。Customer 类的属性定义见表 5-T-1。

表 5-T-1　　　　　　　　　　　Customer 类的属性定义

类　名	Customer
属　性	name(只读),idCard(只读),telephone

2. 实训步骤

(1)打开 Eclipse 开发工具,新建一个 Java Project,项目名称为 Ch05Train_1,项目的其他设置采用默认设置。注意当前项目文件的保存路径。

(2)在新建的 Ch05Train_1 项目中添加一个名称为 Customer 的类,包名称为空。

打开 Customer. java 文件,编写如下代码:

```
/**
 * 封装客户信息
 */
public class Customer{
    private String name;        //客户姓名
    private String idCard;      //身份证号
    private String telephone;   //联系电话
    /**
     * 构造函数
     */
    public Customer(){
        this. name="张三";
        this. idCard="430122197810167654";
        this. telephone="13988889999";
```

```
    }
    /**
     * 获得客户姓名
     * @return 姓名
     */
    public String getName(){
        return name;
    }
    /**
     * 获得客户身份证号
     * @return 身份证号
     */
    public String getIdCard(){
        return idCard;
    }
    /**
     * 获取客户联系电话
     * @return 联系电话
     */
    public String getTelephone(){
        return telephone;
    }
    /**
     * 设置客户联系电话
     * @param telephone 新的联系电话
     */
    public void setTelephone(String telephone){
        this.telephone=telephone;
    }
}
```

(3)为了测试 Customer 类,向 Ch05Train_1 项目中再添加一个名称为 TestCustomer 的测试类,在 TestCustomer 类的 main()方法中实现以下功能:

①用 Customer 类创建一个实例 customer,并在控制台输出 customer 对象的所有属性。

②修改联系电话为"13816881688",输出修改后的联系电话。

```
/**
 * 对 Customer 类的属性和方法进行测试
 */
public class TestCustomer{
    public static void main(String[] args){
        //利用 Customer 类创建 customer 对象
        Customer customer=new Customer();
        System.out.print("姓名:"+customer.getName());//输出姓名
        System.out.print(",身份证:"+customer.getIdCard());//输出身份证号
```

```
System. out. print("，联系电话:"+customer. getTelephone());//输出电话
customer. setTelephone("13816881688");//修改联系电话
System. out. print("，修改后的联系电话:"+customer. getTelephone());
}
}
```

（4）当没有编译错误时，选择 TestCustomer. java 窗口，单击"运行"（Run）菜单下的"运行"（Run），运行 TestCustomer 类。在 Eclipse 控制台程序的运行结果如图 5-T-1 所示。

姓名:张三,身份证:430122197810167654,联系电话:13988889999,修改后的联系电话:13816881688

图 5-T-1　运行结果 1

3. 任务拓展

完善客户 Customer 类的定义：①给 Customer 类增加一个属性 boolean isVip，用于记录当前客户是不是 Vip 客户；②增加一个地址成员变量 Address，并实现 get 和 set 方法，首先用 set 方法修改前面客户张三的地址为"长沙民政学院"，并输出张三的地址，输出内容如图 5-T-2 所示。

姓名:张三,身份证:430122197810167654,联系电话:13988889999,修改后的联系电话:13816881688,联系地址:长沙民政学院

图 5-T-2　运行结果 2

4. 思考题

在前面程序的基础上，思考如下问题：

（1）类成员属性的命名规则是什么？

（2）注意 boolean 类型 get 方法的习惯写法与其他数据类型有何不同？

（3）Customer 类中的成员变量 name、idCard、telephone 的访问控制修饰符都为 private，若修改成 public 程序可以运行吗？使用 private 有什么好处？

三、独立实践

1. 在银行，一个客户 Customer 可以有多个账户 Account，而一个账户只能属于一个客户，请实现这两个类之间的一对多关系。

2. 在 ATM 系统中取一次款，并打印取款凭证，观察凭证上的内容，设计一个交易记录类 Transaction，思考 Transaction 应包含的属性和方法。

5.3　控制结构

Java 程序通过流程控制语句来执行程序，完成一定的任务。被控制的程序段可以是单一的一条语句，也可以是用大括号{}括起来的一个复合语句。Java 中的控制结构包括：

- 分支语句:if-else,break,switch,return
- 循环语句:while,do-while,for,continue
- 异常处理语句:try-catch-finally,throw

5.3.1　分支语句

分支语句提供了一种控制机制，使程序在执行时可以跳过某些语句，而转去执行特定的语句。

微课

条件语句 if-else

1. 条件语句 if-else

if-else 语句根据判定条件的真假来执行两种操作中的一种,格式为:

if(boolean-expression)

　　statement1;

[else

　　statement2;]

(1)布尔表达式 boolean-expression 是任意一个返回布尔型数据的表达式。

(2)每个单一的语句后都必须有分号。

(3)语句 statement1、statement2 可以为复合语句,这时要用大括号{}括起来。建议对单一的语句也用大括号{}括起来,这样程序的可读性强,而且有利于程序的扩充,大括号{}外面不加分号。

(4)else 子句是任选的。

(5)若布尔表达式的值为 true,则程序执行语句 statement1,否则执行语句 statement2。

(6)if-else 语句的一种特殊形式为嵌套语句,即:

if(expression1){

　　statement1

}else if(expression2){

　　statement2

}……

else if(expressionM){

　　statementM

}else{

　　statementN

}

else 子句不能单独作为语句使用,必须和 if 配对使用,它总是与离它最近的未配对的 if 配对,可以通过使用大括号{}来改变配对关系。

【例 5-3】 判断某一年是否为闰年。闰年的条件是符合下面二者之一:(1)能被 4 整除,但不能被 100 整除;(2)能被 400 整除。

```java
public class LeapYear{
    public static void main(String args[]){
        int year=1989; //方法 1
        if((year%4==0 && year%100!=0)||(year%400==0))
            System.out.println(year+"是闰年");
        else
            System.out.println(year+"不是闰年");
        year=2000; //方法 2
        boolean leap;
        if(year%4!=0) leap=false;
        else if(year%100!=0)
            leap=true;
```

```
    else if(year%400!=0)
       leap=false;
    else
       leap=true;
    if(leap==true)
       System. out. println(year+"是闰年");
    else
       System. out. println(year+"不是闰年");
    year=2050; //方法 3
    if(year%4==0){
       if(year%100==0){
          if(year%400==0)
             leap=true;
          else
             leap=false;
       }else
          leap=false;
       }else
          leap=false;
    if(leap==true)
       System. out. println(year+"是闰年");
    else
       System. out. println(year+"不是闰年");
    }
}
```

运行结果为：

1989 不是闰年

2000 是闰年

2050 不是闰年

说明：本例中，方法 1 用一个逻辑表达式包含了所有的闰年判断条件；方法 2 使用了 if-else 语句的特殊形式；方法 3 则通过使用大括号{}对 if-else 进行匹配来实现闰年的判断。

2. 多分支选择语句 switch

switch 语句根据表达式的值来执行多个操作中的一个，一般格式如下：

```
switch(expression){
   case value1:statement1;
            break;
   case value2:statement2;
            break;
   ……
   case valueN:statementN;
            break;
```

多分支选择语句 switch

```
    [default:defaultStatement;]
}
```

说明：

（1）表达式 expression 可以返回任一基本数据类型的值（如整型、实型、字符型），多分支语句把表达式返回的值与每个 case 子句中的值相比。如果匹配成功，则执行该 case 子句后的语句序列。

（2）case 子句中的值 value1 必须是常量，而且所有 case 子句中的值应是不同的。

（3）default 子句是任选的。当表达式的值与任一 case 子句中的值都不匹配时，程序执行 default 后面的语句；如果表达式的值与任一 case 子句中的值都不匹配且没有 default 子句，则程序不做任何操作，而是直接跳出 switch 语句。

（4）break 语句用来在执行完一个 case 分支语句后，使程序跳出 switch 语句，即终止 switch 语句的执行。因为 case 子句只是起到一个标号的作用，用来查找匹配的入口并从此处开始执行，对后面的 case 子句不再进行匹配，而是直接执行其后的语句序列，因此应该在每个 case 分支语句后，使用 break 来终止后面的 case 分支语句的执行。在一些特殊情况下，多个不同的 case 值要执行一组相同的操作，这时可以不用 break。

（5）case 分支语句中包括多个执行语句时，可以不用大括号{}括起。

switch 语句的功能可以用 if-else 来实现，但在某些情况下，使用 switch 语句更简练，可读性更强，而且程序的执行效率更高。

【例 5-4】 根据考试成绩的等级打印出百分制分数段。

```java
public class Test504{
    public static void main(String args[]){
        System. out. println("\n**** first situation ****");
        char grade='C';//normal use
        switch(grade){
            case 'A':System. out. println(grade+" is 85~100");
                    break;
            case 'B':System. out. println(grade+" is 70~84");
                    break;
            case 'C':System. out. println(grade+" is 60~69");
                    break;
            case 'D':System. out. println(grade+" is <60");
                    break;
            default:System. out. println("input error");
        }
        System. out. println("\n**** second situation ****");
        grade='A'; //成绩赋值为 A
        switch(grade){
            case 'A':System. out. println(grade+" is 85~100");
            case 'B':System. out. println(grade+" is 70~84");
            case 'C':System. out. println(grade+" is 60~69");
            case 'D':System. out. println(grade+" is <60");
```

```
            default:System. out. println("input error");
        }
        System. out. println("\n**** third situation ****");
        grade='B'; //several case with same operation
        switch(grade){
            case 'A':
            case 'B':
            case 'C':System. out. println(grade+" is >=60");
                    break;
            case 'D':System. out. println(grade+" is <60");
                    break;
            default:System. out. println("input error");
        }
    }
}
```

从该例中可以看到 break 语句的作用,如果子句中缺少了 break 语句,输出结果会出错。

3. break 语句

在 switch 语句中,break 语句用来终止 switch 语句的执行,使程序从 switch 语句后的第一个语句开始执行。可以为每个代码块加一个括号,一个代码块通常用大括号{}括起来。加大括号的格式如下:

BlockLabel:{codeBlock}

break 语句的第二种使用情况就是跳出它所指定的块,并从紧跟该块后的第一条语句处执行。其格式为:

break BlockLabel;

即用 break 语句来实现程序流程的跳转,不过应该尽量避免使用这种方式。

4. 返回语句 return

return 语句从当前方法中退出,返回到调用该方法的语句处,并从紧跟该语句的下一条语句继续程序的执行。返回语句有两种格式:

格式 1:return expression;

用于返回一个值给调用该方法的语句,返回值的数据类型必须和方法声明中的返回值数据类型一致。可以使用强制类型转换来使类型一致。

格式 2:return;

当方法说明中用 void 声明返回类型为空时,应使用这种格式,它不返回任何值。return 语句通常用在一个方法体的最后,以退出该方法并返回一个值。Java 中,单独的 return 语句用在一个方法体的中间时,会产生编译错误,因为这时会有一些语句执行不到。但可以通过把 return 语句嵌入某些语句(如 if-else)来使程序在未执行完方法中的所有语句时退出,例如:

```
int method(int num){
    return num; //will cause compile time error
    if(num>0)
        return num;
    …… // may or may not be executed
```

```
    //depending on the value of num
}
```

5.3.2 循环语句

循环语句的作用是反复执行一段代码,直到满足终止循环的条件为止,一个循环一般应包括四部分内容:

(1)初始化部分(initialization):设置循环的一些初始条件,如计数器清零等。

(2)循环体部分(body):反复循环的一段代码,可以是单一的一条语句,也可以是复合语句。

(3)迭代部分(iteration):这是在当前循环结束,下一次循环开始前执行的语句,常常用来使计数器变量加 1 或减 1。

(4)终止部分(termination):通常是一个布尔表达式,每一次循环都要对该表达式求值,以验证是否满足循环终止条件。

Java 提供的循环语句有:while 语句,do-while 语句和 for 语句三种,下面分别介绍。

1. while 语句

while 语句实现"当型"循环,一般格式为:

while 语句

```
[initialization]
while(termination){
    body;
[iteration;]
}
```

布尔表达式(termination)表示循环条件,值为 true 时,循环执行大括号中的语句。并且初始化部分(initialization)和迭代部分(iteration)是任选的。while 语句首先判断循环条件,当条件成立时,才执行循环体中的语句,如果一开始条件就不成立,循环体一次都不会执行,这是"当型"循环的特点。

2. do-while 语句

do-while 语句实现"直到型"循环,一般格式为:

do-while 语句

```
[initialization]
do{
    body;
[iteration;]
} while(termination);
```

do-while 语句首先执行循环体,然后判断循环条件,若结果为 true,则循环执行大括号中的语句,直到布尔表达式(termination)的结果为 false。与 while 语句不同的是,do-while 语句的循环体至少执行一次,这是"直到型"循环的特点。

3. for 语句

for 语句实现固定次数的循环,一般格式为:

for 语句

```
for(initialization;termination;iteration){
    body;
}
```

(1) for 语句执行时,首先执行初始化操作(initialization),然后判断循环条件

(termination)是否满足,如果满足,则执行循环体中的语句,最后执行迭代部分(iteration)。完成一次循环后,重新判断循环条件。

(2)可以在 for 语句的初始化部分声明一个变量,它的作用域为整个 for 语句。

(3)for 语句通常用来执行循环次数确定的情况(例如,对数组元素进行操作),也可以根据循环条件执行循环次数不确定的情况。

(4)在初始化部分和迭代部分可以使用逗号语句来进行多个操作。逗号语句是用逗号分隔的语句序列。例如,for(i=0,j=10; i<j; i++,j——){……}

(5)初始化部分、循环体以及迭代部分都可以为空语句,但分号不能省略,三者均为空的时候,相当于一个无限循环(死循环)。

4. continue 语句

continue 语句用来结束本次循环,跳过循环体中下面尚未执行的语句,接着进行循环条件的判断,以决定是否继续循环。对于 for 语句,在进行循环条件的判断前,还要先执行迭代语句。它的格式为:

continue;

也可以用 continue 跳转到括号指明的外层循环中,这时的格式为:

continue (outerLable);

【例 5-5】 用 while、do-while 和 for 语句实现累计求和。

```java
public class Test505{
    public static void main(String args[]){
        System. out. println("\n**** while statement ****");
        int n=10,sum=0; //initialization
        while(n>0){//termination
            sum+=n; //body
            n——; //iteration
        }
        System. out. println("sum is "+sum);
        System. out. println("\n**** do-while statement ****");
        n=0; //initialization
        sum=0;
        do{
            sum+=n; //body
            n++; //iteration
        }while(n<=10); //termination
        System. out. println("sum is "+sum);
        System. out. println("\n**** for statement ****");
        sum=0;
        for(int i=1;i<=10;i++){//initialization,termination,iteration
            sum+=i;
        }
        System. out. println("sum is "+sum);
    }
}
```

运行结果为：

**** while statement ****

sum is 55

**** do-while statement ****

sum is 55

**** for statement ****

sum is 55

可以从中来比较这三种循环语句，从而在不同的场合选择适合的语句。

5.3.3 Java 编码规范

养成良好的编码风格是程序员应具备的基本素质，运用 Java 编程也要遵守 Java 的编码规范，这对于读懂别人的程序和让别人理解自己的代码都十分重要。

1. 一般原则

（1）尽量使用完整的英文单词描述符。

（2）采用适用于相关领域的术语。

（3）采用大小写混用，可读性更好。

（4）避免使用相似的名字，或者仅仅是大小写不同的名字。

（5）少用下划线（除静态常量等）。

2. 具体要求

包（Package）：包名采用完整的英文描述符，都由小写字母组成。

类（Class）：类名采用完整的英文描述符，所有单词的第一个字母均大写，例如，CustomerName，SavingsAccount。

接口（Interface）：接口名采用完整的英文描述符来说明接口封装，所有单词的第一个字母大写。习惯上，接口名字后面加上后缀 able、ible 或者 er，但这不是必需的。例如，Contactable，Prompter。

组件（Component）：采用完整的英文描述符来说明组件的用途，末端应接上组件类型，例如，okButton，customerList，fileMenu。

异常（Exception）：通常采用字母 e 表示异常的实例，这是个特例，表示单词 Exception 的第一个字母，易于记忆。

变量：采用完整的英文描述符，第一个字母小写，后面所有单词的首字母大写。例如，firstName，lastName。

获取成员函数：被访问字段名的前面加上前缀 get 表示获取。例如，getFirstName()，getLastName()。

布尔型的获取成员函数：所有的布尔型获取成员函数必须用单词 is 做前缀，表示"是不是……"这样的一个意义。例如，isPersistent()，isString()。

设置成员函数：被访问字段名的前面加上前缀 set 表示设置。例如，setFirstName()，setLastName()，setWarpSpeed()。

普通成员函数：采用完整的英文描述符来说明成员函数功能，第一个单词尽可能采用一个生动的动词，第一个字母小写，类似于变量名。例如，openFile()，addAccount()。

静态常量（Static Final）：全部采用大写字母，单词之间用下划线分隔。例如，PI，MIN_BALANCE，

DEFAULT_DATE。

循环变量:用于循环语句中控制循环次数,通常用 i,j,k 或者 counter 表示。

5.4　数　组

数组是有序数据的集合,数组中的每个元素具有相同的数据类型,数组名用下标来区分数组中元素的位置,数组包括一维数组和多维数组。

5.4.1　一维数组

1.一维数组的定义

一维数组的定义方式为:

type arrayName[];

或者

type []arrayName;

其中,类型(type)可以为 Java 中任意的数据类型,包括基本数据类型和复合数据类型(也可以是数组),数组名 arrayName 为一个合法的标识符,[]指明该变量是一个数组类型变量。例如:

int intArray[];

int []intArray;

声明了一个整型数组,数组中的每个元素均为整型数据。Java 在数组的定义中并不为数组元素分配内存,因此[]中不用指出数组中元素的个数(数组长度),这时,不允许访问这个数组的任何元素。必须为它分配存储空间后才能访问它的元素,这时要用到运算符 new,其格式如下:

arrayName=new type[arraySize];

其中,arraySize 指明数组的长度。例如,intArray=new int[10];为一个整型数组分配 10个 int 型整数所占据的内存空间,其下标分量为 0~9。

通常,这两部分可以合在一起,用一条语句完成,格式如下:

type arrayName=new type[arraySize];

例如,int intArray=new int[10];

2.一维数组元素的引用

定义了一个数组,并用运算符 new 为它分配了内存空间后,就可以引用数组中的每一个元素了。数组元素的引用方式如下:

arrayName[index]

其中:index 为数组下标,它可以为整型常数或表达式。例如,a[8],b[i](i 为整型),c[2 * i]等。下标从 0 开始,一直到数组的长度减 1。对于上面例子中的 intArray 数组来说,它有 10 个元素,分别为 intArray[0]~intArray[9],但没有 intArray[10]。

Java 对数组元素要进行越界检查以保证安全性。同时,每个数组都有一个属性 length 指明它的长度,例如,intArray. length 表示数组 intArray 的长度。

3.一维数组的初始化

对数组元素可以按照上述的例子进行赋值,也可以在定义数组的同时初始化。

例如:int a[]={1,2,3,4,5};

但 int a[5]={1,2,3,4,5};是非法的,系统自动统计数据个数,不需要用户确定。

用逗号(,)分隔数组的各个元素,系统自动为数组分配一定的存储空间。

【例 5-6】 按从小到大冒泡法排序数组,冒泡排序是对相邻的两个元素进行比较,并把小的元素交换到前面。

```
public class Test506{
    public static void main(String args[]){
        int i,j;
        int intArray[]={30,1,-9,70,25};//数组初始化
        int l=intArray. length;//数组长度赋值给变量 l
        for(i=0;i<l-1;i++)
            for(j=i+1;j<l;j++)
                if(intArray[i]>intArray[j]){//以下 3 行用于交换位置
                    int t=intArray[i];
                    intArray[i]=intArray[j];
                    intArray[j]=t;
                }
        for(i=0;i<l;i++)
            System. out. println(intArray[i]+"");
    }
}
```

5.4.2 多维数组

微课

二维数组

多维数组可以看作数组的数组。例如,二维数组的每个元素又是一个一维数组。下面以二维数组为例来进行说明,多维数组的使用与此类似。

1. 二维数组的定义

二维数组的定义方式为:

type arrayName[][];

例如:int intArray[][];

与一维数组一样,这时 Java 对数组元素也没有分配内存空间,使用运算符 new 生成一个数组对象后,系统才会分配内存,才能访问每个元素。

对多维数组来说,分配内存空间有如下几种方法:

(1)直接为每一维分配空间,例如:

int a[][]=new int[2][3];

(2)从最高维开始,分别为每一维分配空间,例如:

int a[][]=new int[2][];

a[0]=new int[3];

a[1]=new int[3];

2. 二维数组元素的引用

对二维数组中每个元素,引用方式为:arrayName[index1][index2],其中 index1、index2 为下标,可为整型常数或表达式,如 a[2][3]等。同样,每一维的数组元素下标都从 0 开始。

3. 二维数组的初始化

有两种方式初始化二维数组:直接对每个元素进行赋值和在定义数组的同时进行初始化。例如:

int a[][]={{2,3},{1,5},{3,4}};

定义了一个 3×2 的数组,并对每个元素赋值。

【例 5-7】 二维数组举例——矩阵的乘法运算。

两个矩阵 $A_{m×n}$,$B_{n×l}$ 相乘得到 $C_{m×l}$,每个元素 $C_{ij}=a_{ik} * b_{kj}$($i=1……m,j=1……n$)。

```
public class Test507{
    public static void main(String args[]){
        int i,j,k;
        int a[][]=new int[2][3]; //数组 a 赋值
        int b[][]={{1,5,2,8},{5,9,10,-3},{2,7,-5,-18}}; //数组 b 赋值
        int c[][]=new int[2][4];
        for(i=0;i<2;i++)
            for(j=0;j<3;j++)
                a[i][j]=(i+1)*(j+2);
        for(i=0;i<2;i++){
            for(j=0;j<4;j++){
                c[i][j]=0;
                for(k=0;k<3;k++)
                    c[i][j]+=a[i][k]*b[k][j];
            }
        }
        System.out.println("\n***MatrixA***");
        for(i=0;i<2;i++){
            for(j=0;j<3;j++)
                System.out.print(a[i][j]+"");
            System.out.println();
        }
        System.out.println("\n***MatrixB***");
        for(i=0;i<3;i++){
            for(j=0;j<4;j++)
                System.out.print(b[i][j]+"");
            System.out.println();
        }
        System.out.println("\n***MatrixC***");
        for(i=0;i<2;i++){
            for(j=0;j<4;j++)
                System.out.print(c[i][j]+"");
            System.out.println();
        }
    }
}
```

以上介绍的数组都要求固定大小,即声明时就需要确定分量的个数。有时可能会出现这种情况:在声明时无法确定数组大小,运行过程中大小可变,这时就要使用类 ArrayList,它由系统包 java.util 提供,用法是:首先预定义一个初始大小(通常为 10),当向数组中添加元素

时,其长度会自动增加,较好地解决了以上问题。ArrayList 类的用法,读者可以查阅 JDK 帮助文档。

5.5 成员方法的声明

类的方法,也称为成员方法,其功能相当于 C 语言中的函数,用来规定类属性上的操作,实现类的内部功能,同时它也是类与外界联系的渠道,即外界通过调用类的方法来实现信息交互。

5.5.1 方法的声明

声明类的成员方法的格式如下:

［修饰符］返回值类型 方法名(形式参数列表)［throws 异常名列表］
{   方法体;
    局部变量声明;
    语句序列;
}

方法名是一个标识符,由用户定义,在同一个类中允许有同名方法,但其参数(包括参数名、类型、个数、顺序)不能完全相同,而且允许有同名的成员属性名和成员方法名,但是不建议这样使用。

方法的修饰符很多,包括访问控制修饰符、静态修饰符 static、最终方法修饰符 final、抽象方法修饰符 abstract 等。

访问控制修饰符和静态修饰符 static 的作用与成员属性相同。

用 final 修饰的方法称为最终方法,它不能被子类覆盖,即不能在子类中修改或者重新定义,但可以被子类继承,用于保护一些重要的方法不被修改。

用 abstract 修饰的方法称为抽象方法,这种方法只有方法头的声明,却没有方法体,它不能实现。只有被重写,加上方法体后,才能产生对象。抽象方法只能出现在抽象类中,含有抽象方法的类称为抽象类,抽象类中还可以含有其他非抽象类。一个抽象类可以定义一个统一的编程接口,使其子类表现出共同的状态和行为,但各自的细节不同。子类共有的行为由抽象类中的抽象方法来约束,而子类行为的具体细节通过抽象方法的覆盖来实现。这种机制可以增加编程的灵活性。

throws 子句用于异常处理,在程序运行时如果产生异常,则可以用 throws 子句抛出异常。这些内容将在第 11 章介绍。

在方法声明中,必须返回一个类型,如果只是执行一个操作,没有确定的返回类型,则返回类型是 void,否则必须使用基本数据类型或对象类型作为方法的返回类型。

在方法中声明的变量只能在本方法中引用,离开本方法不可以再引用,而成员属性的作用范围是整个类,因此它与成员属性是不同的。

下面的类 Student 声明了五个成员属性和两个成员方法:

```
public class Student{
    private int age;//声明私有变量 age
    private String name;//声明私有变量 name
```

```
private char sex;//声明私有变量 sex
public final int GRADE＝2;//声明公有的 final 变量 GRADE,即常量
public static int counter＝0;//声明公有的 static 变量 counter
public void speekEnglish(){
    System. out. println("大家好,我在说英语!");
}
public void walk(){
    System. out. println("我在散步!");
}
}
```

下面的 MyScore 类声明了一个属性 result 和一个求和的方法 sum,在方法中定义了形式参数 a 和 b 以及局部变量 x,注意它们的作用范围。

```
public class MyScore{
    public int result; // result 的作用范围是整个类
    public void sum(int a,int b){//a 和 b 的作用范围是方法内
        int x; //x 是局部变量,作用范围是方法内
        x＝a＋b;
        result＝x;
        System. out. println("x＝"＋x);
    }
}
```

5.5.2　方法的覆盖与重载

Java 是通过方法的覆盖与重载来实现多态的。类层次结构中,如果子类中的一个方法与父类中的一个方法有相同的方法名并具有相同数量和类型的参数列表,则称子类中的方法覆盖了父类中的方法。通过子类引用覆盖方法时,总是引用子类定义的方法,而父类中定义的方法被隐藏。

在子类中,若要使用父类中被隐藏的方法,可以使用 super 关键字。

1. 方法的覆盖

【例 5-8】　方法覆盖示例。

```
class SuperClass{//父类声明
    public void printA(){
        System. out. println("父类打印函数");
    }
}
class SubClass extends SuperClass{//子类声明
    public void printA(){
        System. out. println("子类打印函数");
    }
}
public class OverrideDemo{
    public static void main(String[] args){
        SuperClass s1＝new SubClass(); //s1 是子类的实例
        s1. printA();
```

```
      }
    }
```

执行结果为：

子类打印函数

在 OverrideDemo 类中，语句"SuperClass s1＝new SubClass();"创建了一个类型为 SuperClass 的对象，而且 SubClass 对象被赋给 SuperClass 类型的引用 s1。语句"s1. printA();"将调用 SubClass 的 printA()方法，因为 s1 引用的对象类型为 SubClass。

父类的引用变量可以引用子类对象。Java 用这一事实来解决在运行期间对覆盖方法的调用。过程如下：当一个覆盖方法通过父类引用被调用时，Java 根据被引用对象的类型来决定执行哪个版本的方法。因此，如果父类包含一个被子类覆盖的方法，那么当通过父类引用变量引用不同子对象时，就会执行该方法的不同版本。

覆盖方法允许 Java 支持运行时的多态性。多态性是面向对象的编程本质，因为它允许通用类指定方法，这些方法对该类的派生类都是公用的。同时该方法允许子类定义这些方法中某些或全部实现。覆盖方法是 Java 实现多态性的一种方式。

2. 方法的重载

方法的重载是 Java 实现面向对象的多态性机制的另一种方式。在同一个类中有两个或两个以上的方法可以有相同的名字，只要它们的参数声明不同，这种情况称为方法重载。Java 用参数的类型和数量来确定实际调用的重载方法的版本。因此，每个重载方法的参数类型或数量必须是不同的。虽然每个重载方法可以有不同的返回类型，但返回类型并不足以区分所使用的是哪个方法。当 Java 调用一个重载方法时，参数与调用参数匹配的方法被执行。

【例 5-9】 方法重载示例，程序名为 OverLoadDemo. java。

```
class Calculation{
    public void add(int a,int b){
        int c=a+b;
        System. out. println("两个整数相加得:"+c);
    }
    public void add(float a,float b){
        float c=a+b;
        System. out. println("两个浮点数相加得:"+c);
    }
    public void add(String a,String b){
        String c=a+b;
        System. out. println("两个字符串相加得:"+c);
    }
}
public class OverLoadDemo{
    public static void main(String[] args){
        Calculation c=new Calculation();
        c. add(10,20);
        c. add(21. 5f,32. 3f);
        c. add("早上","好");
```

```
    }
}
```

执行结果为：

两个整数相加得：30

两个浮点数相加得：53.8

两个字符串相加得：早上好

在以上程序中,add()方法被重载。其中有三个方法具有相同的名称 add,但具有不同的参数,分别实现两个整数、浮点数相加和两个字符串连接。在实际调用时,具体调用哪个add()方法取决于传递的参数与哪个方法相匹配。

☞ 思政小贴士

从以上例题可以看出,编程是运用数据模型来解决日常工作中的问题,比如闰年 2 月份的天数,这就需要大家关注生活,注重平时的积累。同时,一个问题可能有多种解决方案,也有多种编程方法,应具有选择最优方案的知识储备,编写出来的软件用户才会喜欢。

技能训练 3　创建类的成员方法

一、目的

1. 掌握面向对象的基本概念。
2. 掌握定义类与创建对象实例的方法。
3. 掌握类属性的定义和使用。
4. 掌握 get 和 set 方法的定义和使用。
5. 掌握类成员方法的定义和使用。
6. 培养良好的编程习惯。

二、内容

1. 任务描述

银行账户在银行系统中也是一个非常重要的类,它记录了储户的存款信息,通常一个账户至少有账号 id、密码 password、账户余额 balance 等信息。另外,账户还提供存款 deposit、取款 withdraw、查询余额 getBalance、核对密码 verify 等功能,请编写一个账户类 Account,实现相关属性和方法。属性与方法见表 5-T-2。

表 5-T-2　　　　　　　　　　　Account 类定义

类　名	Account
属　性	id(只读),password,balance
方　法	deposit(m),withdraw(m),verify(id,pwd)

2. 实训步骤

(1)打开 Eclipse 开发工具,新建一个 Java Project,项目名称为 Ch05Train_2,项目的其他设置采用默认设置。注意当前项目文件的保存路径。

(2)在新建的 Ch05Train_2 项目中添加一个名称为 Account 的类,包名称为空。

打开 Account. java 文件,编写如下代码:

```java
/***
 * 储蓄账户信息
 */
public class Account{
    private String id;              // 账号
    private String password;        // 账户密码
    private double balance;         // 账户余额
    /**
     * 构造函数
     */
    public Account(){
        this. id="123456";          // 默认账号
        this. password="123456";    // 默认密码
        this. balance=10000;        // 默认账户余额
    }
    /**
     * 获取账号
     * @return 账号
     */
    public String getId(){
        return id;
    }

    /**
     * 获取账户余额
     * @return 余额
     */
    public double getBalance(){
        return balance;
    }

    /**
     * 获取密码
     * @return 密码
     */
    public String getPassword(){
        return password;
    }
    /**
     * 设置密码
     * @param p 新密码
     */
    public void setPassword(String p){
```

```
            this. password＝p;
        }
        /**
         * 存款
         * @param money 要存款的金额
         */
        public void deposit(double money){
            this. balance＋＝money;
        }


        /**
         * 取款
         * @param money 要取款的金额
         * @return 成功返回 true,不成功返回 false
         */
        public boolean withdraw(double money){
            if(this. balance＞＝money){
                this. balance －＝money;
                return true;
            }else{
                return false;
            }
        }
}
```

（3）为了测试 Account 类,向 Ch05Train_2 项目中再添加一个名称为 TestAccount 的测试
类,在 TestAccount 类的 main 方法中实现以下功能:

①用 Account 类创建一个实例 acc,在控制台输出 acc 对象的所有属性(账号、密码、账户
余额)。

②存款 500,输出存款后账户余额。

③取款 1000,输出取款后账户余额。

④修改账户密码为"888888",输出修改后的密码。

```
/**
 * 用于测试 Account 类的属性与方法
 */
public class TestAccount{
    public static void main(String[] args){
        Account acc＝new Account();                          //创建一个账户对象 acc
        System. out. print("账号:"＋acc. getId());              //输出账号
        System. out. print(",密码:"＋acc. getPassword());       //输出密码
        System. out. print(",余额:"＋acc. getBalance());        //输出账户余额
        acc. deposit(500);                                    //存款 500
        System. out. print(",存款后余额:"＋acc. getBalance());   //输出账户余额
        boolean isOk＝acc. withdraw(1000);                     //取款 1000
```

```
if(isOk){
        System.out.print("\n 取款 1000 成功");
    }else{
        System.out.print("\n 取款 1000 不成功,余额不足");
    }
    System.out.print(",取款后余额: "+acc.getBalance());      //输出账户余额
    acc.setPassword("888888");                              //修改密码
    System.out.print(" 修改后的密码: "+acc.getPassword());    //输出密码
    }
}
```

(4)当没有编译错误时,选择 TestAccount. java 窗口,单击"运行"(Run)菜单下的"运行"(Run),运行 TestAccount 类。在 Eclipse 控制台程序的运行结果如图 5-T-3 所示。

账号: 123456,密码: 123456,余额: 10000.0,存款后余额: 10500.0
取款1000成功,取款后余额: 9500.0 修改后的密码: 888888

图 5-T-3   运行结果

3.任务拓展

(1)完善账户 Account 类的定义,增加账户验证方法 boolean verify(id,pwd),如果给定的账号 id 与密码 pwd 与当前账户的账号和密码相同,则返回 true,否则返回 false。

(2)在 TestAccount. java 的 main 方法中添加代码,使用账号"123456"、密码"123456"对 acc 账户进行验证,如果验证通过,输出"验证通过",否则输出"验证失败"。

(3)在 Account 类中增加转账方法 boolean transfer(Account acc,double money),表示从当前账户中取出金额为 money,存入 acc 账户中。

编写代码进行测试。

4.思考题

在前面程序的基础上,思考如下的问题:

(1)类成员方法的命名规则是什么?

(2)将 Account 类中的成员方法 deposit()的访问控制修饰符修改成 protected 或 private,程序可以运行吗?

(3)修饰类的成员方法时,描述使用 public、protected 和 private 的不同情况。

三、独立实践

1.计算器具有加 add、减 sub、乘 mul、除 div 四种功能,编写一个计算器类 Calculator,并编写测试类 TestCalculator,对计算器类 Calculator 进行测试。

2.编写日期类 MyDate,具有年 year、月 month、日 day 三个属性,输出日期 string getDate()、判断是不是闰年 boolean isLeapYear()两个方法。实现 MyDate 类并测试。

 习　题

一、简答题

1.Java 提供了哪些注释语句? 功能有什么不同?

2.识别下列标识符,哪些是合法的? 哪些是非法的?

Ply_1，＄32，java，myMothod，While，your-list，class，ourFriendGroup_＄110，长度，7st

3.Java 程序有哪三种控制结构？

4.Java 中提供了哪些循环控制语句？

5.数组有什么特点？数组的声明和初始化方法与简单变量有什么不同？

6.Java 编码规范有哪些？

7.什么是方法的覆盖？什么是方法的重载？

二、操作题

1.编写一个类，其方法是：从 10 个数中求出最大值、最小值及平均值。

2.编写一个类，其方法是：编程求 n! 的值，设 n＝8。

3.编写一个类，其方法是：根据考试成绩的等级打印出分数段，优秀为 90 以上，良好为 80～90，中等为 70～79，及格为 60～69，60 以下为不及格，要求采用 switch 语句。

4.编写一个类，其方法是：判断一个数是不是回文。回文是一种从前向后读和从后向前读都一样的文字或者数字，例如，12321、569878965、abcba。

5.编写一个类，其方法是：将数组中元素的值按从大到小输出。

6.编写一个类，其方法是：编程输出杨辉三角形的前 6 行。

提示：杨辉三角形的构成特点是：每一行两边的数均为 1，中间的数等于它肩上的两个数之和，这是我国南宋数学家杨辉 1261 年在所著的《详解九章算法》一书中提出的，而欧洲的帕斯卡(1623—1662)在 1654 年才发现这一规律，比杨辉迟了 393 年，表明中华民族灿烂文化源远流长。

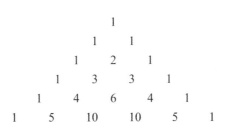

我国古代数学家杨辉

第6章

创建对象

☞ 主要知识点

- 类的实例化。
- 构造方法。
- 对象的使用。
- 对象的清除。

☞ 学习目标

能根据已经定义了的类进行实例化,并能运用对象编写代码完成一定的功能。

通过前面的学习,已经掌握了类的定义方法,能够对类的成员属性和成员方法进行声明,并且了解了 Java 的基本语法和程序控制结构,本章将对类实例化,生成类的对象,利用对象开始软件的设计过程,通过 ATM 项目,掌握对象的使用方法。

6.1　创建对象概述

对类实例化,就是产生类的一个对象。对象是在执行过程中由其所属的类动态产生的,一个类可以生成多个不同的对象。值得注意的是,一个对象的内部状态,也就是说私有属性只能由该对象自身修改,同一个类的任何其他对象不能修改它。所以同一个类的对象只是在内部状态的表现形式上相同,但它们所分配的存储空间却是不同的。一个对象的生命周期包括三个阶段:生成、使用和消失。

6.1.1　类的实例化

将类实例化的命令格式如下:

类名 对象名＝new 类名(［参数列表］);

其中,"类名"表示对象的类型,必须是复合数据类型,包括类、字符串等。"对象名"是一个合法的标识符。"参数列表"要根据本类的构造方法的形式参数确定,与构造方法匹配,以便自动调用构造方法。

例如,先定义一个类 Person。

public class Person{

微　课

类的应用

```
    String name;
    int age;
    float salary;
    public void work(){
        System.out.print("I am an engineer!");}
}
```

生成一个对象 teacher 的方法是：Person teacher＝new Person();

说明：每一条语句只能实例化一个对象，通过运算符 new 为对象 teacher 分配存储空间，这时 Java 自动执行类对应的构造方法进行初始化，构造方法可以是系统默认的，也可以是用户通过重载实现的，以后就可以引用此对象了。

6.1.2　对象的引用

类的成员（包括成员属性和成员方法）必须在产生对象即实例化后才能被引用，引用的方法是：对象名. 成员。

1. 引用对象的变量

访问对象的某个变量的属性时，可以是一个已经生成的对象，也可以是能够生成对象引用的表达式，以类 Person 为例，生成一个对象 teacher，并给 name 属性赋值为 Liming，以下两种格式都是正确的。

方法 1：

Person teacher＝new Person();

teacher. name＝"Liming";

方法 2：

new Person(). name＝"Liming";

第二种方法直接生成变量的引用，是方法 1 中两条语句的合并，但没有产生变量 teacher，所以不可以引用变量 teacher，通常用于一次性使用。

2. 引用对象的方法

格式：对象引用. 方法名（[参数列表]）;

【例 6-1】　方法的引用，源程序名是 TestPerson. java。

```
class Person{
    int age;
    void shout(){
        System.out.println("Oo God,my age is"+age);}
}
public class TestPerson{
    public static void main(String args[]){
        Person xiaoli=new Person();              //对象实例化
        Person zhangsan=new Person();            //对象实例化
        xiaoli. age=20;                          //成员属性的引用
        zhangsan. age=38;                        //成员属性的引用
        xiaoli. shout();                         //成员方法的引用
        zhangsan. shout();}                      //成员方法的引用
    }
```

运行结果如图 6-1 所示。

```
<terminated> TestPerson [Java Application] D:\Program Files\Java\jre7\bin\javaw.exe (2022-1-10 下午11:05:09)
Oo God,my age is20
Oo God,my age is38
```

图 6-1 例 6-1 的运行结果

6.1.3 方法的参数传递

微课

在方法中,如果变量的类型是基本数据类型(包括字符串和数组),则按值传递,即方法调用前后变量的值不变;如果变量的类型是类或者接口,即引用数据类型,则按地址传递,变量的值在方法调用后会发生改变。

方法的参数传递

1. 基本数据类型的参数传递

【例 6-2】 基本数据类型的参数传递示例。

```java
class PassValue{
    public static void main(String args[]){
        int x=5;
        change(x);
        System. out. println(x);}
    public static void change(int x){
        x=3;}
}
```

运行结果如下:

5

总结:

(1)基本数据类型的变量作为实参传递,并不能改变这个变量的值。

(2)方法中的形式参数相当于局部变量,方法调用结束后自行释放,不会影响到主程序中的同名变量。

2. 引用数据类型的参数传递

【例 6-3】 引用数据类型的参数传递示例。

```java
class PassRef{
    int x;
    public static void main(String[] args){
        PassRef obj=new PassRef();
        obj. x=5;
        change(obj);
        System. out. println(obj. x);}
    public static void change(PassRef obj){
        obj. x=3;
    }
}
```

运行结果如下:

3

说明:引用数据类型的参数传递可以改变对象的内容。

6.1.4 对象的清除

Java 运行时系统通过垃圾收集器周期性地释放无用对象所占的内存,以完成对象的清除。当不存在对一个对象的引用时,该对象就称为无用对象。当前的代码段不属于对象的作用域或者把对象的引用赋值为 null 就成为无用对象。

Java 的垃圾收集器自动扫描对象的动态内存空间,对正在使用的对象加上标记,将所有无用的对象作为垃圾收集起来并释放。Java 采用自动垃圾收集进行内存管理的机制,使程序员不需要跟踪每个生成的对象,大大简化了程序员的编程强度,这是 Java 的一个显著特点。

当程序创建对象、数组等引用类型实体时,系统都会在堆内存中为之分配一块内存区,对象就保存在这块内存区中,当这块内存不再被任何引用变量引用时,这块内存区就变成垃圾,等待垃圾回收机制进行回收。当一个对象在堆内存中运行时,根据它被引用变量所引用的状态,可以分为三种:激活状态、去活状态和死亡状态,三者的关系如图 6-2 所示。

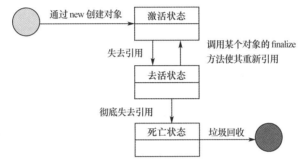

图 6-2 对象的三种状态的转换关系

下面的代码创建了两个字符串对象,并创建了一个引用变量依次指向这两个对象。

```
public class StatusTranfer{
    public static void test(){
        String a=new String("世界您好");        //代码 1
        a=new String("您好世界");               //代码 2
    }
    public static void main(String[] args){
        test();                                 //代码 3
    }
}
```

当程序执行 test()方法中的代码 1 时,代码定义了一个变量 a,并让该变量指向"世界您好"字符串,该代码执行结束后,"世界您好"字符串对象处于激活状态。当程序执行了 test()方法中的代码 2 时,代码再次定义了"您好世界"字符串对象,并让变量 a 指向该对象,此时,"世界您好"字符串对象处于去活状态,而"您好世界"字符串对象处于激活状态。

一个对象可以被一个方法的局部变量所引用,也可以被其他类的类属性所引用,或被其他对象的实例属性引用,当某个对象被其他类的类属性引用时,只有该类被销毁后,该对象才会进入去活状态;当某个对象被其他对象的实例属性引用时,只有当该对象被销毁后,该对象才会进入去活状态。

程序只能控制一个对象何时不再被任何引用变量引用,绝不能控制它何时被回收。强制系统垃圾回收有如下两个方法:(1)调用 System 类的 gc 静态方法 System.gc();(2)调用 Runtime 对象的 gc 实例方法:Runtime.getRuntime().gc()。

6.2 构造方法

构造方法也称为构造函数,是包含在类中的一种特殊方法,在类实例化时它会被自动调用,其参数在实例化命令中指定。

6.2.1 构造方法的定义

构造方法的使用

先看一个构造方法的例题。

【例6-4】 构造方法的使用,程序名为 TestPerson. java。

```
class Person{
    public Person(){
        System. out. println("method person is using");}
    private int age=18;
    public void shout(){
        System. out. println("age is "+age);}
}
class TestPerson{
    public static void main(String[] args){
        Person p1=new Person(); p1. shout();
        Person p2=new Person(); p2. shout();
        Person p3=new Person(); p3. shout();}
}
```

运行结果如下:

method person is using

age is 18

method person is using

age is 18

method person is using

age is 18

分析这个运行结果,age is 18 的输出结果容易理解,那为什么输出了三行信息"method person is using"呢? 这就是构造方法的特殊之处,每当用 new 命令生成一个实例时,构造方法都会自动执行一次,而无须编程者手工引用。

构造方法的特征:

(1)具有与类相同的名称。

(2)不含返回类型。

(3)不能在方法中用 return 语句返回一个值。

(4)在类实例化时,由系统自动调用。

说明:定义构造方法时不要加上 void,否则就不是构造方法。一个类可以有多个构造方法,它们的形式参数可以不同,生成实例时,系统根据用户确定的实际参数,自动找到与实际参数个数相等、类型匹配、顺序一致的构造方法执行。

构建方法是提高程序运行效率、优化软件结构的重要途径,需要程序员在需求分析的基础上,站在使用者角度进行功能划分,充分考虑其操作习惯,做到以软件服务和用户体验为核心,提升软件设计技能。

6.2.2 构造方法的重载

构造方法也可以重载,看下面的例题。

【例 6-5】 构造方法的重载示例,程序名为 TestPerson. java。

```java
class Person{
    private String name="unknown";
    private int age=-1;
    public Person(){
        System. out. println("constructor1 is calling");}
    public Person(String s){
        name=s;
        System. out. println("constructor2 is calling");
        System. out. println("name is "+name);}
    public Person(String s,int i){
        name=s;
        age=i;
        System. out. println("constructor3 is calling");
        System. out. println("name&age:"+name+age);}
    public void shout(){
        System. out. println("Please see above!");}
}
class TestPerson{
    public static void main(String[] args){
        Person p1=new Person();p1. shout();
        Person p2=new Person("Jack");p2. shout();
        Person p3=new Person("Tom",9);p3. shout();
    }
}
```

运行结果如下:

```
constructor1 is calling
Please see above!
constructor2 is calling
name is Jack
Please see above!
constructor3 is calling
name&age:Tom9
Please see above!
```

从上可以看出,一个类的构造方法可以有多个,而且还可以进行重载。

构造方法总结:

(1)每个类至少有一个构造方法,如果用户没有定义,系统自动产生一个默认构造方法,没有参数,也没有方法体。

(2)用户可以定义构造方法,如果用户定义了构造方法,则系统不再提供默认构造方法。

(3)构造方法的访问控制修饰符一般是 public,不可以定义为 private。

课堂练习:面向对象编程综合应用。运行下面的程序,分析程序中定义了哪些类? 每个类提供了哪些变量和方法? 有哪些构造方法? 程序的功能是什么?

```java
import java.util. * ; //导入包,以便调用 GregorianCalendar 日历类
public class EmployeeTest{
    public static void main(String[] args){//将三个员工对象的数据赋给员工数组
        Employee[] staff=new Employee[3];
        staff[0]=new Employee("张三",75000,1987,12,15);
        staff[1]=new Employee("李四",50000,1989,10,1);
        staff[2]=new Employee("王五",40000,1990,3,15);
        for(int i=0;i<staff. length;i++)
            staff[i]. raiseSalary(5);    //每个员工的工资增长 5%
        for(int i=0;i<staff. length;i++){    // 打印输出员工信息
            Employee e= staff[i];
            System. out. println("姓名 ="+e. getName()+",工资 ="+e. getSalary()+",工作日期
            ="+e. getHireDay()); }
    }
}
class Employee{
    public Employee(String n,double s,int year,int month,int day)
    {
        name=n;
        salary=s;
        GregorianCalendar calendar
        =new GregorianCalendar(year,month-1,day);
        // GregorianCalendar 计算月份从 0 开始
        hireDay=calendar. getTime();
    }
    public String getName(){
        return name;}
    public double getSalary(){
        return salary;}
    public Date getHireDay(){
        return hireDay;}
    public void raiseSalary(double byPercent){
        double raise= salary * byPercent/100;
        salary+=raise;}
    private String name;
    private double salary;
    private Date hireDay;
}
```

说明:GregorianCalendar 是罗马教皇格利高里日历模式,提供了世界上大多数国家/地区使用的标准日历系统。Date 是包 java.util 提供的一个类,表示特定的瞬间,精确到毫秒,它可以接收或返回年、月、日、小时、分钟和秒值。

技能训练4 创建对象

一、目的

1. 掌握面向对象的基本概念。
2. 掌握定义类与创建对象实例的方法。
3. 掌握类属性的定义和使用。
4. 掌握 get 和 set 方法的定义和使用。
5. 掌握类成员方法的定义和使用。
6. 掌握带参数构造函数的定义和使用。
7. 培养良好的编程习惯。

二、内容

1.任务描述

在 Ch05Train_1 项目中创建的 Customer 客户类中,客户的姓名 name、身份证号 idCard 属性由于具有创建对象后不允许更改姓名与身份证号的规则限制,因此没有给 name 与 idCard 两个属性添加 set 方法。使用 Ch05Train_1 项目中的 Customer 类创建客户对象时,客户的姓名与身份证号都是相同的,无法修改。所有客户具有相同的客户姓名与身份证号,不符合现实要求。现在要求修改 Customer 类的定义,在创建客户对象时可以指定客户的姓名与身份证号等信息。为 Customer 类添加带参数构造函数来完成此任务。

2.实训步骤

(1)打开 Eclipse 开发工具,新建一个 Java Project,项目名称为 Ch06Train,项目的其他设置采用默认设置。注意当前项目文件的保存路径。

(2)将前面 Ch05Train_1 项目中创建的 Customer.java 文件与 TestCustomer.java 文件复制到新建的 Ch06Train 项目的 src 目录中。

(3)修改 Customer 客户类,打开 Customer.java 文件,在 Customer 类中添加如下构造函数,其余代码不变。

```
/**
 * 构造函数
 * @param name        姓名
 * @param idCard      身份证号
 * @param telephone   联系电话
 */
public Customer(String name,String idCard,String telephone){
    this.name=name;
    this.idCard=idCard;
    this.telephone=telephone;
}
```

(4)在 Customer 客户类中,重写 Object 类的 toString 方法,用于显示 Customer 对象的所有属性值。

```
/**
 * 重写 Object 类的 toString 方法
 * 返回客户的基本信息
 */
public String toString(){
    return "[姓名:"+name+",身份证号:"+idCard+",电话:"+telephone
        +",地址:"+address+",Vip:"+isVip+"]";
}
```

(5)测试新增加的构造函数。打开 TestCustomer. java 文件,在 TestCustomer 类的 main()方法原有代码的基础上添加代码实现以下功能:

①新增一个 Customer 对象 lisi,创建对象时设置姓名 name 为"李四",身份证号 idCard 为"432524198701156578",电话 telephone 为"13666666666",在控制台输出 lisi 对象的属性。

②设置李四的联系地址为"香樟路 22 号",李四是 Vip 客户,输出修改后的李四的所有信息。增加的代码如下:

```
//使用 Customer 类的带参数构造函数创建客户对象 lisi,客户的属性为:
//姓名:李四、身份证号:432524198701156578、电话:13666666666
Customer lisi=new Customer("李四",
        "432524198701156578","13666666666");
String str=lisi. toString();          //获取 lisi 对象的信息
System. out. println();               //输出一个空行
System. out. println(str);            //输出 lisi 对象的信息
lisi. setAddress("香樟路 22 号");      //修改李四的地址
lisi. setVip(true);                    //设置 Vip
System. out. println("\n 修改后:"+lisi. toString());//输出修改后的信息
```

(6)当没有编译错误时,选择 TestCustomer. java 窗口,单击"运行"(Run)菜单下的"运行"(Run),运行 TestCustomer 类。在 Eclipse 控制台程序的运行结果如图 6-T-1 所示。

```
姓名:张三,身份证号:430122197810167654,联系电话:13988889999,修改后电话:13816881688
[姓名:李四,身份证号:432524198701156578, 电话:13666666666, 地址:null, Vip:false]
修改后:[姓名:李四,身份证号:432524198701156578, 电话:13666666666, 地址:香樟路22号, Vip:true]
```

图 6-T-1　运行结果

修改后客户类 Customer 完整代码如下:

```
/**
 * 封装客户信息
 */
public class Customer{
    private String name;          //客户姓名
    private String idCard;        //身份证号
    private String telephone;     //联系电话
    private String address;       //联系地址
    private boolean isVip;        //是不是 Vip 客户
    /**
```

```
     *  构造函数
     */
    public Customer(){
        this. name="张三";
        this. idCard="430122197810167654";
        this. telephone="13988889999";
    }
    /**
     *  构造函数
     *  @param name        姓名
     *  @param idCard       身份证号
     *  @param telephone    联系电话
     */
    public Customer(String name,String idCard,String telephone){
        this. name=name;
        this. idCard=idCard;
        this. telephone=telephone;
    }
    /**
     *  获得客户姓名
     *  @return 姓名
     */
    public String getName(){
        return name;
    }
    /**
     *  获得客户身份证号
     *  @return 身份证号
     */
    public String getIdCard(){
        return idCard;
    }
    /**
     *  获取客户联系电话
     *  @return 联系电话
     */
    public String gettelephone(){
        return telephone;
    }
    /**
     *  设置客户联系电话
     *  @param telephone 新的联系电话
     */
        public void settelephone(String telephone){
```

```
        this. telephone＝telephone；
    }
    /**
     * @return 客户的地址
     */
    public String getAddress(){
        return address；
    }
    /**
     * 设置客户的地址
     * @param address 新的地址
     */
    public void setAddress(String address){
        this. address＝address；
    }
    /**
     * 获取当前客户是否 Vip
     * @return 是 Vip 返回 true,否则返回 false
     */
    public boolean isVip(){
        return isVip；
    }
    /**
     * 修改当前客户的 Vip 状态
     * @param isVip true：Vip,false：非 Vip
     */
    public void setVip(boolean isVip){
        this. isVip＝isVip；
    }
    /**
     * 重写 Object 类的 toString 方法
     * 返回客户的基本信息
     */
    public String toString(){
        return "[姓名："＋name＋",身份证号："＋idCard＋",电话："＋telephone
            ＋",地址："＋address＋",Vip："＋isVip＋"]";
        }
    }
```

修改后 TestCustomer 完整代码如下：

```
/**
 *
 * 对 Customer 类的属性和方法进行测试
 * @author wmxing
 *
```

```
            */
        public class TestCustomer{
            public static void main(String[] args){
                //利用 Customer 类创建 customer 对象
                Customer customer＝new Customer();
                System.out.print("姓名:"+customer.getName());              //输出姓名
                System.out.print(",身份证号:"+customer.getIdCard());        //输出身份证号
                System.out.print(",联系电话:"+customer.gettelephone());     //输出联系电话
                customer.settelephone("13816881688");                     //修改联系电话
                System.out.print(",修改后电话:"+customer.gettelephone());
                //使用 Customer 类的带参数构造函数创建客户对象 lisi,客户的属性为:
                //姓名:李四、身份证号:432524198701156578、电话:13666666666
                Customer lisi＝new Customer("李四",
                                "432524198701156578","13666666666");
                String str＝lisi.toString();                               //获取 lisi 对象的信息
                System.out.println();                                     //输出一个空行
                System.out.println(str);                                  //输出 lisi 对象的信息
                lisi.setAddress("香樟路 22 号");                            //修改李四的地址
                lisi.setVip(true);                                        //设置 Vip
                System.out.println("修改后:"+lisi.toString());             //输出修改后的信息
            }
        }
```

3. 任务拓展

(1)完善客户类 Customer 的定义,再增加一个具有 4 个参数的构造函数,在创建客户对象时,可以给客户的姓名、身份证号、联系电话、地址 4 个属性赋值。

(2) 在 TestCustomer.java 的 main() 方法中再创建一个客户 wangwu("王五","432222888866663333"、"13588888888"、"长沙民政软件学院"),并输出客户 wangwu 的信息。

(3)将 Ch05Train_2 项目中的账户类 Account 复制到当前项目中,为 Account 类增加几个带参数的构造函数,以便在创建 Account 对象时能给 Account 类的属性进行赋值同时重写 toString()方法,用于获得当前账户的全部信息。请编写代码并进行测试。

4. 思考题

在前面程序的基础上,思考如下问题:

(1)构造函数的主要作用是什么?

(2)建立多个不同参数的构造函数有什么好处?

(3)构造函数的不同访问控制修饰符(public/protected/private)有哪些作用?

三、独立实践

下面的测试类 TestMyString 是对 MyString 类进行测试。

```
/**
 * MyString 的测试类
 */
public class TestMyString{
```

```java
public static void main(String[] args){
    //构造一个 MyString 对象 myStr1
    MyString myStr1＝new MyString();
    //显示 myStr1 的默认字符串及字符个数
    System. out. println(""＋myStr1. toString()＋"【"＋myStr1. length()＋"】");
    char[] chs＝{'h','e','l','l','o',',','w','m','x','i','n','g'};
    //使用字符数组构造一个 MyString 对象 myStr2
    MyString myStr2＝new MyString(chs);
    //显示 myStr2 的字符串及字符个数
    System. out. println(""＋myStr2. toString()＋"【"＋myStr2. length()＋"】");
    //调用 indexOf 方法求 myStr2 对象是否存在指定字符
    int x1＝myStr2. indexOf('3');
    int x2＝myStr2. indexOf('e');
    int x3＝myStr2. indexOf('l');
    System. out. println("x1＝"＋x1＋",x2＝"＋x2＋",x3＝"＋x3);
    }
}
```

请根据 TestMyString 中的代码创建 MyString 类,并运行 TestMyString 中的代码,得到的运行结果如图 6-T-2 所示。

```
Hi,I am Mason!【14】
hello,wmxing【12】
x1=-1,x2=1,x3=2
```

图 6-T-2　运行结果

提示:首先要分析 MyString 类中包含哪些构造函数？哪些方法？方法的功能是什么？

习　题

一、简答题

1.什么是类的实例化？

2.类的初始化有哪几种方法？

3.如何引用一个对象？

4.基本数据类型参数和引用数据类型在方法中的传递有什么不同？

5.什么是构造方法？构造方法有什么特点？

6.字符串类有哪两种？各有什么特点？

7.在一个类中,如果几个构造方法同名,则参数不能相同。参数指的是什么？

二、操作题

1.定义一个日期类,包括年、月、日三个属性和一个方法,用于判断是不是闰年。然后实例化两个对象:今天和明天,并分别给它们赋值。

2.编写一个程序实现构造方法的重载。

3.编写一个类 BankCard,表示银行卡,属性自定,给它建立一个构造方法,功能是在实例化时,输出信息"您的卡上余额是:××××"。

第 7 章

使用程序包

主要知识点

- 包的概念,包的建立,包的引用。
- Java 类库。
- 常用包介绍。
- 字符串的处理。

学习目标

掌握包的特点及应用方法,能够运用包编写程序。

一个项目由多个类构成,Java 程序是类与接口的集合,利用包机制可以将常用的类或者功能相似的类放在一个程序包中。编写程序时,如果所有的类或接口都由程序员亲自设计,工作量太大,理想的办法是了解系统类库,通过大量调用系统提供的类来完成实用软件的开发。本章将介绍程序包(Package)、重要系统类库以及字符串的功能与用法。

7.1 Java 系统包

面向对象编程的最大优点就是代码复用,复用的基本元素是类,系统提供的类越多,编程越简单。Java 提供了大量的类库,这些类库能够充分帮助程序员完成字符串、输入/输出、声音、图形图像、数值运算、网络应用等方面的处理。

7.1.1 Java 类库结构

Java 类库包含在 Java 开发工具 JDK 中,JDK 是 SUN 公司的 Java Software 产品。Java 类库包括接口和类,每个包中又有许多特定功能的接口和类,用户可以从包开始访问包中的接口、类、变量和方法。下面简单介绍一下各个包的功能。

1. java. lang 包

java. lang 包是 Java 核心包,包括 Java 语言基础类,例如,基本数据类型、基本数值函数、字符串处理、线程、异常处理等。其中的类 Object 是 Java 中所有类的基础类,不需要用 import 语句引入,也就是说,每个程序运行时,系统都会自动引入 java. lang 包。

Object 类是其他所有类的祖先,即使不书写继承,系统也会自动继承该类,所以 Object 类是整个 Java 继承树的唯一根,这就是 Java 语言特色的单根继承体系。

类 Math 提供了常用的数学函数,例如,正弦、余弦和平方根。类似地,类 String 和 StringBuffer 提供了常用的字符串操作。类 ClassLoader、Process、Runtime、SecurityManager 和 System 提供了管理类的动态加载、外部进程创建、主机环境查询(如时间)和安全策略实施等系统操作。类 Throwable 包含了由 throw 语句抛出的对象,Throwable 的子类表示错误和异常。

2. java. io 包

java. io 包是包含了用于数据输入/输出的类,主要用于支持与设备有关的数据输入/输出,即数据流输入/输出、文件输入/输出、缓冲区流以及其他设备的输入/输出。凡是需要完成与操作系统相关的输入/输出操作,都应该在程序的开始处引入 java. io 包。

3. java. applet 包

java. applet 包提供了用于创建浏览器的 applet 小程序所需要的类和接口,包括以下几个类和接口:

(1)AppletContext:此接口对应于 applet 的环境,包含 applet 的文档以及同一文档中的其他 applet,applet 可以使用此接口中的方法获取有关其环境的信息。

(2)AudioClip:用于播放音频剪辑的简单抽象类。多个 AudioClip 项能够同时播放,得到的声音混合在一起可产生合成声音。

(3)Applet:applet 是一种不能单独运行但可嵌入在其他应用程序中的小程序。Applet 类必须是任何可嵌入 Web 页或可用 Java Applet Viewer 查看的 applet 的超类。Applet 类提供了 applet 及其运行环境之间的标准接口。开发 applet 小程序时,必须首先引入 java. applet 包,并把应用程序的主类声明为 Applet 的子类。

4. java. awt 包

awt(Abstract Window Toolkit)抽象窗口工具集,它提供了图形用户界面设计、窗口操作、布局管理和用户交互控制、事件响应的类,例如,Graphics 图形类、Dialog 对话框类、Button 按钮类、Checkbox 检查框类、Container 容器类、LayoutManager 布局管理器类和 Event 事件类。其中的 Component 组件类是 java. awt 包中所有类的基类,即 java. awt 包中的所有类都是由 Component 类派生出来的。

5. java. net 包

java. net 包是 Java 网络包,提供了网络应用的支持,包括三种类型的类:用于访问 Internet 资源及调用 CGI 通用网关接口的类,如 URL;用于实现套接字接口 Socket 网络应用的类,如 ServerSocket 和 Socket;支持数据报网络应用的类,如 DatagramPacket。

6. java. math 包

java. math 包是 Java 数学包,包括数学运算类和小数运算类,提供完善的数学运算方法,例如,数值运算方法、求最大值最小值、数据比较和类型转换等类。

7. java. util 包

java. util 包是 Java 实用程序包,提供了许多实用工具,例如,日期时间类(Date)、堆栈类(Stack)、哈希表类(Hash)、向量类(Vector)、随机数类和系统属性类等。

8. java. SQL 包

java. SQL 包是 Java 数据库包,提供了 Java 语言访问处理数据库的接口和类,它是实现 JDBC(Java Database Connect,Java 数据库连接)的核心类库,安装相应的数据库驱动程序名,Java 程序就可以访问诸如 SQL Server、Oracle 和 DB2 等数据库。

9. javax. swing 包

javax. swing 包提供一组轻量级（全部是 Java 语言）组件,尽量让这些组件在所有平台上的工作方式都相同。Swing 是一个用于开发 Java 应用程序用户界面的开发工具包。它以抽象窗口工具包(awt)为基础,使跨平台应用程序可以使用任何可插拔的外观风格。Swing 开发人员只用很少的代码就可以利用 Swing 丰富、灵活的功能和模块化组件来创建优雅的用户界面。工具包中所有的包都是以 swing 作为名称,例如,javax. swing、javax. swing. event。

大部分 Swing 程序用到了 awt 的基础底层结构和事件模型,因此需要导入两个包:

import java. awt. * ;

import java. awt. event. * ;

如果图形界面中包括了事件处理,那么还需要导入事件处理包:

import javax. swing. event. * ;

7.1.2 包的引用

若要在程序中使用包中定义的类,应使用 import 语句引入包,告诉编译器类及包的所在位置,事实上,包名是类的一部分。如果类在当前包中,则包名可以省略。

包引入 import 语句的格式如下:

import 包名 1[. 包名 2[. 包名 3……]]. (类名|＊);

例如:

import java. awt. * ;

import java. awt. Graphics;

就是说,包名前面可以指明层次关系,既可以精确到某一个类,也可以用通配符＊表示当前包中所有的类。

说明:

(1)一个程序中可以导入多个包,但一条 import 语句只能导入一个包,每个包都要用一条 import 语句导入。

(2)JVM 通常将包以一种压缩文件的形式(. jar)存储在特定的目录。

(3)Java 中有一个特殊的包 java. lang 称为 Java 语言核心包,包含常用类的定义,它能够自动引入,无须使用 import 语句导入。

(4)使用 import 语句引入某个包中的所有类并不会自动引入其子包中的类,应该使用两条 import 语句分别引入。例如:

import java. awt. * ;

import java. awt. event. * ;

尽管两个包是上下层的包含关系,但也必须分别导入,只用上面第一条语句是不行的。

【例 7-1】 包的综合应用,本例题中有两个程序,需要单独建立和编译运行。

程序 1:PackageDemo. java。

```
package com. hu. first;              //定义一个包
public class PackageDemo{            //此类没有 main 方法,不可执行,只能编译
public static void add(int i,int j){ //定义方法 add
   System. out. println(i＋j);
   }
}
```

程序 2:PackagePackageDemo. java。

```
import com. hu. first. PackageDemo;          //引入刚才创建的包
public class ImportPackageDemo{             //定义一个新的类
  public static void main(String args[]){    //主方法
    PackageDemo test＝new PackageDemo();
    //调用 com. hu. first 包中的 PackageDemo 类
    test. add(6,8);                         //调用类 PackageDemo 中的 add 方法
  }
}
```

此例中,先建立一个包,然后通过引入包,调用包中的类以及类的方法,复杂的软件都是通过这种方式实现集成的。

7.2 建立自己的包

Java 语言中,包和其他高级语言中的函数库相同,是存放类和接口的容器。Java 程序编译后每一个类和接口都会生成一个独立的 class 字节码文件,而对一个大型程序,由于类和接口的数量很多,假如将它们全部放在一起,会显得杂乱无章,难以查询,也难以管理,Java 语言提供了一种类似于目录结构的管理方法,这就是包机制,即将相似的类和接口放在同一个包中集中管理。

☞思政小贴士

一个复杂的软件,通常由很多人共同完成,每个成员完成一个程序(包括若干个类),运用包机制,可以将所有程序员编写的类集中在一个包中,便于程序的统一管理和运行。个人设计的类越多越优秀,对开发团队的贡献就会越大,其他成员编程就会越方便,因此,软件开发团队是共享共建的集体,需要每个程序员发扬团结协作、乐于奉献的精神。

7.2.1 包的声明

一个包由一组类和接口组成,包中还可以包含子包,相当于文件夹中可以包含若干文件和子文件夹一样,因此,包提供了一种多层次命名空间。事实上,Java 系统就是利用文件夹来存放包的,一个包对应一个文件夹,文件夹下有若干个 class 文件和子文件夹,程序员可以把自己的类放入指定的包中。

包语句用于创建自己的包,即将程序中出现的类放在指定的包中,首先应该在程序的当前目录中创建相应的子目录(可能是多层目录结构),然后将相应的源文件存放在这个文件夹中,再编译这个程序,就可形成用户自己的包。简单地说,包就是 Windows 中的目录(文件夹)。

声明包的语句是:

package 包名 1[. 包名 2[. 包名 3……]];

说明:

(1)包的声明语句必须放在程序源文件的开始处,包语句之前除了可以有注释语句外,不能再有其他任何语句,表示该文件中声明的全部类都属于这个包,也可以在不同的文件中使用相同的包声明语句,这样就可以将在不同文件中定义的类都放在同一个包中。

(2)Java 语言规定,任何一个源文件最多只能有一个包声明语句。

(3)包名前可以带路径,形成多层次命名空间。

(4)包的名字有层次关系,各层之间以点分隔,包层次必须与 Java 开发系统的文件系统结构相同。

(5)包名通常全部用小写字母。

在一个软件中,包建立好以后,在 Eclipse 的包浏览器窗格中显示包中所包含的类列表,进一步展开类,能查看类中的成员属性和成员方法。例如,本教材中的银行取款机软件 ATMSim 在 Eclipse 中的包结构如图 7-1 所示。

图 7-1　ATMSim 软件的包结构

7.2.2　包的应用

假如在程序中定义三个类 Parents(父母)、Son(儿子)、Daughter(女儿),现在需要把它们都放在包 family(家庭)中,示意性程序如下:

```
package family;
class Parents{
……        //类体
}
class Son{
……        //类体
}
class Daughter{
……        //类体
}
```

上面程序经过编译,就可以建立程序包 family。

【例 7-2】　建立包 mypack,在此包中存放 Fibonacci 类,程序名是 Fibonacci.java。

```
package mypack;
public class Fibonacci{
  public static void main(String args[]){
    int i;
    int f[]=new int[10];
```

```
      f[0]=f[1]=1;
      for(i=2;i<10;i++)
        f[i]=f[i-1]+f[i-2];
      for(i=1;i<=10;i++)
        System. out. println("F["+i+"]="+f[i-1]);
    }
  }
```

此程序运行后,会在当前文件夹(其中包括文件 Fibonacci. java)中建立一个下级文件夹 mypack,mypack 文件夹中只有一个文件 Fibonacci. class,即实现了源程序文件和字节码文件的分开存放。

如果包语句改为 package mypack1. pack2. pack3;,则字节码文件会存放在 mypack1\pack2\pack3 文件夹下。

【例 7-3】 有两个文件分别是 MyFile1. java 和 MyFile2. java,希望把这两个程序中定义的所有类全部放在同一个包 mypackage 中,示意性程序如下:

文件 MyFile1. java 的内容是:

```
package mypackage;
class MyClass1{
……    //类体
}
```

文件 MyFile2. java 的内容是:

```
package mypackage;
class MyClass2{
……    //类体
}
class MyClass3{
……    //类体
}
class MyClass4{
……    //类体
}
```

通过这两个程序文件即可得到声明的程序包 mypackage,这个包中含有 4 个类,分别是 MyClass1、MyClass2、MyClass3 和 MyClass4。

【例 7-4】 多层次包的建立。

```
package china. hunan. changsha;
public class TestPackage{
    public static void main(String[] args){
        new Test(). print();}
}
class Test{
    public void print(){
        System. out. println("这个程序用于建立包的多层结构!");}
}
```

说明：

（1）在 Eclipse 中程序运行前，需要先用 File→New→Package 命令建立 china. hunan. changsha 包，然后将 TestPackage. java 放在此包下，才能正常运行。

（2）本例中所有类位于包 china. hunan. changsha 中，包中每个类的完整名称是包名. 类名，例如，china. hunan. changsha. Test，china. hunan. changsha. TestPackage。

（3）同一个包中的类相互访问，不需要指明包名，如果从外部访问一个包中的类，需要使用类的完整名称。

（4）包的存放位置必须与包名层次相对应的目录结构一致。

7.3　字符串的处理

字符串经常用于在程序设计过程中提取子字符串、判断用户输入的信息是否正确等操作，Java 中没有字符串类型的基本数据类型，但 java. lang 语言核心包中定义了 String 和 StringBuffer 两个类来封装对字符串的各种操作，它们都是 final 类，不能被其他类继承。String 类用于比较两个字符串、查找串中的字符及子串、字符串与其他类型的转换等操作，String 类对象的内容初始化后不能改变。StringBuffer 类用于内容可以改变的字符串，可将其他类型的数据增加、插入字符串中，也可翻转字符串的内容，字符串是一种特殊形式的数组。String 类虽然是一种类，但是不需要实例化就能使用，其应用过程与基本数据类型非常相似。

7.3.1　字符串的生成

通过类 String 提供的构造方法，可以生成一个空串，String 类的默认构造方法不需要任何参数，例如：String s＝new String()；

微课

字符串的应用

也可以由字符数组生成一个字符串对象，格式如下：

String strObj＝new String(char charArray[])；

String strObj＝new String(char charArray[],int startIndex,int numChars)；

下面两条语句都能够生成字符串″hello″：

char charArray1[]＝{′h′,′e′,′l′,′l′,′o′}；

char charArray2[]＝{′h′,′e′,′l′,′l′,′o′,′J′,′a′,′v′,′a′}；

String s1＝new String(charArray1)；

String s1＝new String(charArray2,1,5)；

通过类 StringBuffer 的构造方法生成可变的字符串对象，格式如下：

String strObj＝new StringBuffer()；

String strObj＝new StringBuffer(int num)；

String strObj＝new StringBuffer(String str)；

参数 num 为字符串缓冲区的初始长度，参数 str 给出字符串的初始值。也可以用字符串常量初始化一个 String 对象，例如，String s＝″hello Java″；

7.3.2　字符串的访问

一旦通过 StringBuffer 生成了最终的字符串，就可用 StringBuffer. toString()方法将它变为 String 类。

Java 提供了连接运算符"＋",可将其他各类型的数据转换为字符串,并连接形成新的字符串,"＋"运算是通过 StringBuffer 类和它的 append 方法实现的。

例如:

String s=″a″＋4＋″c″;

String s＝new StringBuffer().append(″a″).append(4).append(″c″).toString();

又如:

String s1=″hello″; String s2=″hello″;

表明 s1、s2 是同一对象。

String s1＝new String(″hello″);

String s2＝new String(″hello″);

表明 s1、s2 是两个对象。

7.3.3　String 类的常用方法

String 类提供了以下常用方法:

1. length():返回字符串的长度(字符个数)。

2. charAt(int n):返回第 n 个字符。

3. toLowerCase():将字符串中的字母全部变为小写字母。

4. toUpperCase():将字符串中的字母全部变为大写字母。

5. subString(int beginIndex):从指定位置 beginIndex 开始一直到最后一个字符结束,形成新的字符串。

subString(int beginIndex,int endIndex):从指定位置 beginIndex 开始到第 endIndex 个字符结束,形成新的字符串。

例如,s2＝s1.subString(3,8);

功能是将 s1 的第 3 个到第 8 个字符(共 6 个)取出来,形成字符串 s2。

6. replace(char oldChar,char newChar):将给定字符串中出现的所有特定字符 oldChar 替换成指定字符 newChar,形成新的字符串。

例如,s2＝s1.replace(′a′,′c′);

功能是将字符串 s1 中的所有字符′a′全部替换成字符′c′形成字符串 s2。

7. concat(String otherStr):将当前字符串和给定字符串 otherStr 字符串连接起来,形成新的字符串。

例如,str3＝str1.concat(str2);

功能是将字符串 str2 连接在字符串 str1 的后面,形成新的字符串 str3。

说明:String 类的对象实例不可改变,进行有关操作时不会改变其本身值,只能生成一个新实例。

以下四个方法只能用于 StringBuffer 类,因为要改变字符串的内容。

8. deleteCharAt(int index):用于删除指定位置 index 上的字符。

9. insert(int offset,String subStr):用于在给定字符串的 offset 位置插入字符串 subStr。

10. append(String strObj):用于在给定的字符串末尾添加一个字符串 strObj。

11. delete(int beginIndex,int endIndex):用于删除从 beginIndex 开始到 endIndex 结束之间的字符。

例如,str. delete(4,9);

功能是从字符串 str 中删除第 4 个到第 9 个共 6 个字符,结果仍然存放在 str 中。

【例 7-5】 求三个字符串的平均长度。

```
class StringAverage{
    public static void main(String args[]){
        String array[]=new String[3];
        array[0]="This is a short string";
        array[1]="This is a complete sentence!";
        array[2]="This is the longest string"+" and all elements are in the array";
        int total=array[0]. length();
        total+=array[1]. length();
        total+=array[2]. length();
        System. out. println("字符串的平均长度为:"+total/3);
    }
}
```

运行结果为:

字符串的平均长度为:36

7.4　JDK 帮助系统

为了能够用 Java 语言编写程序,必须熟悉系统提供的各种类的常量、构造方法、方法和继承关系,特别是方法的返回类型及格式。然而,这些内容相当多,用户不可能全部记下来,也没有必要全部记住,只要记住最常见的几个就够了。当编程需要用到某一个方法时,需要会查询一下 JDK 帮助文档,任何一个 Java 程序员都必须掌握 JDK 帮助文档的使用方法。

7.4.1　JDK 帮助文档介绍

JDK 帮助文档提供了三种使用方法:第一种是在线查询,网址是:http://docs. oracle. com/javase/7/docs/api/;第二种是下载网页格式的帮助文档,其启动文件是 index. html;第三种是下载 chm 格式的帮助文档,其英文版文件名是 jdk_api 1.7. chm,其中 1.7 是版本号,而中文版 chm 格式的帮助文档的文件名是 JDK_API_1_6_zh_CN. CHM,其中 1_6 表示 JDK 版本是 Version 1.6。三种方法各有特点,都可以在网站上免费下载或者直接使用。chm 格式的 JDK 文档具有更加强大的查询功能,适合于初学者使用,其主界面如图 7-2 所示。

图 7-2 中,左边上部分是 JDK 全部软件包列表,左边下部分是所有类列表,右边是主窗口,其导航栏包括:概述,软件包(当前软件包说明),类(当前类的功能使用说明),使用(当前对象的使用说明),树(分层结构),已过时(表示低版本 JDK 中的对象,在目前版本中已经过时了,包括已过时的类、接口、异常、注释类型、字段、方法、构造方法和注释类型元素),索引(按字母表顺序排列所有的包、类、接口、方法和字段,便于用户快速查找已知名称而不清楚格式和功能的对象),帮助(使用手册)。

使用 JDK 帮助文档可以从左边入手进行选择,在右边显示详细内容,也可以直接在右边通过导航栏开始。在常用工具栏中,通过"选项"下拉菜单中的"显示选项卡"可以将界面改变为如图 7-3 所示。

图 7-2　JDK 帮助文档的主界面

图 7-3　含有选项卡的 JDK 帮助文档运行界面

"目录"选项卡中的主要内容包括软件包列表和快捷通道。快捷通道方便用户按类型快速查找指定内容的功能用法,内容如下:

(1)overview-frame:全部软件包列表。

(2)constant-values:常量字段值列表(按软件包顺序排列)。

(3)serialized-form:序列化表格。

(4)overview-tree:所有软件包的分层结构。

(5)deprecated-list:已过时的 API(应用程序接口)。

(6)allclasses-frame:全部类列表,按字母表顺序排列,在新窗口中打开链接。

(7)allclasses-noframe:全部类列表,按字母表顺序排列。

(8)index：索引，功能同导航栏中的"索引"。

(9)overview-summary：概述，从软件包入手，同导航栏中的"概述"。

(10)help-doc：帮助文件。

"索引"选项卡中的内容包括按字母表排列的全部类名，系统具有逐渐提示功能，即用户输入类名的前几个字母，系统自动找到与之匹配的类，双击类名即可弹出对话框，显示主题内容列表，如图 7-4 所示。

"搜索"选项卡用于查询与用户输入内容相关的主题，能够快速找到所需的类或接口。

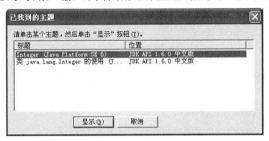

图 7-4　与类 Integer 相关的主题内容列表

7.4.2　JDK 帮助文档应用举例

【例 7-6】　利用 JDK 帮助文档，查找类 Integer 的方法和有关内容。

在左边"索引"选项卡处，输入要查找的关键字 Integer，并回车，系统会显示与 Integer 有关的类、方法、包，双击列表中的第一个，即 Integer，显示主题列表，单击 Integer(Java Platform SE 6)这一行，即可打开类 Integer 的使用说明，如图 7-5 所示。

图 7-5　输入"Integer"关键字后的查询结果

由此可见：

(1)类 Integer 的继承关系，如图 7-6 所示。

(2)实现的接口，如图 7-7 所示。

```
java.lang.Object
  └ java.lang.Number
      └ java.lang.Integer
```

图 7-6　类 Integer 的继承关系

所有已实现的接口：
Serializable, Comparable<Integer>

图 7-7　类 Integer 实现的接口

(3)类 Integer 的定义，如图 7-8 所示。

public final class **Integer**
extends Number
implements Comparable<Integer>

Integer 类在对象中包装了一个基本类型 int 的值。Integer 类型的对象包含一个 int 类型的字段。

此外，该类提供了多个方法，能在 int 类型和 String 类型之间互相转换，还提供了处理 int 类型时非常有用的其他一些常量和方法。

实现注意事项："bit twiddling"方法（如 highestOneBit 和 numberOfTrailingZeros）的实现基于 Henry S. Warren, Jr.撰写的 *Hacker's Delight*（Addison Wesley, 2002）中的一些有关材料。

从以下版本开始：
JDK1.0
另请参见：
序列化表格

图 7-8　类 Integer 的定义

其中从以下版本开始：JDK 1.0 表示从 JDK 1.0 版开始有这个类，可以参见序列化表格(Serialized Form)。

(4)所有常量，如图 7-9 所示。

字段摘要	
static int	**MAX_VALUE** 值为 $2^{31}-1$ 的常量，它表示 int 类型能够表示的最大值。
static int	**MIN_VALUE** 值为 -2^{31} 的常量，它表示 int 类型能够表示的最小值。
static int	**SIZE** 用来以二进制补码形式表示 int 值的比特位数。
static Class<Integer>	**TYPE** 表示基本类型 int 的 Class 实例。

图 7-9　类 Integer 的常量

(5)所有构造方法，如图 7-10 所示。

构造方法摘要
Integer(int value) 构造一个新分配的 Integer 对象，它表示指定的 int 值。
Integer(String s) 构造一个新分配的 Integer 对象，它表示 String 参数所指示的 int 值。

图 7-10　类 Integer 的构造方法

(6)所有方法的简要说明，如图 7-11 所示。

可以看到方法的返回类型和方法的格式及形式参数列表。

(7)在方法摘要的后面，将有常量、类定义、构造方法、方法的详细解释。

说明：在 chm 帮助文档中，不仅可以查询类，还可以查询方法、包、常量等多种内容，给用户的使用带来极大的方便。

课堂练习：利用 JDK 帮助文档，查询 Array 和 Arrays 这两个类属于哪个包？有哪些常量和方法？并比较一下，两者有什么不同？

方法摘要	
static int	**bitCount**(int i) 返回指定 int 值的二进制补码表示形式的 1 位的数量。
byte	**byteValue**() 以 byte 类型返回该 Integer 的值。
int	**compareTo**(Integer anotherInteger) 在数字上比较两个 Integer 对象。
static Integer	**decode**(String nm) 将 String 解码为 Integer。
double	**doubleValue**() 以 double 类型返回该 Integer 的值。
boolean	**equals**(Object obj) 比较此对象与指定对象。

图 7-11 类 Integer 方法的简要说明

技能训练 5 使用程序包

一、目的

1. 掌握程序包 package 的基本概念。

2. 理解包的作用。

3. 掌握包的创建和引用方法。

4. 培养良好的编程习惯。

二、内容

1. 任务描述

（1）为 Ch06Train_2 项目中的客户类 Customer 和 Ch05Train_2 项目中的账户类 Account 创建一个包 com. csmzy. soft. comm。

（2）创建一个包 com. csmzy. soft. test，并在包中创建一个名称为 TestCustomerAccount 的测试类。对客户类 Customer 和账户类 Account 进行测试。

（3）一个客户可以包含多个账户，使用系统提供的 ArrayList 类实现关系。

2. 实训步骤

（1）打开 Eclipse 开发工具，新建一个 Java Project，项目名称为 Ch07Train，项目的其他设置采用默认设置。注意当前项目文件的保存路径。

（2）向项目 Ch07Train 中添加一个包 package，包的名称为 com. csmzxy. soft. comm。

（3）将 Ch06Train_2 项目中的 Customer. java 文件复制到 com. csmzxy. soft. comm 包中。打开 Customer. java 文件，发现 Eclipse 自动在 Customer. java 文件的顶部增加一行：

package com. csmzxy. soft. comm；

主要代码如下：

```
package com. csmzxy. soft. comm；          //创建包
/**
  * 封装客户信息
  */
public class Customer{
    private String name；          //客户姓名
    private String idCard；          //身份证号
```

```
    private String telephone；        //联系电话
    private String address；          //联系地址
    private boolean isVip；           //是不是 Vip 客户
    /**
     * 构造函数
     */
    public Customer(){
        this. name＝"张三";
        this. idCard＝"430122197810167654";
        this. telephone＝"13988889999";
    }
    /**
     * 构造函数
     * @param name         姓名
     * @param idCard       身份证号
     * @param telephone    联系电话
     */
    public Customer(String name,String idCard,String telephone){
        this. name＝name;
        this. idCard＝idCard;
        this. telephone＝telephone;
    }
    ……此处省略了一些代码……
    /**
     * 重写 Object 类的 toString 方法
     * 返回客户的基本信息
     */
    public String toString(){
        return "[姓名:"+name+",身份证号:"+idCard+",电话:"+telephone
            +",地址:"+address+",Vip:"+isVip+"]";
    }
}
```

(4)将 Ch05Train_2 项目中的 Account. java 文件复制到 com. csmzxy. soft. comm 包中。
打开 Account. java 文件,同样,在文件顶部中也自动增加了一行代码。

主要代码如下:

```
package com. csmzxy. soft. comm;
/***
 * 储蓄账户信息
 */
public class Account{
    private String id;              // 账号
    private String password;        // 账户密码
```

```
private double balance;                // 账户余额
/**
 * 构造函数
 */
public Account(){
    this.id="123456";                  //默认一个账号
    this.password="123456";            //默认密码
    this.balance=10000;                //默认账户余额
}
/**
 * 构造函数
 * @param id 账号
 * @param password 密码
 * @param balance 余额
 */
public Account(String id,String password,double balance){
    this.id=id;
    this.password=password;
    this.balance=balance;
}
……此处省略了一些代码……
/**
 * 验证账号与密码
 * @param id 账号
 * @param pwd 密码
 * @return 正确返回 true,错误返回 false
 */
public boolean verify(String id,String pwd){
    if(this.id.compareTo(id)==0 &&
        this.password.compareTo(pwd)==0){
        return true;
    }
    else{
        return false;
    }
}
/**
 * 向账户 acc 转账
 * @param acc 对方账户
 * @param money 要转账的金额
 * @return 成功返回 true,不成功返回 false
 */
public boolean transfer(Account acc,double money){
```

```
if(withdraw(money)){
    acc. deposit(money);
    return true;
}else{
    return false;
}
}
}
```

(5)向 Ch07Train 项目中添加一个名称为 TestCustomerAccount 的测试类,包名为 com.csmzxy. soft. test。打开新创建的 TestCustomerAccount. java 文件,实现以下功能:

①创建一个客户类 Customer 的对象 customer("宋江","430000000000000000","1310-0000000")。

②创建一个账户类 Account 的对象 account("888888","000000",10000)。

③在控制台输出新创建的两个对象的内容。

```
package com. csmzxy. soft. test;              //创建包
import com. csmzxy. soft. comm. Customer;     //引用 Customer 类所在包
import com. csmzxy. soft. comm. Account;      //引用 Account 类所在包
public class TestCustomerAccount{
    public static void main(String[] args){
        //创建客户对象 customer
        Customer customer = new Customer("宋江",
                "430000000000000000","13100000000");
        //输出客户信息
        System. out. println(customer. toString());
        //创建账户对象 account
        Account account = new Account("888888","000000",10000);
        //输出账户信息
        System. out. println(account. toString());
    }
}
```

(6)当没有编译错误时,选择 TestCustomerAccount. java 窗口,单击"运行"(Run)菜单下的"运行"(Run),运行 TestCustomerAccount 类。在 Eclipse 控制台程序的运行结果如图 7-T-1 所示。

```
[姓名:宋江, 身份证号:430000000000000000, 电话:13100000000, 地址:null, Vip:false]
[账号:888888, 密码:000000, 账户余额:+10000.0]
```

图 7-T-1 运行结果

3. 任务拓展

(1)完善客户类 Customer 的定义,使用系统提供的类 ArrayList,在 Customer 类中创建一个属性 accountList,用于保存多个账户信息。

(2)为 Customer 类添加几个方法,实现对当前客户的添加 addAccount、删除 delAccount、修改 modifyAccount 和查询 findAccount 管理。

4.思考题

在前面程序的基础上,思考如下的问题:

(1)包 package 的主要作用是什么?

(2)在不同包中的两个类要实现互相访问,对类的修饰符有什么要求?

三、独立实践

(1)对于给定的两个字符串 s1="aaabbcabbcabddddeeabefffff",s2="ab",编写程序判断 s2 在 s1 中共出现了几次?

(2)对于给定的一个日期,如"2013-08-10",判断该天是该年中的第几天?

(3)创建一个学生类 Student,包含学号 sno、姓名 name、联系电话 telephone 等信息。使用一个 ArrayList 保存本班的学生的全部信息。编写程序实现根据姓名来查询本班的任何一名学生的联系电话。

 习 题

一、简答题

1.什么是包?包中包括一些什么内容?

2.如果有一个包 pag1,它的子包是 pag2,如果需要将这两个包都引入程序,至少需要使用几条 import 语句?

3.接口与类有什么不同?与抽象方法存在什么样的关系?

4.Java 提供了哪些系统类库?各起什么作用?

5.Java 的基类是什么?它提供了哪些主要方法?

6.字符串类有哪两种?各有什么特点?

7.JDK 帮助系统有哪几种?分别说明它们的使用特点。

8.设置 cha="JavaApplication",下面程序运行后结果是什么?

cha.length();cha.concat("Applet");cha.substring(3,8);

cha.replace('a','A');

二、编程题

1.定义一个日期类,包括年、月、日三个属性和一个方法,用于判断是不是闰年。然后实例化两个对象,今天和明天,并分别给它们赋值。

2.设定一个含有大小写字母的字符串,先将所有的大写字母输出,再将所有的小写字母输出。

3.设定 6 个字符串,打印出以字母"a"开头的字符串。

4.从网上下载 JDK 文档,熟悉程序包的组成,了解常见包的属性及方法。

项目训练 2

实现"银行 ATM 自动取款系统"的类及包

一、目的

1. 掌握面向对象的基本概念。
2. 掌握面向对象的分析和设计方法。
3. 掌握包和类的设计。
4. 培养良好的编码习惯。

二、内容

1. 任务描述

实现一个基于控制台的模拟 ATM 单机取款系统,实现插卡、账户验证、取钱、存钱、查询余额、转账、修改密码等功能。主要的类及包的定义见表 P2-1。

表 P2-1　　　　　　　　　　　　ATM 系统的结构

包　名	包含的类名
com.csmzxy.soft.atm	ATMLocalService 类:封装单机版的 ATM 服务功能 ATMClient 类:基于控制台的 ATM 运行主类
com.csmzxy.soft.comm	Transaction:交易类 Customer:客户类 Account:账户类 Status:枚举,各种状态

当 ATMClient 类启动时,提示插入卡,然后输入卡号与密码进行验证,验证通过后,显示操作主菜单,用户选择不同的功能进行相应的操作。主要操作过程如图 P2-1 所示。

图 P2-1　　ATM 系统控制台界面

96

2. 实训步骤

(1)打开 Eclipse 开发工具,新建一个 Java Project,项目名称为 ATMSim1,项目的其他设置采用默认设置。注意当前项目文件的保存路径。

(2)在新建的 ATMSim1 项目中根据表 P2-1 创建两个包。

(3)在 com. csmzxy. soft. comm 下添加 4 个类:客户类 Customer、账户类 Account、交易类 Transaction 类和枚举 Status。在 com. csmzxy. soft. atm 包下创建类 ATMClient 和类 ATMLocalService。

(4)打开交易类 Transaction. java 文件,编写代码如下:

```java
package com. csmzxy. soft. comm;
import java. text. SimpleDateFormat;
import java. util. Date;
/ * **
 * 交易记录类
 * /
public class Transaction{
    private Date transDate;            //交易日期
    private double amount;             //交易金额
    private String operation;          //交易类型
    /**
     * 构造函数
     * @param transDate 交易日期
     * @param amount 交易金额
     * @param operation 交易类型
     * /
    public Transaction(double amount,String operation){
        this. transDate=new Date();
        this. amount=amount;
        this. operation=operation;
    }
    public Date getTransDate(){
        return transDate;
    }
    public double getAmount(){
      return amount;
    }
    public String getOperation(){
        return operation;
    }
    @Override
    public String toString(){
        SimpleDateFormat df=new SimpleDateFormat("yyyyMMdd HHmmss");
        return df. format(transDate)+": "+operation+" ¥"+amount;
    }
}
```

（5）打开账户类 Account. java 文件，编写代码如下：

```java
package com. csmzxy. soft. comm;
import java. util. ArrayList;
import java. util. List;
/ * **
 * 储蓄账户信息
 */
public class Account{
    private String id;                    // 账号
    private String password;              // 账户密码
    private double balance;               // 账户余额
    private Customer customer;            // 客户
    private List<Transaction>listTrans;   //交易记录列表
    /**
     * 构造函数
     */
    public Account(){
        this("123456","123456",10000);
    }
    /**
     * 构造函数
     * @param id 账号
     * @param password 密码
     * @param balance 账户余额
     */
    public Account(String id,String password,double balance){
        this(id,password,balance,null);
    }
    /**
     * 构造函数
     * @param id 账号
     * @param password 密码
     * @param balance 账户余额
     * @param customer 客户
     */
    public Account(String id,String password,double balance,
        Customer customer){
        this. id=id;
        this. password=password;
        this. balance=balance;
        this. customer=customer;
        if(customer !=null)
            customer. addAccount(this);
    }
```

```java
public String getId(){
    return id;
}
public double getBalance(){
    return balance;
}
public String getPassword(){
    return password;
}
public void setPassword(String p){
    this.password=p;
    record(0.0,"修改密码");
}
public Customer getCustomer(){
    return customer;
}
public void setCustomer(Customer customer){
    this.customer=customer;
}
/**
 * 存款
 * @param money 要存款的金额
 */
public void deposit(double money){
    this.balance+=money;
    record(money,"存款");
}
/**
 * 取款
 * @param money 要取款的金额
 * @return 成功返回 true,不成功返回 false
 */
public boolean withdraw(double money){
    if(this.balance>=money){
        this.balance-=money;
        record(money,"取款");
        return true;
    }else{
        return false;
    }
}
/**
 * 验证账号与密码
 * @param id 账号
```

```
 *  @param pwd 密码
 *  @return 正确返回 true,错误返回 false
 */
public boolean verify(String id,String pwd){
    if(this. id. compareTo(id)==0 &&
        this. password. compareTo(pwd)==0){
        return true;
    }
    else{
        return false;
    }
}
/**
 *  向账户 acc 转账
 *  @param acc 对方账户
 *  @param money 要转账的金额
 *  @return 成功返回 true,不成功返回 false
 */
public boolean transfer(Account acc,double money){
    if(balance>=money){
        balance-=money;
        acc. deposit(money);
        record(money,"转出["+acc. getId()+"]");
        return true;
    }else{
        return false;
    }
}
/**
 *  记录交易
 *  @param amount 交易金额
 *  @param operation 交易类型:存款|取款|转出
 */
private void record(double amount,String operation){
    Transaction trans=new Transaction(amount,operation);
    if(listTrans==null)
        listTrans=new ArrayList<Transaction>();
    listTrans. add(trans);
}
/**
 *  获取当前账户的交易记录
 *  @return 交易记录
 */
public String getTransRecord(){
```

```java
        String msg="";
        for(Transaction trans:listTrans){
            msg+=trans.toString()+"\r\n";
        }
        return msg;
    }
    /**
     * 重写 Object 类的 toString()方法,获取账户信息
     */
    public String toString(){
        return "[账号:"+id+",密码:"+password+","+balance+"]";
    }
}
```

(6)打开客户类 Customer.java 文件,编写代码如下:

```java
package com.csmzxy.soft.comm;
import java.util.List;
/**
 * 封装客户信息
 */
public class Customer{
    private String name;              //客户姓名
    private String idCard;            //身份证号
    private String telephone;         //联系电话
    private String address;           //联系地址
    private boolean isVip;            //是不是 Vip 客户
    private List<Account>listAccount; //客户开设的账户列表
    /**
     * 构造函数
     */
    public Customer(){
        this("张三","430122197810167654","13988889999");
    }
    /**
     * 构造函数
     * @param name                 姓名
     * @param idCard               身份证号
     * @param telephone            联系电话
     */
    public Customer(String name,String idCard,String telephone){
        this(name,idCard,telephone,null);
    }
    /**
     * 构造函数
     * @param name                 姓名
```

```
 *  @param idCard 身份证号
 *  @param telephone 联系电话
 *  @param address 联系地址
 */
public Customer(String name,String idCard,String telephone,String address)
{
    this. name＝name；
    this. idCard＝idCard；
    this. telephone＝telephone；
    this. address＝address；
}
public String getName(){
    return name；
}
public String getIdCard(){
    return idCard；
}
public String gettelephone(){
    return telephone；
}
public void settelephone(String telephone){
    this. telephone＝telephone；
}
public String getAddress(){
    return address；
}
public void setAddress(String address){
    this. address＝address；
}
public boolean isVip(){
    return isVip；
}
public void setVip(boolean isVip){
    this. isVip＝isVip；
}
/**
 * 根据账号 accId 获取账户对象
 * @param accId 账号
 * @return 存在返回账户对象,否则返回 null
 */
public Account getAccount(String accId){
    for(Account acc；listAccount){
        if(acc. getId(). compareTo(accId)＝＝0)
            return acc；
    }
```

```
            return null;
        }
        /**
         * 给当前客户增加一个账户 account
         * @param account 账户
         */
        public void addAccount(Account account){
            if(listAccount==null)
                listAccount=new ArrayList<Account>();
            if(getAccount(account.getId())==null)
                listAccount.add(account);
        }
        /**
         * 根据账号删除当前客户的某个账户
         * @param accId
         */
        public void deleteAccount(String accId){
            for(Account acc:listAccount){
                if(acc.getId().compareTo(accId)==0){
                    listAccount.remove(acc);
                    break;
                }
            }
        }
        /**
         * 重写 Object 类的 toString()方法
         * 返回客户的基本信息
         */
        public String toString(){
            return "[姓名:"+name+",身份证号:"+idCard+",电话:"+telephone
                +",地址:"+address+",Vip:"+isVip+"]";
        }
    }
```

(7)打开枚举 Status.java 文件,编写枚举类,该类用于对类 ATMLocalService 中各方法的状态进行判断,编写代码如下:

```
package com.csmzxy.soft.comm;
public enum Status{
    OK,
    ERROR,
    INVALID_ID,          //无效的账号
    INVALID_TOID,        //无效的转账账号
    INVALID_PWD,         //无效的密码
    SHORTAGE             //余额不足
}
```

(8)打开类 ATMLocalService. java 文件,编写代码如下:

```java
package com. csmzxy. soft. atm;
import java. util. ArrayList;
import java. util. List;
import com. csmzxy. soft. comm. Account;
import com. csmzxy. soft. comm. Customer;
import com. csmzxy. soft. comm. Status;
/ * **
 *
 * 封装 ATM 所有的操作功能类
 *
 * @author wmxing
 *
 * /
public class ATMLocalService{
    private List<Customer>listCustomer;        //模拟银行的客户数据库
    private List<Account>listAccount;          //模拟银行的账户数据库
    public ATMLocalService(){
        //默认创建一个客户
        listCustomer=new ArrayList<Customer>();
        Customer customer=new Customer("张三",
                "430122197810167654",
                "13988889999");
        listCustomer. add(customer);
        //默认创建两个账号
        listAccount=new ArrayList<Account>();
        Account acc1=new Account("123456","123456",10000,customer);
        Account acc2=new Account("888888","888888",30000,customer);
        listAccount. add(acc1);
        listAccount. add(acc2);
    }
    /**
     * 账号密码
     * @param accId 账号
     * @param pwd 密码
     * @return
     * /
    public Status login(String accId,String pwd){
        Account acc=findAccount(accId);
        if(acc==null)
            return Status. INVALID_ID;
        if(acc. getPassword(). compareTo(pwd)==0)
            return Status. OK;
```

```java
            return Status.INVALID_PWD;
    }
    /**
     * 查询账户余额
     * @param accId 账号
     * @return 余额|-1
     */
    public double getBalance(String accId){
        Account acc=findAccount(accId);
        if(acc==null)
            return -1;
        return acc.getBalance();
    }
    /**
     * 取款
     * @param accId 账号
     * @param money 取款金额
     * @return
     */
    public Status withDraw(String accId,double money){
        Account acc=findAccount(accId);
        if(acc==null)
            return Status.INVALID_ID;
        if(acc.withdraw(money))
            return Status.OK;
        return Status.SHORTAGE;
    }
    /**
     * 存款
     * @param accId 账号
     * @param money 存款金额
     * @return
     */
    public Status deposit(String accId,double money){
        Account acc=findAccount(accId);
        if(acc==null)
            return Status.INVALID_ID;
        acc.deposit(money);
        return Status.OK;
    }
    /**
     * 转账
     * @param fromAccId 己方账号
```

```
    *  @param toAccId 对方账号
    *  @param money 金额
    *  @return
    */
    public Status transfer(String fromAccId,String toAccId,double money){
        //自己实现转账代码
        return Status. ERROR；
    }
    /**
     *  修改密码
     *  @param accId 账号
     *  @param oldPwd 旧密码
     *  @param newPwd 新密码
     *  @return
     */
    public Status changePwd(String accId,String oldPwd,String newPwd){
        //自己实现修改密码
        return Status. ERROR；
    }
    /**
     *  获取交易记录
     *  @param accId 账号
     *  @return 所有交易记录
     */
    public String getTransactions(String accId){
        Account acc＝findAccount(accId)；
        if(acc＝＝null)
            return "无效的账号"；
        return acc. getTransRecord()；
    }
    /**
     *  根据 accId 查询账户
     *  @param accId 账号
     *  @return 账户对象|null
     */
        private Account findAccount(String accId){
        for(Account acc：listAccount){
            if(acc. getId(). compareTo(accId)＝＝0){
                return acc；
            }
        }
        return null；
    }
}
```

(9)打开类 ATMClient. java 文件,编写代码如下:

```java
package com. csmzxy. soft. atm;
import java. util. Scanner;
import com. csmzxy. soft. comm. Status;
/**
 * 通过控制台程序模拟 ATM 机操作
 */
public class ATMClient{
    public void work(){
    //ATM 功能服务对象
    ATMLocalService atmService=new ATMLocalService();
    //从键盘输入的对象 sc
    Scanner sc=new Scanner(System. in);
    Status status;
    String accId;
    do{
        System. out. println("请插入卡:");
        accId=sc. nextLine();
        System. out. println("请输入密码:");
        String pwd=sc. nextLine();
        //验证账号与密码
        status=atmService. login(accId,pwd);
    } while(status!=Status. OK);
    while(true){
        //输出操作菜单
        System. out. println("0-退出");
        System. out. println("1-余额");
        System. out. println("2-存款");
        System. out. println("3-取款");
        System. out. println("4-转账");
        System. out. println("5-修改密码");
        System. out. println("6-交易记录");
        int op=sc. nextInt();   //读取用户的选择
        if(op==0) break;
        switch(op){
            case 1:  //余额
                double balance=atmService. getBalance(accId);
                System. out. println("当前余额:"+balance);
                break;
            case 2:  //存款
                System. out. println("请输入存款金额:");
                double money=sc. nextDouble();
                status=atmService. deposit(accId,money);
                if(status==Status. OK){
```

```
            System. out. println("存款成功!");
        }
        break;
    case 3：   //取款
        System. out. println("请输入取款金额:");
        money＝sc. nextDouble();
        status＝atmService. withDraw(accId,money);
        if(status＝＝Status. OK){
            System. out. println("取款成功!");
        }else{
            System. out. println("余额不足!");
        }
        break;
    case 4：   //转账
        //自己实现转账代码
        break;
    case 5：   //修改密码
        //自己实现修改密码的代码
        break;
    case 6：   //打印交易记录
        String msg＝atmService. getTransactions(accId);
        System. out. println(msg);
        break;
    }
    sc. nextLine();
    System. out. println("回车键继续!");
    sc. nextLine();
    }
}
public static void main(String[] args){
    new ATMClient(). work();
    System. out. println("程序退出!");
    }
}
```

(10)当没有编译错误时,选择 ATMClient. java 窗口;单击"运行"(Run)菜单下的"运行"(Run),运行 ATMClient 类,运行项目,进行测试。

三、独立实践

1.对项目中的代码进行修改,完成密码修改与转账功能。

2.编写一个具有加、减、乘、除的简单计算器,能实现两位数的运算。

模块 3

面向对象编程高级

　　通过 Java 类与对象的编程,可以创建简单的面向对象程序。通过使用面向对象高级特性:继承、接口、抽象类、多态和异常处理等,可以实现全面的面向对象程序。继承实现程序的重用性;接口、抽象类、多态提升了程序的可维护性和可扩展性,使程序增加新功能变得容易;异常处理提高了程序的容错性。

　　通过本模块的学习,能够:
- 用继承实现程序的重用性。
- 用接口和抽象类定义程序的结构。
- 用多态提升程序的可扩展性。
- 用异常处理提高程序的容错性。

　　本模块通过实现"银行 ATM 自动取款系统"高级特性,掌握继承、接口、抽象类、多态和异常处理的相关知识,以及在实际中提高程序的重用性、可维护性、可扩展性和容错性的方法。

第8章

实现继承

✎ 主要知识点

- 继承的概念。
- 继承的实现。
- 用 this 和 super 关键字实现继承。
- 抽象类的实现。

✎ 学习目标

掌握继承和抽象类的定义和实现方法。

继承是面向对象语言的重要机制,借助继承,可以扩展原有的代码,应用到其他程序中,而不必重新编写这些代码。在 Java 语言中,继承是通过扩展原有的类,声明新类来实现的。扩展声明的新类称为子类,原有的类称为超类(父类)。继承机制规定,子类可以拥有超类的所有属性和方法,也可以扩展定义自己特有的属性,增加新方法和重新定义超类的方法。

8.1 定义继承

8.1.1 继承的概念

继承一般是指晚辈从父辈那里继承财产,也可以说是子女拥有父母所给予他们的东西。在面向对象程序设计中,继承的含义与此类似,所不同的是,这里继承的实体是类而非人。也就是说继承是子类拥有父类的成员。接下来,再通过一个具体的实例来说明继承的应用。

在动物园中有许多动物,这些动物具有相同的属性和行为,这时就可以编写一个动物类 Animal(该类中包括所有动物均具有的属性和行为),即父类。但是对于不同类的动物又具有它自己特有的属性和行为。例如,鸟类具有飞的行为,这时就可以编写一个鸟类 Bird,由于鸟类也属于动物类,所以它也具有动物类所共同拥有的属性和行为。因此,在编写鸟类时,就可以使 Bird 类继承父类 Animal。这样不但可以节省程序的开发时间,而且也提高了代码的可重用性。

通过继承可以实现代码的重用,被继承的类称为父类或超类(Superclass),由继承而得到的类称为子类(Subclass)。一个父类可以拥有多个子类,但一个子类只能有一个直接父类,这是因为 Java 语言中不支持多重继承。

Java 语言中有一个名为 java. lang. Object 的特殊类,所有的类都直接或间接地继承该类。

☞ 思政小贴士

继承机制是实现高质量快速开发大型软件的重要途径,前期建立的类可以被后面的类所直接调用,后面的类还可以进一步完善和扩展。社会发展同样也适用这种机制,中华民族具有五千年悠久的历史和灿烂的文化,留下了许多文化遗产,优秀传统文化需要我们来继承、保护和弘扬,对于过时的、有害的东西,要加以剔除,取其精华,去其糟粕,才能健康发展。

8.1.2 继承的定义方法

类的继承是通过 extends 关键字来实现的,在定义类时若使用 extends 关键字指出新定义类的父类,那么就在两个类之间建立了继承关系。新定义的类称为子类,它可以从父类那里继承所有非 private 的成员作为自己的成员。

子类创建的语法格式为:

```
class subclass-name extends superclass-name{
    //类体
}
```

微课

继承

8.2 子类对父类的访问

子类可以继承父类的属性和方法,如果父类和子类中有一个同名的属性方法,产生实例后,如何判断对象的方法是父类的还是子类的? 在 Java 中有两个非常特殊的变量:this 和 super,这两个变量在使用前都不需要声明。this 变量在一个成员函数的内部使用,指向当前对象,当前对象指的是当前正在调用执行方法的那个对象。super 变量直接指向父类的构造函数,用来引用父类的变量和方法。

8.2.1 调用父类中特定的构造方法

在没有明确地指定构造方法时,子类会先调用父类中没有参数的构造方法,以便进行初始化操作。在子类的构造方法中可以通过 super()来调用父类特定的构造方法。

【例 8-1】 以 Person 类作为父类,创建学生子类 Student,并在子类中调用父类中的构造方法。

```
class Person{
    private String name;
    private int age;
    public Person(){//定义 Person 类的无参构造方法
        System. out. println("调用了 Person 类的无参构造方法");
    }
    public Person(String name,int age){//定义 Person 类的有参构造方法
        System. out. println("调用了 Person 类的有参构造方法");
        this. name=name;
        this. age=age;
    }
```

```
    public void show(){
        System.out.println("姓名:"+name+" 年龄:"+age);
    }
}
class Student extends Person{//定义继承自 Person 类的子类 Student
    private String department;
    public Student(){//定义 Student 类的无参构造方法
        System.out.println("调用了学生类的无参构造方法");
    }
    public Student(String name,int age,String dep){//定义 Student 类的有参构造方法
        super(name,age);//调用父类的有参构造方法
        department=dep;
        System.out.println("我是"+department+"学生");
        System.out.println("调用了学生类的有参构造方法 Student(String name,int age,
        String dep)");
    }
}
public class Test{
    public static void main(String[] args){
        Student stu1=new Student();//创建对象,并调用无参构造方法
        Student stu2=new Student("李小四",23,"信息系");//创建对象并调用有参构造方法
        stu1.show();
        stu2.show();
    }
}
```

说明:

(1)在子类中访问父类的构造方法,其格式为:super(参数列表)。

(2)super()可以重载,也就是说,super()会根据参数的个数与类型,执行父类相应的构造方法。

(3)调用父类构造方法的 super()语句必须写在子类构造方法的第一行。

(4)super()与 this()的功能相似,但 super()是从子类的构造方法调用父类的构造方法,而 this()则是在同一个类内调用其他的构造方法。

(5)super()与 this()均必须放在构造方法内的第一行,也就是因为这个原因,super()与 this()无法同时存在于同一个构造方法内。

(6)与 this 关键字一样,super 指的也是对象,所以 super 同样不能在 static 环境中使用,包括静态方法和静态初始化器(static 语句块)。

8.2.2　在子类中访问父类的成员

如果子类的成员是直接父类继承过来的,可以通过以下形式访问:

(1)访问当前对象的数据成员:this.数据成员。

(2)调用当前对象的成员方法:this.成员方法(参数)。

子类对从父类继承过来的成员属性重新加以定义,称为属性的隐藏。子类对从父类继承过来的成员方法重新加以定义,称为方法的重写(覆盖)。通过隐藏父类的成员属性和重写父类的成员方法,可以把父类的状态和行为改变为自身的状态和行为。这时子类的数据成员或成员方法名与父类的数据成员或成员方法名相同,当要调用父类的同名方法或使用父类的同名数据成员时,则可用关键字 super 来指明父类的数据成员和方法,形式如下:

(1)访问直接父类中被隐藏的数据成员:super. 数据成员。

(2)调用直接父类中被覆盖的成员方法:super. 成员方法(参数)。

【例 8-2】 以 Person 类作为父类,创建学生子类 Student,并在子类中调用父类成员。

```java
class Person{
    protected String name;//用 protected(保护成员)修饰符修饰
    protected int age;
    public Person(){//定义 Person 类的"不做事"的无参构造方法
    }
    public Person(String name,int age){//定义 Person 类的有参构造方法
        this. name=name;
        this. age=age;
    }
    protected void show(){
        System. out. println("姓名:"+name+" 年龄:"+age);
    }
}
class Student extends Person{//定义子类 Student,其父类为 Person
    private String department;
    int age=20;//新添加了一个与父类的成员变量 age 同名的成员变量
    public Student(String xm,String dep){//定义 Student 类的有参构造方法
        name=xm;//在子类里直接访问父类的 protected 成员 name
        department=dep;
        super. age=25;//利用 super 关键字将父类的成员变量 age 赋值为 25
        System. out. println("子类 Student 中的成员变量 age="+age);
        show();//在子类中直接访问父类的方法 show()
        System. out. println("系别:"+department);
    }
}
public class Test{
    public static void main(String[] args){
        Student stu=new Student("李小四","信息系");
    }
}
```

8.3 抽象类

抽象类

8.3.1 抽象类的概念

在面向对象的概念中,我们知道所有的对象都是通过类来描绘的,但是反过来却不是这

样。并不是所有的类都是用来描绘对象的,如果一个类中没有包含足够的信息来描绘一个具体的对象,这样的类就是抽象类。抽象类往往用来表示对问题领域进行分析、设计过程中得出的抽象概念,是对一系列看上去不同、但是本质上相同的具体概念的抽象。例如,在进行一个图形编辑软件的开发过程中,会发现问题领域存在着圆、三角形这样一些具体概念,它们是不同的,但是它们又都属于形状这样一个概念,形状这个概念在问题领域是不存在的,它就是一个抽象概念。正是因为抽象概念在问题领域没有对应的具体概念,所以用以表征抽象概念的抽象类是不能够实例化的。

在面向对象领域中,抽象类主要用来进行类型隐藏。可以构造出一个固定的一组行为的抽象描述,但是这组行为能够有任意个可能的具体实现方式,这个抽象描述就是抽象类,而这组任意个可能的具体实现则表现为所有可能的派生类。

8.3.2　定义抽象类

抽象类是以修饰符 abstract 修饰的类,定义抽象类的语法格式如下:

```
abstract class 类名{
    声明成员变量;
    返回值的数据类型 方法名(参数表)              //一般方法
    {
        ……
    }
    abstract 返回值的数据类型 方法名(参数表);     //抽象方法
}
```

说明:

(1)由于抽象类是需要被继承的,所以 abstract 类不能用 final 来修饰。也就是说,一个类不能既是最终类,又是抽象类,即关键字 abstract 与 final 不能合用。

(2)abstract 不能与 private、static、final 或 native 并列修饰同一方法。

(3)抽象类的子类必须实现父类中的所有抽象方法,或者将自己也声明为抽象类。

(4)抽象类中不一定包含抽象方法,但包含抽象方法的类一定要声明为抽象类。

(5)抽象类可以有构造方法,且构造方法可以被子类的构造方法所调用,但构造方法不能被声明为抽象的。

(6)一个类被定义为抽象类,则该类就不能用 new 运算符创建具体实例对象,而必须通过覆盖的方式来实现抽象类中的方法。

【例 8-3】　定义一个形状抽象类 Shape,以该形状抽象类为父类派生出圆形子类 Circle 和矩形子类 Rectangle。

```
abstract class Shape{                    //定义形状抽象类 Shape
    protected String name;
    public Shape(String xm){             //抽象类中的一般方法,本方法是构造方法
        name=xm;
        System.out.print("名称:"+name);
    }
```

```java
    abstract public double getArea();              //声明抽象方法,没有方法体
    abstract public double getLength();            //声明抽象方法
}
class Circle extends Shape{                         //定义继承自 Shape 的圆形子类 Circle
    private double pi=3.14;
    private double radius;
    public Circle(String shapeName,double r){
        super(shapeName);
        radius=r;
    }
    public double getArea(){                        //实现抽象类中的 getArea()方法
        return pi * radius * radius;
    }
    public double getLength(){                      //实现抽象类中的 getLength()方法
        return 2 * pi * radius;
    }
}
class Rectangle extends Shape{                      //定义继承自 Shape 的矩形子类 Rectangle
    private double width;
    private double height;
    public Rectangle(String shapeName,double width,double height){
        super(shapeName);
        this. width=width;
        this. height=height;
    }
    public double getArea(){
        return width * height;
    }
    public double getLength(){
        return 2 * (width+height);
    }
}
public class Test{
    public static void main(String[] args){
        Shape rect=new Rectangle("长方形",6.5,10.3);
        System. out. print(";面积="+rect. getArea());
        System. out. println(";周长="+rect. getLength());
        Shape circle=new Circle("圆",10.2);
        System. out. print(";面积="+circle. getArea());
        System. out. println(";周长="+circle. getLength());
    }
}
```

技能训练 6　实现继承

一、目的

1. 掌握面向对象的基本概念。
2. 掌握定义类和创建对象实例的方法。
3. 掌握类属性与方法的定义和使用。
4. 掌握类的继承关系和实现。

二、内容

1. 任务描述

在实际的银行业务中,账户有个人储蓄账户和信用卡账户。对于个人储蓄账户,不能透支账户中的钱,银行会根据利率 interestRate 支付一定的利息,而对于信用卡账户,则有一定的信用额度 overdraftAmount,在允许范围内可以透支。现在请根据前面创建的银行账户类 Account 通过继承来创建个人储蓄账户 SavingAccount 和信用卡账户 CheckingAccount 两个类。

2. 实训步骤

(1)打开 Eclipse 开发工具,新建一个 Java Project,项目名称为 Ch08Train,项目的其他设置采用默认设置。注意当前项目文件的保存路径。

(2)将 Ch07Train 项目中的包 com. csmzxy. soft. comm 及其中的 Account 类与 Customer 类复制到新建的 Ch08Train 项目的 src 目录下。

(3)打开 Account. java 文件,将 balance 属性的修饰符 private 修改为 protected,以便在子类中能够访问。代码如下:

```
package com. csmzxy. soft. comm;
/ * **
 * 储蓄账户信息
 */
public class Account{
    private String id;              // 账号
    private String password;        // 密码
    protected double balance;       // 账户余额,修饰符为 protected 以便在子类中使用
    private Customer customer;       // 客户
    /**
     * 构造函数
     */
    public Account(){
        this. id="123456";           //默认一个账号
        this. password="123456";     //默认密码
        this. balance=10000;         //默认账户余额
    }
```

```
/**
 * 构造函数
 * @param id 账号
 * @param password 密码
 * @param balance   余额
 */
public Account(String id,String password,double balance){
    this. id＝id；
    this. password＝password；
    this. balance＝balance；
}
……后面代码省略……
}
```

(4)在 Ch08Train 项目的 com. csmzxy. soft. comm 包中添加一个储蓄账户类 SavingAccount，继承 Account，再增加一个成员属性 interestRate，再增加一个构造函数给 interestRate 赋初值，最后增加一个计算利息的方法 calcInterests()，代码如下：

```
package com. csmzxy. soft. comm;
/**
 * 个人储蓄账户
 */
public class SavingAccount extends Account{
    private double interestRate；   //账户利率
    public SavingAccount(String id,String pwd,
                double initBalance,double rate){
        super(id,pwd,initBalance)；
        this. interestRate＝rate；
    }
    public double getInterestRate(){
        return interestRate；
    }
    public void setInterestRate(double interestRate){
        this. interestRate＝interestRate；
    }
    /**
     * 计算账户利息
     * @return 应得利息
     */
    public double calcInterests(){
        return balance*interestRate；
    }
}
```

(5)在 Ch08Train 项目的 com. csmzxy. soft. comm 包中添加一个信用卡账户类 CheckingAccount，继承 Account，并增加一个成员属性 overdraftAmount，再增加一个构造函数给 overdraftAmount 赋

初值。由于信用卡账户可以透支,因此要重写存款方法 deposit()和取款方法 withdraw(),代码如下:

```java
package com.csmzxy.soft.comm;
/**
 *
 * 信用卡账户
 * 取款时,允许透支一定数额
 * 存款时,要先归还透支的部分
 */
public class CheckingAccount extends Account{
    private double maxOverdraftAmount;    //最大透支额度
    private double overdraftAmount;        //已透支额度
public CheckingAccount(String id,String pwd,double balance){
        this(id,pwd,balance,0);
        this.overdraftAmount=0;
    }
    public CheckingAccount(String id,String pwd,double balance,
        double maxOverdraftAmount){
        super(id,pwd,balance);
        this.maxOverdraftAmount=maxOverdraftAmount;
        this.overdraftAmount=0;
    }
    public double getMaxOverdraftAmount(){
        return maxOverdraftAmount;
    }
    public void setMaxOverdraftAmount(double maxOverdraftAmount){
        this.maxOverdraftAmount=maxOverdraftAmount;
    }
    public double getOverdraftAmount(){
        return overdraftAmount;
    }
    @Override
    public boolean withdraw(double money){    //重写取款方法
        if(money<=balance)
            return super.withdraw(money);
        //判断是否超过额度
        if(balance+maxOverdraftAmount-overdraftAmount>=money){
            overdraftAmount+=money-balance;
            balance=0;
            return true;
        }
        return false;
    }
    @Override
```

```
public void deposit(double money){    //重写存款方法
  if(overdraftAmount==0){
    super.deposit(money);
  }else{
    //有超额取款的,要先还款
    if(money >=overdraftAmount){
      balance=money-overdraftAmount;
      overdraftAmount=0;
    }else{
      overdraftAmount-=money;
    }
  }
}
```

(6)编写测试类 TestSavingAccount,对 SavingAccount 类进行测试。

TestSavingAccount 类的包名为 com. csmzxy. soft. test,创建一个 SavingAccount 类对象,设置初始余额为10000,年利率为 0.1,先存入 1000 元,再取出 3000 元,最后计算输出账户余额及应得的利息。

```
package com. csmzxy. soft. test;
import com. csmzxy. soft. comm. Account;
import com. csmzxy. soft. comm. SavingAccount;
public class TestSavingAccount{
  public static void main(String[] args){
    SavingAccount savingAccount=new SavingAccount("999999",
        "000000",10000,0.1);      //构造储蓄账户
    savingAccount. deposit(1000);  //存款
    savingAccount. withdraw(3000);//取款
    double interest=savingAccount. calcInterests();  //计算利息
    System. out. println("余额:"+savingAccount. getBalance()
        +",利息:"+interest);
    /* 仔细观察前后两段代码的不同,注意父类与子类的相互转换使用 */
    Account account=new SavingAccount("999999",
        "000000",10000,0.1);      //构造储蓄账户
    account. deposit(1000);        //存款
    account. withdraw(3000);       //取款
    interest=((SavingAccount)account). calcInterests();  //计算利息
    System. out. println("余额:"+account. getBalance()
        +",利息:"+interest);
  }
}
```

(7)当没有编译错误时,选择 TestSavingAccount. java 窗口,单击"运行"(Run)菜单下的"运行"(Run),运行 TestSavingAccount 类。在 Eclipse 控制台程序的运行结果如图 8-T-1所示。

```
余额:8000.0, 利息:800.0
余额:8000.0, 利息:800.0
```

图 8-T-1　运行结果 1

3. 任务拓展

模仿 TestSavingAccount 类的写法，自己编写测试类 TestCheckingAccount，对 CheckingAccount 类进行测试。建立一个信用卡账户对象 checkingAccount，初始余额为 1000，最大信用额度为 5000，先存入 500 元，然后取出 1000 元，输出账户余额及透支余额，再取出 2000，再输出账户余额及透支余额，运行结果如图 8-T-2 所示。

```
余额:500.0 ,透支:0.0
余额:0.0 ,透支:1500.0
```

图 8-T-2　运行结果 2

4. 思考题

在前面程序的基础上，思考如下问题：

(1)为什么要将 Account 类中 balance 属性的修饰符从 private 修改为 protected? 如果不修改，在其子类 SavingAccout 和 CheckingAccount 类中应该怎么实现?

(2)在继承关系中，父类对象如何代为执行子类对象的功能?

三、独立实践

在图形设计软件中，需要绘制的形状 Shape 有直线(Line)、圆(Circle)、矩形(Rectangle)等，下面的代码用于测试这些基本的形状类，请根据这些测试代码，编写实现 Shape、Line、Circle、Rectangle 类。测试类 TestShapeApp 的代码如下：

```
import java.util.ArrayList;
import java.util.List;
public class TestShapeApp{
  public static void main(String[] args){
    //保存图形列表
    List<Shape>listShape=new ArrayList<Shape>();
    listShape.add(new Line(0,0,10,10));  //创建直线
    listShape.add(new Circle(20,20,5));  //创建圆
    listShape.add(new Rectangle(30,30,10,10));  //创建矩形
    for(Shape shape:listShape){  //画出所有图形
      shape.draw();
    }
  }
}
```

其中 Shape 是一个抽象类，有一个抽象方法 void draw()。

```
/**
 *
 * 抽象的图形类
 */
public abstract class Shape{
```

```
/**
 * 抽象方法
 */
public abstract void draw();
}
```

习 题

一、简答题

1. 实现类的继承是通过哪个关键字实现的?

2. Java 能实现多继承关系吗? 如何解决这个问题?

3. 如果父类和子类同时提供了同名方法,在类实例化后,调用的是哪个类的方法? 采用什么办法避免混淆?

4. 什么是抽象类? 抽象类和普通类有什么不同?

二、操作题

1. 定义一个银行卡的类 BankCard 作为父类,成员属性和成员方法根据实际情况自行确定,然后分别定义万事达卡 Master 类和维萨卡 Visa 类作为 BankCard 的子类,实现它们之间的继承关系。

2. 定义一个表示学习方法的抽象类 StudyMethod,其中包括 3 个抽象方法,分别是学习英语 English、学习语文 Chinese 和学习计算机 Computer,写出此抽象方法的代码。

第9章

实现接口

主要知识点

- 接口的定义。
- 接口的声明。
- 接口的实现。
- 接口的使用。

学习目标

掌握接口的定义、声明、实现和使用方法,能在实际软件开发中用接口定义软件的功能结构。

接口是一种特殊的类,允许包含变量、常量等一个类所包含的基本内容,可以包含方法。但是,接口中的方法只能有声明,不允许设定代码,也就意味着不能把程序入口放到接口里。可以理解为,接口是专门被继承的,接口的意义就是被继承,不能被实例化。

9.1 定义接口

1. 接口的定义

在软件工程中,有一份"契约"规定来自不同开发小组的软件之间如何相互作用是非常常见的。每个小组都可以在不知道其他小组代码的前提下独立开发自己的代码。Java 中的interface 就是这样的一份"契约",它规定了一组执行规范。

主板上的 PCI 插槽就是现实中的接口,你可以把声卡、显卡和网卡都插在 PCI 插槽上,而不用担心哪个插槽是专门插哪个的,原因是做主板的厂家和做各种卡的厂家都遵守了统一的规定。例如,现在有一个软件公司要编写一个里程表软件,要求能计算每一种交通工具每小时的运行速度,但针对不同的交通工具,运算的方法不同。现在软件设计师就可以制定一份软件"契约",要求该软件要实现计算运行速度功能,但对不同的交通工具,其实现的方式不同。这就需要掌握 Java 接口开发的规范,对照软件行业相关标准,一丝不苟,每一条语句都经过周密思考,具有软件工匠精神。

2. 声明接口

要使用接口,首先要声明它,就像使用对象一样,通过关键字 interface 定义接口,其格式如下：

　　[修饰符] interface 接口名 [extends 父接口名列表]{

　　　　[public][static][final] 数据类型 属性名＝常量值；

　　　　[public][abstract] 返回类型 方法名(参数列表)；

　　　　}

说明：

(1)一个接口可以有一个以上的父接口。

(2)用 public 修饰的接口可以被所有的类和接口使用；没有用 public 修饰的接口只能被同一个包中的其他类和接口使用。

(3)接口中的所有属性都是 public static final，不管是否显式定义。

(4)接口中的所有方法都是 public abstract，不管是否显式定义。

【例 9-1】　在里程表功能软件中，已知每种交通工具每小时的运行速度都是 3 个整数 a、b、c 的表达式，定义的接口如下：

```
interface OdometerInterface{
        //定义软件实现的功能"契约"
        double getSpeed(double a,double b,double c);//计算运算速度的抽象方法
        String getName();//获取交通工具的名称
}
```

9.2　接口的实现方法

微课

接口

1. 实现一个接口

由某个类为接口中的抽象方法书写语句并定义实在的方法体。

语法格式如下：

　　[修饰符] class 类名 implements 接口名

说明：

(1)如果实现某接口的类不是抽象类，则该类需为接口中的所有抽象方法定义方法体，如果实现某接口的类是抽象类，可以不必实现该接口中的所有抽象方法，但抽象类的非抽象子类必须定义所有没有定义的抽象方法。

(2)一个类在实现某接口的抽象方法时，必须使用完全相同的方法头。

【例 9-2】　在里程表功能软件中，已知汽车 Car 的运行速度运算公式为：a＊b/c，飞机 Plane 的运行速度运算公式为：a＋b＋c。

```
class Plane implements OdometerInterface{
        public double getSpeed(double a,double b,double c){
            return(a+b+c);
        }
        public String getName(){
            return "Plane";
        }
}
class Car implements OdometerInterface{
```

```
public double getSpeed(double a,double b,double c){
    return(a * b/c);
}
public String getName(){
    return "Car";
}
}
```

2. 实现多个接口

一个类可以实现多个接口,这意味着该类实现了多个"契约"规定的功能,其语法格式如下:

[修饰符] class 类名 implements 接口名 1,接口名 2,……

例如,汽车除了安装里程表计算速度外,还实现了播放音乐的"契约",那么该汽车既可以显示运行速度,又可以收听音乐。

3. 使用接口

在定义一个新的接口时,其实也是在定义一个新的引用类型。在能使用数据类型名称的地方,都可以使用接口名称。如果定义了一个类型为接口的引用变量,则该变量所指向对象的所在类必须实现了该接口。

【例 9-3】 计算给定参数的汽车和飞机的运行速度。

```
public class ComputeSpeed{
    public static void main(String args[]){
        double v;
        OdometerInterface d=new Car();
        v=d.getSpeed(3,5,6);
        System.out.println(d.getName()+"的运行速度:"+v+" km/h");
        d=new Plane();
        v=d.getSpeed(10,30,40);
        System.out.println(d.getName()+"的运行速度:"+v+" km/h");
    }
}
```

可以看出,计算汽车和飞机运行速度的接口方法是相同的,变的只是参数。假如增加第三种交通工具火车(Train),只需要编写新的交通工具实现接口,调用的方法不变。

技能训练 7 实现接口

一、目的

1.掌握面向对象的基本概念。

2.掌握定义类与创建对象实例的方法。

3.掌握类属性与方法的定义和使用。

4.掌握类的继承关系和实现。

5.掌握接口的定义和使用。

6.培养良好的编程习惯。

二、内容

1. 任务描述

在前面的项目训练 2 中,我们实现了基于控制台的 ATM 单机系统。其中 ATMLocal_Service 类封装了 ATM 机器需要提供的账户验证、取款、存款、转账、查询余额等功能。对于 ATM 提供的功能,本次技能训练的任务是把这些功能封装成接口 IATMService,然后由 ATMLocalService 类来实现 IATMService 接口。

2. 实训步骤

(1)打开 Eclipse 开发工具,新建一个 Java Project,项目名称为 Ch09Train,项目的其他设置采用默认设置。注意当前项目文件的保存路径。

(2)将 ATMSim1 项目中的 com. csmzxy. soft. comm 与 com. csmzxy. soft. atm 两个包及其中所有的类复制到新建的 Ch09Train 项目的 src 目录下,保持包名称不变。当然,也可通过复制 ATMSim1 项目后重新命名为 Ch09Train 实现创建项目。

(3)在 Ch09Train 项目的 com. csmzxy. soft. atm 包中添加一个接口文件 IATMService。打开 IATMService. java 文件,将 ATMLocalService 中定义的账户验证方法 login、查询账户余额 getBalance、取款 withDraw、存款 deposit、转账 transfer、修改密码 changePwd、获取交易记录 getTransactions 等方法提取出来,定义在 IATMService 接口文件中,代码如下:

```java
package com. csmzxy. soft. atm;
import com. csmzxy. soft. comm. Status;
public interface IATMService{
    /**
     * 账号验证方法
     * @param accId 账号
     * @param pwd 密码
     * @return
     */
    public Status login(String accId,String pwd);
    /**
     * 查询账户余额
     * @param accId 账号
     * @return 余额|—1
     */
    public double getBalance(String accId);
    /**
     * 取款
     * @param accId 账号
     * @param money 取款金额
     * @return
     */
    public Status withDraw(String accId,double money);
    /**
     * 存款
```

```
        *  @param accId 账号
        *  @param money 存款金额
        *  @return
        */
      public Status deposit(String accId,double money);
       /**
        *  转账
        *  @param fromAccId 己方账号
        *  @param toAccId    对方账号
        *  @param money    金额
        *  @return
        */
      public Status transfer(String fromAccId,String toAccId,double money);
       /**
        *  修改密码
        *  @param accId 账号
        *  @param oldPwd 旧密码
        *  @param newPwd 新密码
        *  @return
        */
       public Status changePwd(String accId,String oldPwd,String newPwd);
        /**
        *  获取交易记录
        *  @param accId 账号
        *  @return 所有交易记录
        */
       public String getTransactions(String accId);
   }
```

（4）修改 Ch09Train 项目 com. csmzxy. soft. atm 包中的 ATMLocalService 类,实现 IATMService 接口,其余代码不变,下面仅列出要修改的代码。

```
package com. csmzxy. soft. atm;
/ * **
 *
 *  封装 ATM 所有的操作功能类
 */
public class ATMLocalService implements IATMService{
    ……类中的代码不变……
}
```

（5）修改 Ch09Train 项目 com. csmzxy. soft. atm 包中的 ATMClient 类的部分代码。

将原来的"ATMLocalService atmService＝new ATMLocalService();"修改为使用接口 "IATMService atmService＝new ATMLocalService();",修改后的代码如下:

```
package com. csmzxy. soft. atm;
import java. util. Scanner;
```

```
import com. csmzxy. soft. comm. Status；
/**
 *
 * 通过控制台程序模拟 ATM 机操作
 */
public class ATMClient{
  public void work(){
    //ATM 功能服务对象
    IATMService atmService＝new ATMLocalService()；
    ……其他的代码不变……
  }
}
```

（6）运行 ATMClient 程序，启动 ATM 系统，测试账户验证、查询、取款、存款、转账、修改密码等功能，保证所有功能正常运行。

3. 任务拓展

（1）创建一个类 ATMFileService 类，实现 IATMService 接口，自己重新实现接口中的方法。修改 ATMClient 类中的代码如下：

```
IATMService atmService＝new ATMFileService()；
```

（2）重新运行 ATMClient 类，启动 ATM 系统，测试保证各种功能正常运行。

4. 思考题

在前面程序的基础上，思考如下的问题：

（1）在 ATMClient 类中使用"IATMService atmService＝new ATMLocalService()；"与使用"ATMLocalService atmService＝new ATMLocalService()；"有什么区别？

（2）为什么要使用接口？在什么情况下应使用接口？

三、独立实践

1. 在前一章独立实践的图形软件设计中，将 void draw()方法提取出来，设计成一个接口 IShape。

```
/**
 * 图形接口
 */
public interface IShape{
  /**
   * 抽象方法
   */
  public void draw()；
}
```

其他要求不变，测试代码修改如下，请重新使用 IShape 接口实现 Line、Circle、Rectangle 这些类的功能。

```
import java. util. ArrayList；
import java. util. List；
public class TestShapeApp{
```

```
public static void main(String[] args){
    //保存图形列表
    List<IShape> listShape=new ArrayList<IShape>();
    listShape.add(new Line(0,0,10,10));    //创建直线
    listShape.add(new Circle(20,20,5));    //创建圆
    listShape.add(new Rectangle(30,30,10,10));    //创建矩形
    for(IShape shape:listShape){    //画出所有图形
        shape.draw();
    }
}
}
```

2.门有两个功能:开 Open 和关 Close,现在有两种门:手推门 HandDoor 与自动门 AutoDoor,请使用面向对象的模式实现两种门的功能。

 习　题

一、简答题

1.什么是接口?接口与类有什么不同?

2.接口的修饰符包括哪些?

3.接口与抽象类有什么不同?

4.如何实现多个接口?

二、操作题

1.定义一个银行卡的接口 BankCard,成员属性根据实际情况自行确定,在类中定义两个方法 save 和 withdraw,分别表示存款和取款。

2.根据上一题设计的接口,分别实现从银行取款 1000 元和存款 5000 元对应的抽象方法,要求输出账户余额和存(取)款的数量。

第 10 章

实现多态

主要知识点

- 多态的定义。
- 实现多态的条件。

学习目标

理解多态的含义,掌握多态的使用方法。

多态(Polymorphism)按字面的意思就是"多种状态"。在面向对象语言中,接口中定义的抽象方法的多种不同实现方式即多态。本章将学习多态的定义和实现多态的方法,通过ATM项目掌握多态的运用。

10.1 创建多态的条件

10.1.1 多态的定义

从前面的内容可以看出,封装可以隐藏实现细节,使得代码模块化;继承可以扩展已存在的代码模块(类);它们的目的都是为了代码重用,那么,多态的作用是什么呢?

多态是指程序中定义的引用变量所指向的具体类型,并且通过该引用变量发出的方法调用在编程时并不确定,而是在程序运行期间才确定,即一个引用变量到底会指向哪个类的实例对象?该引用变量发出的方法调用到底是哪个类中实现的方法?必须在程序运行期间才能决定。因为在程序运行时才确定具体的类,这样,不用修改源程序代码,就可以让引用变量绑定到各种不同的类实现上,从而导致该引用变量调用的具体方法随之改变,即不用修改程序代码就可以改变程序运行时所绑定的具体代码,让程序可以选择多个运行状态,这就是多态性。多态性增强了软件的灵活性和扩展性。一款优秀的软件,一定是既方便操作,也方便维护,需要程序员充分考虑使用者诉求,体现以"用户为中心"的设计理念,形成善于学习、勤于思考的习惯,不断提高分析问题、解决问题的职业能力。

10.1.2 多态的条件

在代码中实现 Java 的多态必须遵循两个必要条件：

(1)存在子类继承父类的关系(包括接口的实现)。

(2)子类覆盖父类中的方法。

【例 10-1】 动物类 Animal(该类中包括的所有动物均具有发声行为)，即父类。子类狗(Dog)、猫(Cat)、猪(Pig)都对这个方法进行了覆盖(重写)。

```java
public abstract class Animal{
    public abstract void say();
}
public class Dog extends Animal{
    public void say(){
        System.out.println("汪汪汪");}
}
public class Cat extends Animal{
    public void say(){
        System.out.println("喵喵喵");}
}
public class Pig extends Animal{
    public void say(){
        System.out.println("哼哼哼");}
}
```

说明：

(1)覆盖方法的参数列表必须与被覆盖方法的参数列表完全相同，否则，不能称其为覆盖而是重载。

(2)覆盖方法的访问修饰符一定要大于被覆盖方法的访问修饰符(public＞protected＞default＞private)。

(3)覆盖方法的返回值必须与被覆盖方法的返回值一致。

(4)覆盖方法所抛出的异常必须与被覆盖方法所抛出的异常一致，或者是其子类。

(5)被覆盖方法的访问修饰符不能为 private，否则在其子类中只是新定义了一个方法，并没有对其进行覆盖。

(6)静态方法不能被覆盖为非静态的方法(编译会出错)。

10.2 多态的实现方法

微课

多态

10.2.1 子类向父类转型实现多态

要理解多态性，首先要知道"向上转型"的含义。

前面定义了一个子类 Cat，它继承了 Animal 类，那么后者就是前者的父类。可以通过

Cat c＝new Cat();

实例化一个 Cat 的对象，这个不难理解。但当这样定义时：

Animal a＝new Cat();

它表示定义了一个 Animal 类型的引用,指向新建的 Cat 类型的对象。由于 Cat 继承自它的父类 Animal,所以 Animal 类型的引用是可以指向 Cat 类型的对象的。那么这样做有什么意义呢? 因为子类是对父类的一个改进和扩充,所以一般子类在功能上较父类更强大,属性较父类更独特,定义一个父类类型的引用指向一个子类的对象既可以使用子类强大的功能,又可以抽取父类的共性。父类类型的引用可以调用父类中定义的所有属性和方法,而对于子类中定义而父类中没有定义的方法,它是无可奈何的;同时,父类中的方法只有在父类中定义而在子类中没有重写的情况下,才可以被父类类型的引用调用;对于父类中定义的方法,如果子类中重写了该方法,那么父类类型的引用将会调用子类中的这个方法,这就是动态连接。

【例 10-2】 应用例 10-1 创建的动物类 Animal 与狗(Dog)、猫(Cat)、猪(Pig)类实现多态。

```java
public class People{
    public void listen(Animal animal){
        animal.say();
    }
}
public class TestPeople{
    public static void main(String[] args){
        People people=new People();
        people.listen(new Dog());
        people.listen(new Cat());
    }
}
```

10.2.2 类向接口转型实现多态

类实现接口,通常也意味着该类继承接口,类向接口转型实现多态也是面向对象语言无处不在的应用。

【例 10-3】 把主板上的 PCI 插槽定义为接口,声卡、显卡、网卡定义为 PCI 插槽接口的实现类,在主类中应用多态。

```java
interface PCI{
    public void open();
    public void close();
}
class MainBoard{
    public void run(){
        System.out.println("mainboard run");
    }
    public void usePCI(PCI p){
        if(p!=null){
            p.open();
            p.close();
        }
    }
}
```

```
class NetCard implements PCI{
    public void open(){
        System.out.println("netcard open");
    }
public void close(){
    System.out.println("netcard close");
    }
}
class DuoTaiDemo{
    public static void main(String[] args){
        MainBoard mb=new MainBoard();
        mb.run();
        mb.usePCI(null);
        mb.usePCI(new NetCard());
    }
}
```

技能训练 8 实现多态

一、目的

1.掌握面向对象的基本概念。

2.掌握定义类与创建对象实例的方法。

3.掌握类属性与方法的定义和使用。

4.掌握类的继承关系和实现。

5.掌握接口的定义和使用。

6.掌握静态多态与动态多态。

二、内容

1.任务描述

在一个文档管理系统中,文档 Document 对象中有一个文档保存类,要求实现按不同的格式进行保存,例如,可以按 PDF 格式输出保存,也可以按 SWF 格式输出保存,还可以按其他的格式输出保存。通过分析发现,可以创建一个接口 ISave,在各种不同的输出保存方式如 PDF、SWF 等对象中实现 ISave 接口。然后在 Document 对象中创建一个 Save 方法,实现不同格式的保存。

2.实训步骤

(1)打开 Eclipse 开发工具,新建一个 Java Project,项目名称为 Ch10Train,项目的其他设置采用默认设置。注意当前项目文件的保存路径。

(2)在 Ch10Train 项目中添加一个接口文件 ISave,里面定义了 Save 方法。代码如下:

```
/**
 * 文档保存接口
 */
```

```java
public interface ISave{
    void Save();   //保存到默认路径
    void Save(String path);   //保存到指定文件夹
}
```

（3）添加 PDF 文档格式保存类 PDFSave，实现 ISave 接口，代码如下：

```java
/**
 * PDF 格式保存类
 */
public class PDFSave implements ISave{
    @Override
    public void Save(){
        System.out.println("按 PDF 格式保存到默认路径");
    }
    @Override
    public void Save(String path){
        System.out.println("按 PDF 格式保存到"+path);
    }
}
```

（4）添加 SWF 文档格式保存类 SWFSave，实现 ISave 接口代码如下：

```java
/**
 * SWF 格式保存类
 */
public class SWFSave implements ISave{
    @Override
    public void Save(){
        System.out.println("按 SWF 格式保存到默认路径");
    }
    @Override
    public void Save(String path){
        System.out.println("按 SWF 格式保存到"+path);
    }
}
```

（5）创建 Document 类，Document 类的 Save 方法代码如下：

```java
/**
 * 文档类
 */
public class Document{
    private String path;   //文件保存路径
    private ISave fmtSave;   //文档保存器
    public Document(){
    }
    public Document(String path){
        this(null,path);
    }
```

```java
public Document(ISave fmtsave){
    this(fmtsave,null);
}
public Document(ISave fmtsave,String path){
    this.fmtSave=fmtsave;
    this.path=path;
}
/**
 * 用指定的保存器保存文档
 */
public void Save(){
    if(fmtSave==null){
        System.out.println("直接保存");
        return;
    }
    if(path==null)
        fmtSave.Save();
    else
        fmtSave.Save(this.path);
}
/**
 * 用指定的 fmtsave 保存器保存文档
 * @param fmtsave
 */
public void Save(ISave fmtsave){
    if(path==null)
        fmtsave.Save();
    else
        fmtsave.Save(this.path);
}
}
```

(6)编写 TestDocument 类,使用 Document 类创建一个 doc 对象,然后分别创建两个不同的文档保存对象,对 doc 进行保存测试,代码如下:

```java
/**
 * Document 类的测试类,仔细体会多态的应用
 */
public class TestDocument{
    public static void main(String[] args){
        PDFSave pdf=new PDFSave();
        SWFSave swf=new SWFSave();
        Document doc=new Document();
        Document docpdf=new Document(pdf,"c:\\wmxing");
        Document docswf=new Document(swf,"c:\\wmxing");
        System.out.println("1—————————————————————");
```

```
        doc. Save();
        docpdf. Save();
        docswf. Save();
        System. out. println("2————————————————————————");
        doc. Save(pdf);
        docpdf. Save(pdf);
        docswf. Save(pdf);
        System. out. println("3————————————————————————");
        doc. Save(swf);
        docpdf. Save(swf);
        docswf. Save(swf);
    }
}
```

程序运行结果如图 10-T-1 所示。

3.任务拓展

自己创建一个按 HTML 格式保存的 HTMLSave 类,实现 ISave 接口,然后在 TestDocument 类中添加代码进行测试,仔细体会多态的应用。

4.思考题

在前面程序的基础上,思考如下的问题:

(1)静态多态与动态多态分别是怎么实现的?

(2)动态多态中父类与子类是如何代行职权的?

```
1———————————————————
直接保存
按PDF格式保存到c:\wmxing
按SWF格式保存到c:\wmxing
2———————————————————
按PDF格式保存到默认路径
按PDF格式保存到c:\wmxing
按PDF格式保存到c:\wmxing
3———————————————————
按SWF格式保存到默认路径
按SWF格式保存到c:\wmxing
按SWF格式保存到c:\wmxing
```

图 10-T-1 运行结果

三、独立实践

在 ATM 系统中,不同的功能有不同的界面,同时有不同的输入操作,请仔细分析 ATMSim1 系统中 ATMClient 类的界面与输入操作,创建类对不同的功能界面进行封装处理,然后实现并测试 ATM 的功能。提示:将每个 ATM 功能界面封装成一个类。

习 题

一、简答题

1.什么是多态? 类的多态是怎么实现的?

2.创建多态需要哪些条件?

3.类是怎么向接口转型实现多态的?

二、操作题

1.定义交通工具的抽象类 Vehicle,包括方法 run,然后定义三个子类 Car(汽车)、Ship(船)和 Plane(飞机),分别实现 Vehicle 的 run 方法。

2.参考例 10-2,应用 Vehicle 类与 Car(汽车)、Ship(船)和 Plane(飞机)类实现多态。

3.运行例 10-3,分析在主类中应用多态的过程。

第11章

异常处理

主要知识点

- 异常产生的原因。
- 标准异常类。
- Java 的异常处理机制。
- 异常的创建。
- 异常的抛出。
- 异常语句的编程。

学习目标

熟悉异常产生的原因和标准异常类的用法,能够运用异常处理机制编写 Java 程序,提高安全性。

用户在编写程序时不可能不出现错误,严谨地处理这些错误是保证程序效率和质量的关键。Java 把程序运算中可能遇到的错误分为两类,一类是非致命的错误,通过修正后还可以继续运行,这种错误称为异常(Exception);另外一类则是致命错误,即系统遇到了十分严重的错误,不能简单地恢复,需要操作系统才能处理。本章主要介绍异常产生的原因和异常处理的基本方法。

11.1 异常的分类

一旦出现异常,系统将会立即中止程序的运行,并将控制权返回给操作系统,而此前分配的所有资源将继续保持原有状态,导致资源浪费。下面看一个例题。

【例 11-1】 异常的产生。

```
public class ExceptionDemo{
    public static void main(String args[]){
        int i=0;
        String country[]={"China","Japan","American"};
        while(i<4){System.out.println(country[i]);i++;}
    }
}
```

编译正常通过,运行结果如图 11-1 所示。

```
China
JapanException in thread "main"
American
java.lang.ArrayIndexOutOfBoundsException: 3
        at ExceptionDemo.main(ExceptionDemo.java:6)
```

图 11-1 程序运行时出现异常

可以看到，系统出现异常的原因是程序倒数第 3 行数组下标值越界，异常类型是 java. lang. ArrayIndexOutOfBoundsException。

11.1.1 异常的产生

程序员编写程序时，难免会出现一些问题，导致程序运行时会出现一些非正常的现象，例如，死循环、非正常退出等，称为运行错误。根据错误性质将运行错误分为两类：

致命性错误(Error)：简称为错误，如程序进入死循环，递归无法结束等，错误只能在编译阶段解决，运行时程序本身无法解决。

非致命性错误：如运算时除数为 0，打开一个不存在的文件等，这类现象称为异常(Exception)。在源程序中加入异常处理代码，当程序运行中出现异常时，由异常处理代码调整程序运行方向，使程序仍可继续运行直至正常结束。

1.异常发生的原因

有以下三种情况：

(1)JVM 检测到非正常的执行状态。这些状态可能由以下情况引起：

①表达式违反了 Java 语言的语义，如除数为 0。

②装入或链接程序时出错。

③超出了资源限制，如内存不足，这种异常是程序员无法预知的。

(2)程序代码中的 throws 语句被执行(本章第 3 节介绍)。

(3)因为代码段不同步而产生，可能的原因是：

①Thread(线程)的 stop 方法被调用。

②JVM 内部发生错误。

2.异常的层次结构

Java 程序的异常按类的层次结构组织，所有异常类的父类是 Throwable，它是 Object 类的直接子类，又分为 Exception 和 Error 两个直接子类，而 RuntimeException 类是 Exception 类的直接子类，如图 11-2 所示。

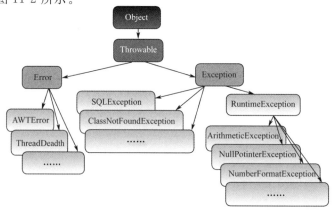

图 11-2 异常的层次结构

Error 类用来显示与系统本身有关的错误,其对象由 Java 虚拟机生成并抛出;而 Exception 类用来显示用户程序可能捕获的异常,也是用来创建用户异常类型子类的类,其对象由应用程序处理或抛出。

11.1.2　Java 定义的标准异常类

Java 定义的标准异常类由系统包 java.lang、java.util、java.io、java.net 等来声明,这些标准异常类分为两种:RuntimeException 和 Exception,前者是运行时异常,属于不可检测的异常类,后者是可检测的异常类。

Java 定义的标准异常类见表 11-1。

表 11-1　Java 定义的标准异常类

序　号	异　常	说　明	所在包
1*	ArithmeticException	算术异常,如被 0 除	java.lang
2*	ArrayStoreException	数组存储异常,如类型不符	java.lang
3*	ArrayIndexOutOfBoundsException	数组下标越界异常	java.lang
4	IllegalArgumentException	非法参数异常	java.lang
5*	NullPointerException	空指针异常	java.lang
6*	SecurityException	安全性异常	java.lang
7	ClassNotFoundException	类的非法访问异常	java.lang
8	AWTException	AWT 异常	java.lang
9	IOException	输入/输出异常	java.io
10	FileNotFoundException	文件不存在异常	java.io
11	EOFException	文件结束异常	java.io
12	IllegalAccessException	非法存储异常	java.lang
13	NoSuchMethodException	不存在此方法异常	java.lang
14	InterruptedException	线程中断异常	java.lang
15*	ClassCastException	对象引用异常	java.lang
16	EmptyStackException	空堆栈异常	java.util
17	NoSuchElementException	无此元素异常	java.util
18	CloneNotSupportedException	克隆不支持异常	java.io
19	InstantiationException	实例化异常	java.lang
20	InterruptedIOException	中止输入/输出异常	java.io
21	ConnectException	连接异常	java.net

带 * 的异常是不可检测的异常。

11.2　异常处理机制

微课

异常

程序运行时如果发生异常,立即自动中止运行并输出提示信息,异常处理就是对所发生的异常进行处理,从而避免出现死机或者重启机器的现象。其重要性在于程序一方面要能够发现异常,另一方面还要能够捕获异常。Java 语言提供的异常处理机制,有助于找出异常类型并恢复它们。Java 程序对异常处理有两种方法:

（1）通过 try-catch 语句块处理异常，把可能发生异常的语句放在 try 语句块中，catch 捕获异常并处理。

（2）把异常抛给上一层调用它的方法，由该方法进行异常处理或继续抛给上一层。

11.2.1 异常处理的语句结构

Java 语言提供的异常处理机制是：通过 try..catch...finally 语句块进行异常的监视、捕获和处理，也可以通过 throws 语句段抛出异常。含有异常处理机制程序的一般结构是：

try{······} //这里写被监视的代码段，一旦发生异常，则由 catch 代码处理
catch(异常类型 e){······}   //待处理的第一种异常
catch(异常类型 e){······}   //待处理的第二种异常
······

finally{······} //最终处理的代码段

1. try 语句

try 语句用大括号{}指定了一段代码，该段代码可能会抛弃一个或多个异常，同时也指定了它后面的 catch 语句所捕获的异常范围，有可能出现异常的代码应该放在这里。另外，Java 规定了有些语句必须放在 try 代码段中才能正常运行。

2. catch 语句

捕获异常的代码段，catch 语句的参数类似于方法的声明，包括一个异常类型和一个异常对象。异常类型必须为 Throwable 类的子类，它指明了 catch 语句所处理的异常类型。异常对象则由运行时系统在 try 所指定的代码块中生成并被捕获，大括号中包含对象的处理，其中可以调用对象的方法。

catch 语句可以有多个，分别处理不同类型的异常。Java 运行时系统从上到下分别对每个 catch 语句处理的异常类型进行检测，直到找到类型相匹配的 catch 语句为止。这里，类型匹配指 catch 所处理的异常类型与生成的异常对象的类型完全一致或者是它的父类，因此，catch 语句的排列顺序应该是从特殊到一般，如果程序员并不清楚异常类型，直接用 Exception 也可以，肯定不会错。

还可以用一个 catch 语句处理多个异常类型，这时它的异常类型参数应该是多个异常类型的父类，程序要根据具体的情况来选择 catch 语句的异常处理类型。

3. finally 语句

通过 finally 语句可以指定一块代码，无论 try 语句所指定的程序块中抛弃或不抛弃异常，也无论 catch 语句的异常类型是否与所抛弃的异常的类型一致，finally 所指定的代码都要被执行，它提供了统一的出口。

通常在 finally 语句中放置可以进行资源清理的语句，如关闭打开的文件等。

【例 11-2】 异常处理举例。

```
public class TryCatchFinallyDemo{
    static void setN(int n){
        System. out. println("n 的值是"+n);
        try{
            if(n==0){System. out. println("没有捕获异常");return;}
            else if(n==1){int i=0;int j=4/i;}
            else if(n==2){int iArray[]=new int[4];iArray[10]=3;}
```

```
}catch(ArithmeticException e)
    {System. out. println("捕获的信息是 "+e);}
  catch(ArrayIndexOutOfBoundsException e)
    {System. out. println("捕获的信息是 "+e. getMessage());}
  catch(Exception e)
    {System. out. println("本句没有执行");}
  finally{System. out. println("这是 finally 语句块");}
}
public static void main(String args[]){
  setN(0);
  setN(1);
  setN(2);
}
}
```

运行结果如图 11-3 所示。

```
n的值是0
没有捕获异常
这是finally语句块
n的值是1
捕获的信息是 java.lang.ArithmeticException: / by zero
这是finally语句块
n的值是2
捕获的信息是 10
这是finally语句块
```

图 11-3　捕获异常情况

11.2.2　Throwable 类的常用方法

系统的异常类定义了很多异常,如果程序运行时出现了系统定义的异常,系统会自动抛出。此时,若应用程序中有 try-catch 语句,则这些异常由系统捕捉并交给应用程序处理;若应用程序中没有 try-catch 语句,则这些异常由系统捕捉和处理。

对于系统定义的有些应用程序可以处理的异常,一般情况下并不希望由系统来捕捉和处理,也不希望这种异常造成破坏性的影响,因为这两种情况都有可能造成运行的应用程序产生不良后果。这种情况下,设计应用程序的一般方法是:在 try 语句模块中,应用程序自己判断是否有异常出现,如果有异常出现,则创建异常对象并用 throw 语句抛出该异常对象;在 catch 模块中,设计用户自己希望的异常处理方法。

Throwable 是 java. lang 包中一个专门用来处理异常的类。它有两个子类,即 Error 和 Exception,分别用来处理两组异常。所有异常都是 Throwable 类的子类,Throwable 类的方法均可以被其子类调用,用于显示异常类型、原因等信息。Throwable 类的常用方法如下所示。

(1)getCause() //如果异常为空或者不存在或者不明,用它返回

(2)getLocalizedMessage() //返回本地化信息

(3)getMessage() //返回异常的原因

(4)getStackTrace() //返回堆栈跟踪情况

(5)printStackTrace() //打印堆栈的标准错误流

(6) printStackTrace(PrintStream s) //打印堆栈的标准打印流

(7) toString() //返回简单描述

【例 11-3】 Throwable 类常用方法应用举例,输出被 0 除的异常信息。

```
public class ExceptionMethodDemo{
    public static void main(String args[]){
        System. out. println("异常方法使用");
        try{int i=1;i=i/0;}
        catch(Exception e){
            System. out. println("getCause()是:"+e. getCause());
            System. out. println("getLocalizedMessage()是:"+e. getLocalizedMessage());
            System. out. println("getMessage()是:"+e. getMessage());
            System. out. println("getStackTrace()是:"+e. getStackTrace());
            System. out. println("toString()是:"+e. toString());
        }
    }
}
```

运行结果如图 11-4 所示。

```
异常方法使用
getCause()是: null
getLocalizedMessage()是: / by zero
getMessage()是: / by zero
getStackTrace()是: [Ljava.lang.StackTraceElement;@5e55ab
toString()是: java.lang.ArithmeticException: / by zero
```

图 11-4 异常方法的返回结果

对于程序运行时出现了没有声明的异常,程序本身无法捕获这种异常,系统采用的方法是:依次向上递交,由上一级进行处理,上一级处理不了,再向更上一级,直到最后交给操作系统为止。

11.2.3 异常类的创建

用户也可以创建自己的异常类,这种异常类一定是 Exception 或 Throwable 的子类,因此可以用建立类的语句来创建异常类,但需要继承某一个异常类,例如:

class 异常名 extends Exception{······}

用户一旦定义了自己的异常类,在程序中就可以像标准的异常类一样使用。自定义异常类时要注意以下三点:

(1)类 java. lang. Throwable 是所有异常类的基类,它包括两个子类:Exception 和 Error类,Exception 类用于描述程序能够捕获的异常,如 ClassNotFoundException。Error 类用于指示合理的应用程序不应该试图捕获的严重问题,如虚拟机错误 VirtualMachineError。

(2)自定义异常类可以继承 Throwable 类或者 Exception 类,而不要继承 Error 类。自定义异常类之间也可以有继承关系。

(3)需要为自定义异常类设计构造方法,以方便构造自定义异常对象。

【例 11-4】 用户自定义异常类,检查参数的内容是否为英文字母。

```
import java. util. regex. Matcher;
import java. util. regex. Pattern;
```

```
class MyException extends Exception{          //定义自己的异常类
    private String content;
    MyException(String content){              //异常类的构造方法
        this.content=content;}
    public String getContent(){
        return content;}
    public void setContent(String content){
        this.content=content;}
}
public class ExceptionExample{
    public void check(String str){
        String pattern="^[A-Za-z]+$";         //设计模式字符串
        Pattern pa=Pattern.compile(pattern);  //编辑模式
        Matcher matcher=pa.matcher(str);      //匹配模式
        if(!matcher.matches()){               //比较,若不相等输出提示信息
            throw new MyException("字符串包含字母以外的字符");
        }
    }
}
```

11.3 异常的抛出

所谓抛出异常,指的是程序运行时如果出现异常,则执行相应的程序代码段,而不必让整个程序中止。因此在捕获一个异常前,需要有一段 Java 代码生成一个异常对象并把它抛弃。抛弃异常的代码可以是 Java 程序,也可以是 JDK 中的某个类,还可以是 Java 运行时(Runtime)系统,它们都是通过 throw 语句或者 throws 语句来实现抛出的。

11.3.1 throw 语句

throw 语句的格式为:

throw ThrowableObject；

其中 ThrowableObject 必须为 Throwable 类或其子类的对象。例如,可以用语句:

throw new ArithmeticException();

来抛出一个算术异常。还可以定义自己的异常类,并用 throw 语句来抛出它。

【例 11-5】 异常的定义和抛出举例。

```
class MyException extends Exception{//创建自己的异常
    private int detail;
    MyException(int a){//创建方法
        detail=a;
    }
    public String toString(){//创建方法
        return "MyException "+detail;//确定返回值
    }
}
```

```
public class ExceptionDemo1{
    static void compute(int a) throws MyException{
        System.out.println("调用 compute("+a+")");
        if(a>10)
            throw new MyException(a); //抛出异常
            System.out.println("这是正常退出");
    }
    public static void main(String args[]){
        try{
            compute(1);
            compute(20);
        }catch(MyException e){//捕获异常
            System.out.println("此处捕获了"+e);}
    }
}
```

运行结果如图 11-5 所示。

```
调用compute(1)
这是正常退出
调用compute(20)
此处捕获了MyException 20
```

图 11-5　自定义异常和抛出异常

11.3.2　throws 语句

throws 语句用来表明一个方法可能抛出的所有异常。对于大多数 Exception 子类和自定义异常类来说，Java 编译器会强迫程序员在方法的声明语句中表明抛出的异常类型。如果要明确抛出一个 RuntimeException 或者自定义异常类，就必须在方法的声明语句中用 throws 子句表示它的类型，以便通知调用这个方法的其他方法准备捕获此异常。

throws 语句必须位于左花括号"{"之前，格式如下：

返回值类型 方法名(参数) throws{……}

【例 11-6】　throws 语句的用法。

```
public class ThrowsDemo{
static void method() throws IllegalAccessException{
    System.out.println("在 method 方法抛出了一个异常");
    throw new IllegalAccessException();}
public static void main(String args[]){
    try{
        method();}
    catch(IllegalAccessException e){
        System.out.println("在 method 方法捕获了异常："+e);}
    }
}
```

运行结果如图 11-6 所示。

```
在method方法抛出了一个异常
在method方法捕获了异常：java.lang.IllegalAccessException
```

图 11-6 Throws 语句的使用

技能训练 9　处理异常

一、目的

1.掌握异常的概念及异常处理的机制。

2.掌握 try-catch-finally 异常处理语句的使用。

3.熟悉用户自定义异常及处理用户自定义异常的方法。

4.培养良好的编程习惯。

二、内容

1.任务描述

编写一个程序,同时捕获数组越界和被 0 除的异常,说明异常处理语句 try-catch-finally 的处理机制。

2.实训步骤

(1)打开 Eclipse 开发工具,新建一个 Java Project,项目名称为 Ch11Train,项目的其他设置采用默认设置。注意当前项目文件的保存路径。

(2)在 Ch11Train 项目中添加类名为 TestException 的类。代码如下：

```java
/**
 * 程序的异常处理
 */
public class TestException{
  public static void main(String[] args){
    int number[]={4,8,16,32,64,128,256,512};
    int denom[]={2,0,4,4,0,8};
    for(int i=0;i<number.length;i++){
      try{
        System.out.println(number[i]+" / "+denom[i]
            +"="+number[i]/denom[i]);
      }catch(ArithmeticException exc){
        System.out.println("除数不能为 0");
      }
      catch(ArrayIndexOutOfBoundsException exc){
        System.out.println("数组索引超出边界");
      }
    }
  }
}
```

（3）编译并运行该程序,程序的运行结果如图 11-T-1 所示。

（4）为上述的异常处理添加 finally 块,其代码如下：

```
finally{
    System.out.println("Finally 已执行");
}
```

（5）重新编译运行该 Java 程序,程序的运行结果如图 11-T-2 所示。

```
4 / 2 = 2
除数不能为0
16 / 4 = 4
32 / 4 = 8
除数不能为0
128 / 8 = 16
数组索引超出边界
数组索引超出边界
```

```
4 / 2 = 2
Finally已执行
除数不能为0
Finally已执行
16 / 4 = 4
Finally已执行
32 / 4 = 8
Finally已执行
除数不能为0
Finally已执行
128 / 8 = 16
Finally已执行
数组索引超出边界
Finally已执行
数组索引超出边界
Finally已执行
```

图 11-T-1　运行结果　　图 11-T-2　异常处理结果

（6）试一试:如果没有异常处理,直接输出两个数组对应元素相除的结果,会出现什么样的结果? 分析其原因。

3. 任务拓展

（1）在 ATMSim1 项目中的 com.csmzxy.soft.comm 包中,增加一个自定义的 ATMException 异常类,程序代码如下：

```
package com.csmzxy.soft.comm;
public class ATMException extends Exception{
    private Status status;
    public ATMException(){
        this("");
    }
    public ATMException(String msg){
        super("ATMException:"+msg);
        status=Status.ERROR;
    }
    public ATMException(Status status){
        this("");
        this.status=status;
    }
    @Override
    public String getMessage(){
        String msg=super.getMessage();
        switch(status){
        case INVALID_ID:
```

```
        msg="无效的账号!";
        break;
      case INVALID_PWD:
        msg="密码不正确!";
        break;
      case INVALID_TOID:
        msg="转账账号不存在!";
        break;
      }
      return msg;
   }
}
```

(2)添加一个测试异常类 TestATMException。

```
/**
 *  测试自定义的异常类 ATMException
 */
public class TestATMException{
  public void login(String id,String pwd) throws ATMException{
    if(!id.equals("admin")){
      throw new ATMException(Status.INVALID_ID);
    }
      if(!pwd.equals("123456")){
      throw new ATMException(Status.INVALID_PWD);
    }
    System.out.println("验证通过!");
  }
  public void deposit(String id,String pwd,double m){
    try{
      login(id,pwd);
      if(m < 0)
        throw new ATMException("存款金额有误");
      System.out.println("存款成功");
    } catch(ATMException e){
      System.out.println(e.getMessage());
    }
  }
  public static void main(String[] args){
    TestATMException t=new TestATMException();
    t.deposit("admin","123456",10);
    System.out.println("-----1-------");
    t.deposit("admin","123456",-10);
    System.out.println("-----2-------");
    t.deposit("aaaa","123456",10);
    System.out.println("-----3-------");
```

```
        t.deposit("admin","111111",10);
    }
}
```

(3)运行上面的程序,程序的运行结果如图 11-T-3 所示。

```
验证通过!
存款成功
-----1-------
验证通过!
ATMException:存款金额有误
-----2-------
无效的账号!
-----3-------
密码不正确!
```

图 11-T-3　自定义异常类的运行结果

4.思考题

在前面程序的基础上,思考如下的问题:

(1)本程序中 throws 和 throw 语句的作用是什么?

(2)本程序中是如何定义用户自定义异常的?

(3)本程序是如何处理程序产生的用户自定义异常的?

(4)如果将程序中的 public void login(String id,String pwd) throws ATMException 改为 public void login(String id,String pwd),会出现什么样的情况?

三、独立实践

1.编写一个程序,将字符串转换成数字。使用 try-catch-finally 语句处理转换过程中可能出现的异常。

2.创建一个类 Area,用来计算长方形或正方形的面积。用于计算面积的方法是一个重载的方法,如果该方法带一个参数,则应计算正方形的面积;如果带两个参数,则应计算长方形的面积。创建一个带有 main 方法的主类,来测试 Area 类。如果传入的参数个数不对,则应通过异常处理的方法显示相应的错误信息。

3.使用 ATMException 类,对 IATMService 接口中的方法进行修改,抛出 ATMException,而不是返回 Status。

习　题

一、简答题

1.什么是异常? 异常产生的原因有哪些?

2.为什么 Java 的异常处理技术优于传统程序的异常处理技术?

3.在 Java 代码中可用来处理异常的方式有哪些?

4.如果发生了一个异常,但没有找到适当的异常处理程序,则会发生什么情况?

5.说明 throw 语句与 throws 语句有什么不同?

6.在设计 catch 块处理不同的异常时,一般应注意哪些问题?

二、编程题

1.编写一个程序,用来将作为命令行参数输入的值转换为数字,如果输入的值无法转换为数字,则程序应显示相应的错误消息,要求通过异常处理方法解决。

2.编写一个程序,用于将来自用户的两个数字接收为命令行参数。将第一个数字除以第二个数字并显示结果。代码应当处理引发的异常,即在输入的参数数量不是两个或用户输入 0 作为参数时引发异常。

3.编写一个程序,说明在一个 catch 处理程序中引发一个异常时会发生什么情况。

4.编写一个可演示用户自定义异常用法的程序,该程序接收用户输入的学生人数,当输入一个负数时,认为是非法的。用户自定义异常捕获此错误。

项目训练 3

实现"银行 ATM 自动取款系统"的高级特性

一、目的

1. 掌握面向对象的基本概念。
2. 掌握面向对象的分析和设计方法。
3. 掌握继承、多态的分析设计。
4. 掌握自定义异常类与异常处理流程。
5. 培养良好的编码习惯。

二、内容

1. 任务描述

在前面的项目训练和技能训练中,实现了一个基于控制台的模拟 ATM 单机取款系统,实现了账户验证、取钱、存钱、查询余额、转账、修改密码、查看交易记录等功能。同时为账户设计了两种类型的账户:储蓄账户和信用卡账户。本次的项目任务是对 ATM 系统的界面设计按面向对象的方法进行重构优化,已经实现的各界面如图 P3-1 所示。

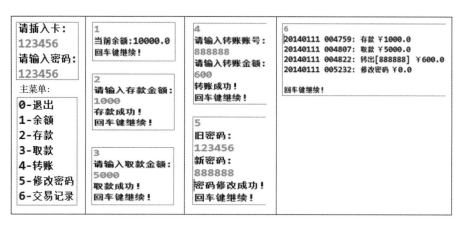

图 P3-1 ATM 运行界面

为每个界面设计一个类,对 ATMClient 类中的代码进行重构,新增的类全部放在 com.csmzxy.soft.atm 包下。新增的类包括:

InputResult.java:封装输入结果的类、IScreen.java:界面接口类、Screen.java:通用界面抽象类、ScreenCard.java:插卡验证账户类、ScreenDeposit.java:存款界面类、ScreenWithdraw.java:取款界面类、ScreenTransfer.java:转账界面类、ScreenChangePwd.java:修改密码界面类、ScreenMain.

java:主界面操作类、ScreenMessage.java:消息提示界面类等文件。

☞思政小贴士

在 ATM 登录界面里,用户输入的账号和密码信息需要发送到服务器上进行验证,如果有错,系统会自动清空错误密码,提示用户重新输入。虽然上述功能看起来很简单,却凝聚着程序员"服务为中心"的思想。我们在实际工作中,要设身处地站在服务对象的角度思考问题,才能设计出让客户满意的产品。

2.实训步骤

(1)打开 Eclipse 开发工具,将技能训练项目 Ch09Train 复制并重命名为 ATMSim2。

(2)在新建的 ATMSim2 的 com.csmzxy.soft.atm 包中添加一个类文件 InputResult.java。该类封装了界面上的一个输入结果,代码如下:

```java
package com.csmzxy.soft.atm;
/**
 * 用户的输入结果类
 */
public class InputResult{
  private String result;
  public InputResult(String result){
     this.result＝result;
  }
  public String getString(){
     return result;
  }
  public double getDouble(){
     return new Double(result);
  }
  public int getInteger(){
     return new Integer(result);
  }
}
```

(3)在新建的 ATMSim2 的 com.csmzxy.soft.atm 包中添加一个接口文件 IScreen.java。该文件包含屏幕显示与内容输入两个接口方法,代码如下:

```java
package com.csmzxy.soft.atm;
/**
 * 屏幕 IO 接口
 */
public interface IScreen{
  /**
   * 由子类实现,用来输出特定的屏幕
   */
  public void show();
  /**
   * 在屏幕上显示消息 msg
   * @param msg
```

```
         */
    public void show(String msg);
    /**
       * 获取用户的第 1 个输入值
       * @return
       */
    public InputResult getInput1();
    /**
       * 获取用户的第 2 个输入值
       * @return
       */
    public InputResult getInput2();
}
```

（4）在 com. csmzxy. soft. atm 包下添加 Screen 抽象类，实现 IScreen 接口。

```
package com. csmzxy. soft. atm;
import java. util. Scanner;
/**
   * 屏幕抽象类，显示信息，并获取输入内容
   */
public abstract class Screen implements IScreen{
    protected String inputStr1;
    protected String inputStr2;
    protected Scanner sc;
    public Screen(){
        inputStr1="";
        inputStr2="";
        sc=new Scanner(System. in);
    }
    /**
       * 由子类实现，用来输出特定的屏幕
       */
    public abstract void show();
    public void show(String msg){
        System. out. println(msg);
        System. out. println("回车键继续……");
        sc. nextLine();
    }
    public InputResult getInput1(){
        return new InputResult(inputStr1);
    }
    public InputResult getInput2(){
        return new InputResult(inputStr2);
    }
}
```

(5)在 com.csmzxy.soft.atm 包下添加 ScreenCard 类,继承 Screen 抽象类,实现抽象方法 void show(),代码如下:

```
package com.csmzxy.soft.atm;
/**
 * 账户验证显示屏幕,接受账号与密码输入
 */
public class ScreenCard extends Screen{
    @Override
    public void show(){
        System.out.println("请插入卡:");
        this.inputStr1=sc.nextLine();
        System.out.println("请输入密码:");
        this.inputStr2=sc.nextLine();
    }
}
```

(6)在 com.csmzxy.soft.atm 包下添加 ScreenMain 类,继承 Screen 抽象类,实现抽象方法 void show(),代码如下:

```
package com.csmzxy.soft.atm;
/**
 * ATM 主屏幕,显示 ATM 的主要功能操作
 */
public class ScreenMain extends Screen{
    @Override
    public void show(){
        System.out.println("0-退出");
        System.out.println("1-余额");
        System.out.println("2-存款");
        System.out.println("3-取款");
        System.out.println("4-转账");
        System.out.println("5-修改密码");
        System.out.println("6-交易记录");
        this.inputStr1=""+sc.nextInt();   //读取用户的选择
        sc.nextLine();
    }
}
```

(7)在 com.csmzxy.soft.atm 包下添加 ScreenDeposit 类,继承 Screen 抽象类,实现抽象方法 void show(),代码如下:

```
package com.csmzxy.soft.atm;
/**
 * 存款显示屏幕,接收金额输入
 */
public class ScreenDeposit extends Screen{
    @Override
```

```
public void show(){
    System.out.println("请输入存款金额:");
    this.inputStr1=""+sc.nextDouble();
    sc.nextLine();
    }
}
```

(8) 在 com.csmzxy.soft.atm 包下添加 ScreenWithdraw 类,继承 Screen 抽象类,实现抽象方法 void show(),代码如下:

```
package com.csmzxy.soft.atm;
/**
 *  取款显示屏幕,接收金额输入
 */
public class ScreenWithdraw extends Screen{
    @Override
    public void show(){
        System.out.println("请输入取款金额:");
        this.inputStr1=""+sc.nextDouble();
        sc.nextLine();
        }
}
```

(9) 在 com.csmzxy.soft.atm 包下添加 ScreenMessage 类,继承 Screen 抽象类,实现抽象方法 void show(),代码如下:

```
package com.csmzxy.soft.atm;
public class ScreenMessage extends Screen{
    @Override
    public void show(){

        }
}
```

(10)用前面实现的界面类,修改 ATMClient 类中的界面代码。

```
package com.csmzxy.soft.atm;
import com.csmzxy.soft.comm.Status;
/**
 *  通过控制台程序模拟 ATM 机操作
 */public class ATMClient{
    private IATMService atmService;   //ATM 服务接口
    private ScreenCard scrCard;
    private ScreenMessage scrMessage;
    private ScreenDeposit scrDeposit;
    private ScreenWithdraw scrWithdraw;
    private ScreenMain scrMain;
    private IScreen screen;   //屏幕接口
    private IScreen[] screens;
    public ATMClient(){
```

```
        atmService＝new ATMLocalService()；
        scrCard＝new ScreenCard()；   //输入账号与密码界面
        scrMessage＝new ScreenMessage()；   //消息界面
        scrDeposit＝new ScreenDeposit()；    //存款界面
        scrWithdraw＝new ScreenWithdraw()；//取款界面
        scrMain＝new ScreenMain()；//功能主界面
        screens＝new IScreen[]{scrMessage,scrMessage,scrDeposit,
            scrWithdraw,null,null,scrMessage}；
}
public void work(){
    Status status；   //各功能操作返回的状态
    String accId；   //当前的账号
    do{
        screen＝scrCard；
        screen.show()；
        //验证账号与密码
        status＝atmService.login(screen.getInput1().getString(),
            screen.getInput2().getString())；
    } while(status!＝Status.OK)；
    accId＝screen.getInput1().getString()；
    while(true){
        //输出操作菜单
        screen＝scrMain；
        screen.show()；
        int op＝screen.getInput1().getInteger()；
        if(op＝＝0) break；
        screen＝screens[op]；
        switch(op){
            case 1：  //余额
                double balance＝atmService.getBalance(accId)；
                screen.show("当前余额:"＋balance)；
                break；
            case 2：  //存款
                screen.show()；  //显示存款界面
                //获得存款金额
                double money＝screen.getInput1().getDouble()；
                //存款
                status＝atmService.deposit(accId,money)；
                if(status＝＝Status.OK){
                    screen.show("存款成功!")；
                }
                break；
            case 3：  //取款
                screen.show()；  //显示取款界面
```

```
            //获得取款金额
            money = screen.getInput1().getDouble();
            //取款
            status = atmService.withDraw(accId,money);
            if(status = = Status.OK){
                screen.show("取款成功!");
            }else{
                screen.show("余额不足!");
            }
            break;
        case 4:  //转账
            screen.show();  //显示转账界面
            //自己实现转账功能
            break;
        case 5:  //修改密码
            screen.show();  //显示修改密码界面
                //自己实现转账功能
            break;
        case 6:  //打印交易记录
            String msg = atmService.getTransactions(accId);
            screen.show(msg);
            break;
        }
    }
}
    public static void main(String[] args){
        new ATMClient().work();
        System.out.println("程序退出!");
    }
}
```

（11）在编译无误的情况下，运行 ATMClient 类，对 ATM 各功能进行测试，确保实现账户登录、取款、存款、查询余额、打印记录等功能正常运行。

三、独立实践

完善项目，增加两个类（ScreenTransfer.java：转账界面类、ScreenChangePwd.java：修改密码界面类），并修改 ATMClient 类中的代码，实现转账与修改密码功能。

模块 4

图形用户界面

设计和构造用户界面,是软件开发中的一项重要工作。用户界面是用户与计算机系统交互的接口。用户通过菜单、按钮等标准界面元素和鼠标操作,向计算机系统发出命令,启动操作,并将系统运行的结果以图形的方式显示给用户。

通过本模块的学习,能够:

- 设计 Swing 图形用户界面组件。
- 对图形用户界面组件进行布局管理。
- 处理图形用户界面组件事件。

本模块通过实现"银行 ATM 自动取款系统"图形界面,让读者掌握图形用户界面及事件处理相关知识在实际中的运用方法。

第 12 章

创建图形用户界面

- 图形用户界面的主要特征。
- AWT 组件的一般功能。
- Frame 类和 Panel 类的用法。
- 窗口布局管理。

✎ 学习目标

掌握图形用户界面(GUI)的组件构成,主要容器的功能及组件布局管理方法,能够运用 AWT 的基本组件设计图形用户界面。

图形用户界面(Graphics User Interface,GUI)提供了所见即所得的功能,方便了用户的操作,成为软件设计的通用标准。Java 语言提供了设计图形用户界面所需要的基本组件,这些组件全部包含在 java.awt 包中,利用这些组件可以设计出功能强大的 GUI 软件。

12.1 分析图形用户界面特征

抽象窗口工具包 AWT 是一组 Java 类,此组类允许创建图形用户界面(GUI)。java.awt 类库提供了设计 GUI 所需要的类和接口,GUI 通过键盘或鼠标响应用户的操作。java.awt 包中的类体系结构如图 12-1 所示。

可见,Java GUI 的基本组成部件是 Component 类及子类的对象,以图形的方式显示在屏幕上,并能与用户进行交互。一般的 Component 对象不能独立显示,需要放在某一个容器(Container)对象中,Container 是 Component 的子类,其对象可以容纳其他 Component 对象,通过 add 方法添加到容器中。

12.1.1 AWT 组件的一般功能

从图 12-1 可以看出,java.awt 包的核心类是 Component(组件)类,它是构成图形用户界面的基础,所有其他组件都是这个类派生出来的,但 Component 类是一个抽象类,不能直接使用,要通过其子类才能实例化。

Component 类定义了 AWT 组件的一般功能,包括四个方面:

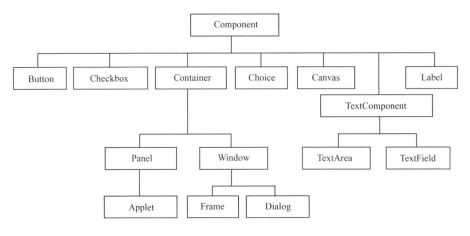

图 12-1　java.awt 包中的类体系结构

1.组件的大小和位置可以控制

组件的大小和位置都可以通过组件提供的一组方法来设置,例如,setSize()设置大小、setLocation()确定位置;也可以通过放置组件的容器(Container)的布局管理器指定,有关容器及布局管理器的内容稍后介绍。

2.组件的外形可以控制

通过以下方法可以设置组件的外形:setFont()设置字体、getFont()返回字体、setForeground()设置前景颜色、setBackground()设置背景颜色。

3.基本绘图功能的支持

通过一系列方法支持基本绘图功能。例如,paint()用于在屏幕上绘制图形或输出文本内容,repaint()通过调用 update()清除背景(更新)后重新绘图或输出文本。AWT 绘图系统通过一个单独的线程控制程序进行组件的绘制。

4.组件的状态可以控制

用于控制组件状态的方法包括:setEnable()设置本组件是否可以改变状态,isEnable()返回当前组件状态的可控制性,isVisible()设置当前组件是否可见。

Component 类的子类 Container(容器)用于存放 GUI 组件,具有组件管理和布局管理功能,包括组件管理的一些方法。例如,add()、remove()、getComponent()分别用于添加、移走、获得某个组件。

Panel(面板)和 Window(窗口)都是 Container 的子类,Applet 和 Frame(框架)是 Panel 和 Window 的子类,因此 Panel、Window、Applet、Frame 是四种常用的容器,Dialog(对话框)也是一种容器,用于放置 AWT 组件。要设计 GUI 程序,必须有容器,否则界面无法显示出来。

12.1.2　AWT 的基本组件

AWT 的基本组件主要包括:

1.Button:按钮,最常用的组件,用户通过单击该组件来执行特定的操作。如果需要单击按钮后有响应,则需要实现相关的鼠标事件。

2.Checkbox:检查框,也称复选框,系统提供一个或者一组选项,可以选择其中的一个,也可以选择多个或者全选,还可以一个都不选,只有选中和未选中两种状态。

3. RadioButton：单选按钮，意义是无线按钮，与复选框类似，也只有选中和未选中两种状态，系统提供一个或者一组选项，用户必须选择其中的一个，不可以选择多个也不可以不选，用于排斥性选择，如性别。AWT 并不直接提供 RadioButton 类，单选按钮的实现需要利用 Checkbox 和复选组 CheckboxGroup 两个类来完成。

4. Label：标签，是一种最简单的组件，用于输出文字信息，这些文字信息不可以修改。

5. Choice：选项框，又称为下拉列表框，系统可以提供许多选项，但任何时刻都只能显示其中的一项，也就是说用户只能选择一项。如果要改变选项，可以单击右边的下拉箭头，系统弹出全部选项，再选择其一。

6. List：列表框，可以让用户选择多个选项，系统提供的这组选项全部可见，如果选项数目超出了列表框可见区的范围，右边会出现滚动条和滚动箭头。

7. TextField：文本框，用于显示或者接收用户键盘输入的单行文本信息，不能显示多行，这行信息可以修改。

8. TextArea：文本区域，也称为文本区，用于显示或者接收用户键盘输入的多行文本信息，这些信息可以修改，行数可以设置。

9. Canvas：画布，也称为画板，是专门用来绘画的构件，它不能包含其他的构件，Canvas 类只提供一个方法，即 paint()方法。

10. Dialog：对话框，是一种特殊的窗口，可以包括若干组件，通常有确定、取消、应用等按钮，其大小不可以改变，也不可以最小化，但位置可以移动。

12.2　创建图形界面容器

容器 Container 与组件 Component 是 AWT 的核心内容，组件通常是 GUI 的可见部分，可以用 add 方法将组件加入容器，一个容器可以放多个组件，也可以放其他容器。容器是可以存放组件的区域，可在容器上进行绘制和着色，java.awt 包中的 Container 类可直接或间接派生出两个常用容器：框架（Frame）和面板（Panel）。

12.2.1　Frame 框架类

框架 Frame 是 Window 类的子类，是一个带边框的独立窗口，它独立于 Applet 和浏览器窗口。可以通过以下任一构造方法来创建：

（1）Frame()：创建一个没有标题的标准窗口。

（2）Frame(String Title)：创建一个含有标题的窗口，标题是由参数 Title 指定的。

当一个 Frame 窗口被创建以后，需要调用 setSize()方法来设置窗口的大小，并调用 setVisible(true)方法来显示窗口，Frame 类是 Window 类的子类。

【例 12-1】　框架的建立。

```
import java. awt. * ; //此包必须引入
public class MyFrame extends Frame{//继承 Frame 类
  public static void main(String args[]){
    MyFrame fr＝new MyFrame("Please see there! This is a frame");
    fr. setSize(400,200); //窗口大小为 400 * 200
```

```
        fr. setBackground(Color. blue)；//背景为蓝色
        fr. setVisible(true)；//设置窗口可见
    }
    public MyFrame(String str){///定义构造方法
        super(str)；//调用父类的构造方法
    }
}
```

运行结果如图 12-2 所示。

图 12-2　框架示例

在显示的窗口中,"最小化"和"最大化"按钮均有效,但"关闭"按钮无效,即窗口不能关闭,强行关闭 Eclipse 才能关闭此框架窗口。如果希望框架窗口能够利用"关闭"按钮正常关闭,需要先注册窗口监听器接口 WindowListener 并实现对应的抽象方法 windowClosing。

12.2.2　Panel 面板类

面板 Panel 是包含在窗口中的一个不带边框的区域,它不是一个单独的窗口,只是包含在窗口中的一个区域,是可以将许多组件组合起来的一种容器,必须将面板添加到窗体中才能正常显示出来。Applet 类是 Panel 类的一个子类。要在一个 Panel 中嵌套其他面板,用户只能创建一个新的 Panel,并把它加到窗体(如 Frame 或 Applet)中,就像用户加入其他 GUI 组件一样。面板无边框,不能单独使用。

面板的构造方法有:

(1)Panel():建立一个新面板,采用默认的布局管理器。

(2)Panel(LayoutManager layout):建立一个新面板,采用指定的布局管理器。

从构造方法可以看出,面板没有标题,它由布局管理器进行布局管理。

【例 12-2】　面板的建立。

```
import java. awt. * ;
class PanelTest extends Panel{
    public static void main(String args[]){
        PanelTest p=new PanelTest();
        Frame f=new Frame("将框架中添加面板示例!");
        f. add(p)；//将面板添加到框架窗体
        f. setSize(300,200)；
        f. setVisible(true)；
    }
}
```

运行结果如图 12-3 所示。

图 12-3　面板示例

【例 12-3】　以 Applet 为容器,左右各添加一个面板,并在左右两个面板中放置一些组件,程序代码如下:

```
import java.awt. * ;
import java.applet.Applet;
public class PanelDemo extends Applet{
    public void init(){
        setLayout(new BorderLayout()); //新建布局管理器实例
        setForeground(Color.red);
        add("North",new Label("这里是 Applet 区",Label.CENTER));//放北边
        Panel panel1=new Panel(); //建立第一个面板
        add("West",panel1); //放在西边,即左边
        panel1.setBackground(Color.blue);//背景为蓝色
        setForeground(Color.black);//前景为黑色
        panel1.setLayout(new BorderLayout());
        panel1.add("East",new Button("panel1 的东边"));
        panel1.add("West",new Button("panel1 的西边"));
        panel1.add("Center",new Button("Panel1 的中间"));
        Panel panel2=new Panel(); //建立第二个面板
        add("East",panel2);
        panel2.setBackground(Color.black);
        panel2.setLayout(new BorderLayout());
        panel2.add("North",new Button("Panel2 的北边"));
        panel2.add("South",new Button("Panel2 的南边"));
    }
}
```

运行结果如图 12-4 所示。

图 12-4　Applet 窗口中有两个面板

实际上,Applet 本身也是一个特殊的组件容器,性质与 Frame 相似,有边框,"关闭"按钮有效,可以添加面板和其他组件。此程序是个 Applet 小程序,只能编译不能直接执行,编译后,将字节码文件作为对象放入网页文件中,用浏览器打开网页文件即可。

12.3 布局图形界面组件

在 GUI 程序中,组件的位置是由容器的默认布局管理器布置的,当组件很多时,窗口会显得非常凌乱,用户可以通过窗口的缩放进行手工调整,但效果不会很好,最好的方法是运行窗口布局管理器实现自动管理。

Java 提供了五种布局管理器,对应的类被定义在 java.awt 包中,共有两种界面,见表 12-1。

表 12-1   布局管理器列表

界面类型	布局管理器 1	布局管理器 2
对应的类	FlowLayout 顺序布局管理器	BorderLayout 边界布局管理器
	GridLayout 网格布局管理器	CardLayout 卡片布局管理器
		GridBagLayout 网格包布局管理器

各种容器所默认的布局管理器见表 12-2,编程时如果需要改变默认布局管理器,可用 setLayout()方法。

表 12-2   各种容器所默认的布局管理器

容器类	默认的布局管理器
Container	null(空)
Panel 和 Applet	FlowLayout
Window	BorderLayout
Frame	BorderLayout
Dialog	BorderLayout

选择布局管理器的基本原则是:

1.如果要求尽量使用所有的空间来显示组件,可以考虑使用 BorderLayout 和 GridBagLayout。如果使用 BorderLayout,用户应该将占用空间最大的组件放在中心部位。如果使用 GridBagLayout,用户需要为组件设置限制条件。

2.如果需要在紧凑的一行中以组件的自然尺寸显示较少组件,用户可以考虑用面板容纳组件,并使用面板的缺省布局管理器 FlowLayout。

3.如果需要在多行或多列中显示一些同样尺寸的组件,GridLayout 最适合此情况。如果有必要的话,可以使用面板来放置组件。

12.3.1 FlowLayout 顺序布局管理器

FlowLayout 也称为流式布局管理器,其排版方式就像流程或文本处理器处理一段文字一样,常用于 CheckboxGroup 或 Checkbox 等组件的排列,它将组件逐个放置在容器的一行中,一行满后另起一行。

微课

FlowLayout 顺序
布局管理器

FlowLayout 的构造方法包括:

(1)public FlowLayout():建立默认布局。

(2)public FlowLayout(int align):设置对齐方法,对齐常量包括 FlowLayout. LEFT、FlowLayout. RIGHT、FlowLayout. CENTER。

(3)public FlowLayout(int align,int hgap,int vgap)：参数 hgap 和 vgap 表示组件的水平间距和垂直间距。

【例 12-4】 在框架中顺序排列四个按钮。

```
import java.awt.*;
public class TestFlowLayout{
    public static void main(String args[]){
        Frame f=new Frame("这是一个布局管理器");
        f.setLayout(new FlowLayout());
        f.add(new Button("第一个按钮"));
        f.add(new Button("第二个按钮"));
        f.add(new Button("第三个按钮"));
        f.add(new Button("第四个按钮"));
        f.setSize(300,300);
        f.setVisible(true);
    }
}
```

运行结果如图 12-5 所示。

图 12-5 顺序布局管理器

12.3.2 BorderLayout 边界布局管理器

BorderLayout 将容器分为东、南、西、北、中五个区域,按照上北下南左西右东的格局分布,各用一个方位单词表示,注意第一个字母是大写:

东:East、南:South、西:West、北:North、中:Center。

放置组件时,必须从这五种方向中选择其一以靠近窗口的边界,BorderLayout 最多放置五个组件,当少于五个时,没有放置组件的区域被相邻区域占用,Frame 和 Dialog 的默认布局管理器就是 BorderLayout。

【例 12-5】 边界布局管理器示例。

```
import java.awt.*;
public class TestBorderLayout{
    public static void main(String args[]){
        Frame f=new Frame("这是一个边界布局管理器");      //注意本句
        f.setLayout(new BorderLayout());
        f.add("North",new Button("第一个按钮"));           //放在北方
        f.add("West",new Button("第二个按钮"));            //放在西方
        f.setSize(300,300);f.setVisible(true);
    }
}
```

运行结果如图 12-6 所示。

图 12-6　边界布局管理器

从运行结果可以发现,按钮已经按照程序中指定的位置摆放了。

12.3.3　GridLayout 网格布局管理器

网格布局管理器用于将容器区域划分为一个矩形网格(区域),其组件按行和列排列,每个组件占一网格。

GridLayout 的构造方法包括:

(1)GridLayout():生成一个单列的网格布局。

(2)GridLayout(int row,int col):生成一个设定行数和列数的网格布局。

(3)GridLayout(int row,int col,int horz,int vert):可以设置组件之间的水平和垂直间隔。

创建网格布局管理器时,可以在程序中给出网格大小,即行数和列数。

【例 12-6】　在框架上添加 9 个按钮,按照 3 * 3 的格式放置。

```
import java.awt. * ;
public class GridLayoutExample{
    public static void main(String args[]){
        Frame f=new Frame("网格布局演示!");
        String str[]={"1","2","3","4","5","6","7","8","9"};
        // 声明按钮数组
        f.setLayout(new GridLayout(3,3));
        Button btn[]=new Button[str.length]; // 创建按钮数组
        for(int i=0;i<str.length;i++){
            btn[i]=new Button(str[i]);
            f.add(btn[i]);
        }
        f.setSize(300,200);
        f.setVisible(true);
    }
}
```

运行结果如图 12-7 所示。

图 12-7　网格布局管理器

　　从图 12-7 可以看出,网格每列的宽度都是一样的,这个宽度值等于容器的宽度除以网格的列数,网格每行的高度也是一样的,其值等于容器的高度除以网格的行数,组件被放入的次序决定了它所在的位置,每行网格从左到右依次填充,一行用完后转入下一行。与边界布局管理器相同,当容器大小改变时,容器中的组件大小会自动改变,但组件的相对位置固定,不会变化。

技能训练 10　创建图形界面

一、目的

　　1. 掌握 JFrame 容器的使用。
　　2. 掌握 JPanel 容器的使用。
　　3. 掌握主要布局管理器的用法。
　　4. 掌握主要 Swing 组件的用法。
　　5. 培养良好的编码习惯。

二、内容

1. 任务描述

　　(1)创建标题为"基本 GUI 编程"的窗口,并设置窗体的相关属性值。
　　(2)模拟实现 ATM 系统的数字面板。当单击面板上的数字时,将内容显示在上面的输入框中,当单击【确定】或【取消】按钮时,弹出一个消息框,如图 12-T-1 所示。

图 12-T-1　数字面板输入

2. 实训步骤

　　(1)打开 Eclipse 开发工具,新建一个 Java Project,项目名称为 Ch12Train,项目的其他设置采用默认设置。注意当前项目文件的保存路径。
　　(2)在 Ch12Train 项目中添加类名为 FirstJFrame 的类,继承自 JFrame。代码如下:

```
import javax.swing.JFrame;
/**
 * 创建一个窗体,设置窗体的标题和大小
 */
public class FirstJFrame extends JFrame{
  public FirstJFrame(){
```

```
    //设置关闭窗体时销毁对象
    this.setDefaultCloseOperation(EXIT_ON_CLOSE);
    // 设置窗体的标题
    this.setTitle("基本 GUI 编程");
    //设置窗体的大小
    this.setSize(200,200);
    //设置窗体位置
    this.setLocationRelativeTo(this);
    //禁止窗体放大
    this.setResizable(false);
  }
  public static void main(String[] args){
    //创建窗体对象
    FirstJFrame frm＝new FirstJFrame();
    //显示窗体
    frm.setVisible(true);
  }
}
```

(3)编译运行该程序,运行结果如图 12-T-2 所示。

图 12-T-2　FirstJFrame.java 运行结果

(4)在上面的 JFrame 窗体中加入一面板 JPanel,设置面板的尺寸为(80,80),背景色为绿色。代码如下:

```
import java.awt.Color;
import javax.swing.JFrame;
import javax.swing.JPanel;
/**
 * 创建一个窗体,设置窗体的标题和大小
 */
public class FirstJFrame extends JFrame{
  public FirstJFrame(){
    //设置关闭窗体时销毁对象
    this.setDefaultCloseOperation(EXIT_ON_CLOSE);
    // 设置窗体的标题
    this.setTitle("基本 GUI 编程");
    //设置窗体的大小
```

```
        this.setSize(300,200);
        //设置窗体位置
        this.setLocationRelativeTo(this);
        //禁止窗体放大
        this.setResizable(false);
        //在当前窗体中加入一个JPanel,大小(80,80),背景色为绿色
        Panel panel=new JPanel();
        this.setLayout(null);   //取消默认布局管理器
        panel.setSize(80,80);
        panel.setLocation(20,20);
        panel.setBackground(Color.green);
        this.add(panel);
    }
    public static void main(String[] args){
        //创建窗体对象
        FirstJFrame frm=new FirstJFrame();
        //显示窗体
        frm.setVisible(true);
    }
}
```

(5)将程序保存,编译运行该程序,运行结果如图 12-T-3 所示。

图 12-T-3　FirstJFrame.java 加入面板后的运行结果

(6)实现数字面板的代码如下:

```
import java.awt.BorderLayout;
import java.awt.GridLayout;
import java.awt.event.ActionEvent;
import java.awt.event.ActionListener;
import javax.swing.*;
/**
 * 模拟实现数字面板输入
 */
public class FrmKeyboard extends JFrame implements ActionListener{
    private static final String[] keyTxts={"1","2","3","取消","4","5",
        "6","","7","8","9","",".","0","00","确定"};
    private static final String CMD_INPUT="CMD_INPUT";
    private static final String CMD_CANCEL="Cancel";
```

```java
private static final String CMD_OK="Ok";
private static final String[] keyCmds={
CMD_INPUT,CMD_INPUT,CMD_INPUT,CMD_CANCEL,
CMD_INPUT,CMD_INPUT,CMD_INPUT,"",
CMD_INPUT,CMD_INPUT,CMD_INPUT,"",
CMD_INPUT,CMD_INPUT,CMD_INPUT,CMD_OK};
private JTextField tfInput;
public FrmKeyboard(){
    JPanel keyboard=new JPanel();
    keyboard.setLayout(new GridLayout(4,4,5,5));
    for(int i=0;i < keyTxts.length;i++){
        JButton jb=new JButton(keyTxts[i]);
        jb.addActionListener(this);
        if(keyCmds[i]!=""){
            jb.setActionCommand(keyCmds[i]);
        }
        keyboard.add(jb);
    }
    tfInput=new JTextField();
    this.add(tfInput,BorderLayout.PAGE_START);
    this.add(keyboard,BorderLayout.CENTER);
    this.setDefaultCloseOperation(EXIT_ON_CLOSE);
    this.setTitle("请使用数字面板输入");
    this.setLocationRelativeTo(null);
    this.setSize(280,280);
    this.setVisible(true);
}
public void actionPerformed(ActionEvent e){
    String cmd=e.getActionCommand();
    //使用数字面板进行输入
    if(CMD_INPUT.equals(cmd)){
        JButton jb=(JButton) e.getSource();
        tfInput.setText(tfInput.getText()+jb.getText());
    } else if(CMD_OK.equals(cmd)){
        JOptionPane.showMessageDialog(this,"你单击了确定按钮!");
    }
    else if(CMD_CANCEL.equals(cmd)){
        JOptionPane.showMessageDialog(this,"你单击了取消按钮!");
    }
}
public static void main(String[] args){
    new FrmKeyboard();
}
}
```

3. 任务拓展

编写代码，使用按钮排出 BorderLayout 布局的五个方向，界面如图 12-T-4 所示。

图 12-T-4 边界布局图

代码如下：

```java
import java.awt.BorderLayout;
import java.awt.FlowLayout;
import javax.swing.JButton;
import javax.swing.JFrame;
public class BorderJFrame extends JFrame{
    public BorderJFrame(){
        //设置关闭窗体时销毁对象
        this.setDefaultCloseOperation(EXIT_ON_CLOSE);
        //设置标题
        this.setTitle("BorderLayout 布局");
        this.setSize(300,200);
        this.setLocationRelativeTo(this);
        //边框布局
        this.setLayout(new BorderLayout());
        //创建 5 个按钮对象
        JButton btn1=new JButton("北");
        JButton btn2=new JButton("南");
        JButton btn3=new JButton("中");
        JButton btn4=new JButton("西");
        JButton btn5=new JButton("东");
        //将按钮添加到不同的区域
        this.add(btn1,BorderLayout.NORTH);
        this.add(btn2,BorderLayout.SOUTH);
        this.add(btn3,BorderLayout.CENTER);
        this.add(btn4,BorderLayout.WEST);
        this.add(btn5,BorderLayout.EAST);
    }
    public static void main(String[] args){
        BorderJFrame frm=new BorderJFrame();
        frm.setVisible(true);
    }
}
```

4.思考题

运行上面的程序,思考下面的问题:

(1)如果将"this.add(btn4,BorderLayout.WEST);"语句注释后程序的运行结果会怎样?

(2)如果在中间的位置不安排部件,程序的运行结果是怎样的呢?

(3)如何将调整窗口组件间的横向和纵向间距为 10 个像素?

(4)根据上面对 BorderLayout 布局管理器的学习,编写一个程序,使界面如图 12-T-5 所示。

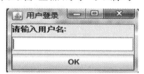

图 12-T-5 运行结果

三、独立实践

编写程序,实现如图 12-T-6 所示的界面(图中的按钮类型为 JButton 类型,面板类型为 JPanel,输入框为 JTextField,密码框为 JPasswordField,需将 javax.swing.*包引进来)。

图 12-T-6 小键盘界面

提示:此题要用到布局管理器的组合。

 习 题

一、简答题

1.什么是 AWT? AWT 的基本思想是什么?

2.容器主要有哪些作用? Java 中有哪些常见的容器? 它们之间有什么异同?

3.布局管理器的作用是什么? Java 提供了哪几种布局管理器?

4.设计和实现图形用户界面的主要工作有哪些?

5.简述 Frame 和 Panel 的异同。

6.AWT 的基本组件有哪些? 一般有哪些功能?

7.流式布局与网格布局有什么不同?

二、编程题

1.编写代码,创建标题为"基本 GUI 编程"的窗口。

2.编写代码,创建标题为"使用面板的基本 GUI 编程"的面板。

第13章

处理图形界面组件事件

- JDK 事件处理模型。
- 事件监听器。
- 事件适配器。
- AWT 和 Swing 主要组件。

学习目标

掌握 AWT 的功能,主要组件的应用方法,窗口的布局管理方法,窗口事件处理过程,能够运用 AWT 和 Swing 组件设计图形用户界面。

图形用户界面提供了所见即所得的功能,方便了用户的操作,成为软件设计的通用标准。Java 语言提供了设计图形用户界面所需要的基本组件,这些组件全部包含在 java.awt 包中,利用这些组件可以设计出功能强大的 GUI 软件。本章介绍 AWT 组件和布局管理器的基本用法、事件响应机制、监听器和适配器、主要窗口组件,通过 ATM 项目的实现,掌握组件的应用。

13.1 AWT 事件处理过程

Java 程序在运行过程中,用户通过界面进行某个操作时,会引发一个相应的事件(Event),事件就是描述用户所执行操作的一个数据对象。事件的来源就是用户的操作,如鼠标和键盘动作,而事件处理是由相应的处理程序完成的,每个 AWT 组件和容器都有自己的处理程序,当用户在组件上操作时,AWT 事件处理系统会生成一个事件对象,并将该对象传给对应的组件或容器,然后由事件处理程序处理。

13.1.1 JDK 事件处理模型

1. 有关事件的概念

(1) 事件:通常当用户在用户接口上进行某种操作时,例如,按下键盘上的某个键或移动鼠标,均会引发一个事件。事件是用来描述所发生事情的对象,对应用户操作的不同种类有不同类型的事件类与之对应。

(2)事件源:指一个事件的产生者。例如,当在一个按钮上单击鼠标时就会产生一个 ActionEvent 事件,事件源就是该按钮。通过 ActionEvent 对象的有关方法可以获得该事件的有关信息,例如:

①getActionCommand:返回与用户操作有关的命令名,若用鼠标单击按钮,返回的是按钮上的标签名。

②getModifiers:返回与用户操作有关的修饰符,常用于判别用户在操作时是否按下了 Ctrl 和 Shift 等键。

(3)事件处理方法 Event handler:能够接受解析和处理事件类对象,实现和用户交互的方法。

(4)事件处理者往往是一个方法,接受一个事件对象,并进行相应的处理。

(5)事件监听器 Event listener:调用事件处理方法的对象。

举个例子说明事件处理机制:总统专机 A1(事件源)受到恐怖分子(用户)袭击,会自动发出警报 E1(事件),警报由飞行控制中心(运行时系统)接受后,立即转发给护航的战斗机 F1(事件监听器),F1 采取紧急措施(调用事件处理方法)。

2. JDK 的事件模型

JDK 采用委托代理模型(Delegation Model),其原理是:当事件产生时,该事件被送到产生该事件的组件去处理,而要能够处理这个事件,该组件必须注册(Register)与该事件有关的一个或多个被称为 listeners 监听器的类,这些类包含了相应的方法来接受事件并对事件进行处理,包括如下处理过程:

(1)确定事件源。图形界面上的每个可能产生事件的组件,称为事件源,在不同事件源上发生的事件的种类不同。

(2)注册事件源。如果希望事件源上发生的事件能够被程序处理,就要把事件源注册给能够处理该事件源上那种类型事件的事件监听者。监听者属于一个类的实例,这个类实现了一个特殊的接口,名为"监听者接口"。

(3)委托处理事件。当事件源上发生监听者可以处理的事件时,事件源把这个事件作为实际参数传递给监听者中负责处理这类事件的方法,该方法根据事件对象中的封装信息来确定如何响应这个事件。

在这种模式中,事件的产生者和事件的处理者分离开了,它们可以是不同的对象。事件的处理者,即那些监听者 listener,是一些实施了 Listener 接口的类。当事件传到登记的 listener 时,该 listener 中必须有相应的方法来接受这类事件并进行处理。

如果一个组件没有注册监听者,则它产生的事件就不会被传递。下面是这种事件处理模式的一个简单的例子。

```
import java.awt. * ;
import java.awt.event. * ; //此包提供事件响应的有关类
public class TestButton implements ActionListener{//实现监听器接口
    public static void main(String args[]){
        Frame f=new Frame("Test");
        Button b=new Button("请按这里!"); //建立按钮
        b.addActionListener(new ButtonHandler()); //给按钮注册监听器
        f.add(b,"Center"); //将按钮放在框架的中间
        f.pack(); //压缩框架中的多余空间
        f.setVisible(true);
    }
```

```
public void actionPerformed(ActionEvent e){///实现监听器对应的抽象方法
    System. out. println("按钮被单击了!");
  }
}
```

上例中,addActionListener(ActionListener)是 Button 类的方法,当一个 Button 对象创建时,可通过该方法来登记一个用于处理 ActionEvent 事件的 listener,该方法的参数对应这种 listener 的一个实例。另外,listener 实施的接口 ActionListener 中只定义了一个抽象方法 actionPerformed,该方法能接受一个 ActionEvent 类型的对象,并对它进行处理。

13.1.2　事件监听器

事件源是一个生成事件的对象,一个事件源可能会生成不同类型的事件,它提供了一组方法,用于为事件注册一个或多个监听器。

每种类型的事件都有其自己的注册方法。一般形式为:

public void add<EventType>Listener(EventTypeListener e)

其中 EventType 表示事件类型,而 EventTypeListener 表示事件监听器类型,每一个事件对应的监听器由系统规定。

AWT 事件处理采用监听器机制,监听器对象属于一个类的实例,这个类实现了一个特殊的接口,名为"监听者接口"。

事件源是一个对象,它可以注册一个或多个监听器对象,并向其发送事件对象。事件源将在发生事件时,向所有注册的监听器发送事件对象。监听器对象使用事件对象中的信息来确定它们对事件的响应。

1. AWT 的事件类型及其监听器

(1)WindowEvent 窗口事件

引发原因:有关窗口操作引发。

事件监听接口:WindowListener。

接口方法包括七种,它们都必须全部实现。

①windowActivated(WindowEvent e)　　　//激活窗口
②windowClosed(WindowEvent e)　　　//调用 dispose 方法关闭窗口
③windowClosing(WindowEvent e)　　　//试图利用窗口关闭框关闭窗口
④windowDeactivated(WindowEvent e)　　　//本窗口成为非活动窗口
⑤windowDeiconified(WindowEvent e)　　　//窗口从最小化恢复为普通窗口
⑥windowIconified(WindowEvent e)　　　//窗口变为最小化图标
⑦windowOpened(WindowEvent e)　　　//当窗口第一次打开成为可见时

接口适配器:WindowAdapter。

组件注册该事件方法:addWindowListener(监听者)。

说明:

实现关闭窗口的方法一般形式是:

public void windowClosing(WindowEvent e){System. exit(0);}

(2)ActionEvent 活动事件

引发原因:单击按钮,双击列表框中的选项,选择菜单项,文本框中的回车。

事件监听接口:ActionListener。

接口方法:actionPerformed(ActionEvent e)。

组件注册该事件方法:addActionListener(监听者)。

(3)TextEvent 文本事件

引发原因:文本框或文本区域内容改变。

事件监听接口:TextListener。

接口方法:textValueChanged(TextEvent e)。

组件注册该事件方法:addTextListener(监听者)。

(4)ItemEvent 选项事件

引发原因:改变列表框中的选中项、复选框选中状态、下拉菜单的选中项。

事件监听接口:ItemListener。

接口方法:itemStateChanged(ItemEvent e)。

组件注册该事件方法:addItemListener(监听者)。

(5)AdjustmentEvent 调整事件

引发原因:操作滚动条改变滑块位置。

事件监听接口:AdjustmentListener。

接口方法:adjustmentValueChanged(AdjustmentEvent e)。

组件注册该事件方法:addAdjustmentListener(监听者)。

(6)KeyEvent 键盘事件

引发原因:敲完键(KEY-TYPED)、按下键(KEY-PRESSED)、释放键(KEY-RELEASE)。

事件监听接口:KeyListener。

接口方法包括三种:

①keyPressed(KeyEvent e)   //键已被按下时调用

②keyReleased(KeyEvent e)   //键已被释放时调用

③keyTyped(KeyEvent e)   //键已被敲完时调用

KeyEvent 方法:char ch=e. getKeyChar();

事件监听适配器(抽象类):KeyAdapter。

组件注册该事件方法:addKeyListener(监听者)。

(7)MouseEvent 事件

引发原因:鼠标作用在一个组件上。

鼠标事件:鼠标键按下,鼠标键抬起,单击鼠标,鼠标光标进入一个组件,鼠标光标离开一个组件。

鼠标移动事件:鼠标移动,鼠标拖动。

鼠标事件监听接口 1:MouseListener //接受鼠标事件

该接口方法包括三种:

①mouseClicked(MouseEvent e)   //鼠标单击一个组件

②mouseEntered(MouseEvent e)   //鼠标光标进入一个组件

③mouseExited(MouseEvent e)   //鼠标光标离开一个组件

鼠标事件监听适配器(抽象类):MouseAdapter。

鼠标事件监听接口 2:MouseMotionListener //接受鼠标移动事件

该接口方法包括两种:

①mouseMoved(MouseEvent e)   //鼠标光标在组件上移动

②mouseDragged(MouseEvent e)　　//用鼠标拖动一个组件

鼠标移动事件监听适配器:MouseMotionAdapter。

组件注册鼠标事件方法:addMouseListener(监听者)。

组件注册鼠标移动事件方法:addMouseMotionListener(监听者)。

MouseEvent 方法:

①e. getClickCount()　　　　　　　//=1 单击,=2 双击

②Point e. getPoint()　　　　　　　//取鼠标光标位置

③int e. getX()和 int e. getY()　　　//取鼠标光标位置

e. getModifiers() =e. BUTTON1_MASK　//鼠标左键

　　　　　　　　=e. BUTTON3_MASK　//鼠标右键

(8)FocusEvent 焦点事件

引发原因:

①组件获得焦点,发生在激活当前窗口并使当前组件成为活动组件时。

②组件失去焦点,发生在当前组件发生变化或者窗口成为非活动窗口时。

事件监听接口:FocusListener。

接口方法包括两种:

①focusGained(FocusEvent e)　　　//组件获得焦点时调用

②focusLost(FocusEvent e)　　　　//组件失去焦点时调用

接口适配器:FocusAdapter。

组件注册该事件方法:addFocusListener。

(9)ComponentEvent 组件事件

引发原因:当组件移动、改变大小、改变可见性时引发。

事件监听接口:ComponentListener。

接口方法包括三种:

①componentHidden(ComponentEvent e)　　//组件隐藏

②componentMoved(ComponentEvent e)　　//组件移动

③componentResized(ComponentEvent e)　　//组件改变大小

④componentShown(ComponentEvent e)　　//组件变为可见

接口适配器:ComponentAdapter。

组件注册该事件方法:addComponentListener。

(10)ContainerEvent 容器事件

引发原因:当容器内增加或移走组件时引发。

事件监听接口:ContainerListener。

接口方法包括两种:

①componentAdded(ContainerEvent e)　　//容器内加入组件

②componentRemoved(ContainerEvent e)　　//从容器中移走组件

接口适配器:ContainerAdapter。

组件注册该事件方法:addContainerListener。

表 13-1 将事件类、相应监听器接口和监听器接口中的抽象方法进行了总结。

表 13-1   事件类、相应监听器接口、监听器接口中的抽象方法的对应关系

序 号	事件类	相应监听器接口	监听器接口中的抽象方法
1	ActionEvent	ActionListener	actionPerformed(ActionEvent)
2	AdjustmentEvent	AdjustmentListener	adjustmentValueChanged(AdjustmentEvent)
3	ComponentEvent	ComponentListener	componentMoved(ComponentEvent) componentHidden(ComponentEvent) componentResized(ComponentEvent) componentShown(ComponentEvent)
4	ItemEvent	ItemListener	itemStateChanged(ItemEvent)
5	FocusEvent	FocusListener	focusGained(FocusEvent) focusLost(FocusEvent)
6	KeyEvent	KeyListener	keyPressed(KeyEvent) keyReleased(KeyEvent) keyTyped(KeyEvent)
7	MouseEvent	MouseListener	mouseEntered(MouseEvent) mouseExited(MouseEvent) mouseClicked(MouseEvent)
		MouseMotionListener	mouseDragged(MouseEvent) mouseMoved(MouseEvent)
8	ContainerEvent	ContainerListener	componentAdded(ContainerEvent) componentRemoved(ContainerEvent)
9	TextEvent	TextListener	textValueChanged(TextEvent)
10	WindowEvent	WindowListener	windowClosing(WindowEvent) windowOpened(WindowEvent) windowIconified(WindowEvent) windowDeiconified(WindowEvent) windowClosed(WindowEvent) windowActivated(WindowEvent) windowDeactivated(WindowEvent)

2. 事件类与事件源的对应关系

事件类与事件源的对应关系见表 13-2。

表 13-2   事件类与事件源的对应关系

序 号	事件类	功 能	事件源
1	ActionEvent	通常单击按钮,双击列表项或选中一个菜单项,文本框回车时,就会生成此事件	Button、List MenuItem TextField
2	AdjustmentEvent	操纵滚动条或者调整值时会生成此事件	Scrollbar
3	ComponentEvent	当组件移动、调整大小或改变可见性时会生成此事件	Component
4	ItemEvent	单击复选框或列表项时,或者当一个选择框或一个可选的菜单项被选择或取消时生成此事件	Checkbox CheckboxMenuItem Choice、List

（续表）

序　号	事件类	功　　能	事件源
5	FocusEvent	组件获得或失去焦点时会生成此事件	Component
6	KeyEvent	接收到键盘输入时会生成此事件	Component
7	MouseEvent	拖动、移动、单击、按下或释放鼠标或在鼠标进入或离开一个组件时，会生成此事件	Component
8	ContainerEvent	将组件添加至容器或从中删除时会生成此事件	Container
9	TextEvent	在文本区或文本域的文本改变时会生成此事件	TextField TextArea
10	WindowEvent	当一个窗口激活、关闭、失效、恢复、最小化、打开或退出时会生成此事件	Window

处理 Java 的 GUI 事件需要分三步：

第一步：定义类时用 implements 子句加入事件的监听器接口。

第二步：向事件源（组件）注册事件监听器（add 方法）。

第三步：实现监听器接口对应的抽象方法，即编写处理事件的代码。

【例 13-1】　监听器应用举例，单击按钮发出声音，并使窗口的关闭按钮生效。

```
import java.awt. * ;
import java.awt.event. * ;
public class ButtonSound implements ActionListener,WindowListener{
    //类 ButtonSound 同时实现两种监听器
    Frame f;
    Button b;
    public static void main(String args[]){
        ButtonSound bs＝new ButtonSound();
        bs.go();}
    public void go(){
        f＝new Frame("监听器使用实例");
        f.addWindowListener(this);//给框架注册窗口监听器
        b＝new Button("单击这里发出声音");
        f.add(b);
        b.addActionListener(this);//给按钮注册活动事件监听器
        f.setVisible(true);
        f.setSize(300,200);}
    public void actionPerformed(ActionEvent e){
        // actionPerformed 是 ActionListener 监听器对应的抽象方法
        Toolkit.getDefaultToolkit().beep();}　//发声命令
        //以下实现窗口监听器 WindowListener 的所有抽象方法
    public void windowActivated(WindowEvent e){}
    public void windowClosed(WindowEvent e){}
    public void windowDeactivated(WindowEvent e){}
    public void windowDeiconified(WindowEvent e){}
    public void windowIconified(WindowEvent e){}
    public void windowOpened(WindowEvent e){}
```

public void windowClosing(WindowEvent e){System. exit(0);}

}

运行结果如图 13-1 所示,此程序执行时,可以用窗口上的关闭按钮关闭窗口,单击窗口中的按钮可以发出"咚"的声音。

图 13-1   例 13-1 程序的运行结果

13.1.3   事件适配器

前面已经提到,监听器中的抽象方法在程序中都必须实现才可以正常运行,即使内容为空也不能省略。在 GUI 中,窗口和框架是必不可少的,而窗口事件有七个方法,程序中真正用到的可能只是其中一部分,每次都要写几个空方法非常麻烦。

例如,对于鼠标事件,在 MouseListener 接口中声明了五个方法,需要逐一实现:
MouseClicked(MouseEvent e)、MouseEntered(MouseEvent e)、MouseExited(MouseEvent e)、MouseReleased(MouseEvent e)、MousePressed(MouseEvent e)。

为了简化代码编写,Java 提供了一个称为适配器的类。在适配类中系统自动实现了相应接口中的全部方法,但内容都是空。例如,与 MouseListener 接口对应的适配器为 MouseAdapter,其定义是:

public abstract class MouseAdapter implements MouseListener{

　　public void mouseClicked(MouseEvent e){}

　　public void mouseEntered(MouseEvent e){}

　　public void mouseExited(MouseEvent e){}

　　public void mouseReleased(MouseEvent e){}

　　public void mousePressed(MouseEvent e){}

}

创建新类时,就不必再实现全部方法了,只要继承适当的适配器,并且覆盖所关心的事件处理方法即可。有两种以上抽象方法的监听器都有相应的适配器,其名称是 XXXAdapter,XXX 是事件名称,表 13-3 反映了监听器与适配器的对应关系。

表 13-3   监听器与适配器的对应关系

序　号	监听器名称	适配器
1	ComponentListener	ComponentAdapter
2	ContainerListener	ContainerAdapter
3	FocusListener	FocusAdapter
4	KeyListener	KeyAdapter
5	MouseListener	MouseAdapter
6	MouseMotionListener	MouseMotionAdapter
7	WindowListener	WindowAdapter

【例 13-2】　用适配器实现窗口的关闭。

```java
import java.awt. * ;
import java.awt.event. * ;
//以下同时注册适配器和监听器
class ButtonExample extends WindowAdapter implements ActionListener{
    Frame f;Button b;
    public static void main(String args[]){
        ButtonExample be＝new ButtonExample();
        be.init();}
    public void init(){
        f＝new Frame("适配器例题");
        b＝new Button("按这里有声音");
        b.addActionListener(this);
        //注册 ActionListener,它只有一个抽象方法,没有对应的适配器
        f.add(b,"South");
        f.addWindowListener(this); //注册容器监听器
        f.setSize(300,300);f.setVisible(true);
    }
    public void actionPerformed(ActionEvent e){//实现 ActionListener 的抽象方法
        Toolkit.getDefaultToolkit().beep();}
    public void windowClosing(WindowEvent e){System.exit(0);}
    //只实现了 windowListener 的一个抽象方法,其他方法由适配器实现
}
```

程序运行时可以利用窗口上的关闭按钮来关闭窗口,比例 13-1 简单多了。

说明:由于 Java 的单一继承机制,因此当需要多种适配器或此类已有父类时,就无法采用事件适配器了。

13.2　AWT 基本组件

Java 语言提供了设计图形用户界面所需的基本组件,这些组件全部包含在 java.awt 包中,同时也提供了 Swing 高级组件,这些组件全部包含在 javax.swing 包中,是 Java 基础类库的一个组成部分,利用以上组件可以设计出功能强大的 GUI 软件。组件是构成 GUI 的基本要素,通过对不同事件的响应来完成人机交互或者组件之间的交互,组件一般作为一个对象放置在容器中,容器就是容纳和排列组件的对象,如 Applet、Panel、Frame 等,容器利用 add 方法将组件加入进来。

13.2.1　Label 标签

标签用于显示单行字符串,通常用来指明项目的用途和一些提示性、说明性的文字,标签内容不可以被用户编辑,只能显示。

1. 构造方法

(1)Label():新建一个空标签。

(2)Label(String labeltext):新建一个包含给定文本的标签。

（3）Label(String labeltext,int alignment)：新建一个包含给定文本和对齐方式的标签，对齐方式可以为 Label. LEFT、Label. RIGHT 或 Label. CENTER，分别表示左对齐、右对齐和居中，字母为大写。

2. 常用方法

（1）public int getAlignment()：返回对齐方式。

（2）public String getText()：返回标签上的文字。

（3）public void setAlignment(int alignment)：设置对齐方式。

（4）public void setText(String label)：设置标签上的文字。

【例 13-3】 标签的使用。

```
import java. awt. * ;
public class LabelDemo{
    public static void main(String args[]){
        Frame f;
        Label l1,l2,l3;
        f=new Frame("标签示例");
        f. setLayout(new GridLayout(3,1,30,30));
        l1=new Label("This is Label1");
        l2=new Label("This is Label2");
        l3=new Label("This is Label3");
        f. add(l1);f. add(l2);f. add(l3);
        f. setSize(300,200);f. setVisible(true);
    }
}
```

运行结果如图 13-2 所示。

图 13-2　标签的使用

13.2.2　Button 按钮

用户单击按钮时，AWT 事件处理系统将向按钮发送一个 ActionEvent 事件对象，如果应用程序需要对此做出响应，就必须为按钮注册事件监听器 ActionListener 并实现 actionPerformed 方法。

微 课

Button 按钮事件

1. 构造方法

（1）public Button()：建立一个无标签的按钮。

（2）public Button(String label)：建立一个有标签的按钮。

2. 常用方法

（1）public String getLabel()：返回按钮标签。

（2）public void setLabel(String label)：设置按钮标签。

创建一个按钮对象后,用 add 方法放到面板上,并为按钮连接一个事件监听器 addActionListener(this),并使用以下语句导入事件包。

```
import java.awt.event. * ;
```

【例 13-4】　建立一个按钮"请按这里",单击此按钮交替显示文本"您按下了奇数次按钮"和"您按下了偶数次按钮"。

```
import java.awt. * ;
import java.awt.event. * ;
class ButtonDemo extends WindowAdapter implements ActionListener{
    Frame f;Button b;TextField tf;int flag=0;
    public static void main(String args[]){
        ButtonDemo bt=new ButtonDemo();
        bt.init();}
    public void init(){
        f=new Frame("按钮例题");
        b=new Button("请按这里");
        b.addActionListener(this); //this 代表对象 bt
        f.add(b,"South");
        tf=new TextField();
        f.add(tf,"Center");
        f.addWindowListener(this);
        f.setSize(300,300);f.setVisible(true);
    }
    public void actionPerformed(ActionEvent e){
        String s1="您按下了奇数次按钮";
        String s2="您按下了偶数次按钮";
        if(flag==0){tf.setText(s1);flag=1;}
        else{tf.setText(s2);flag=0;}
    }
    public void windowClosing(WindowEvent e){
        System.exit(0);
    }
}
```

运行结果如图 13-3 所示。

图 13-3　按钮示例

【例 13-5】　在例 13-4 的基础上,放置两个按钮,实现对两个按钮的同时监听,用户按不同的按钮,显示不同的提示信息。

```
import java.awt. * ;
import java.awt.event. * ;
class Button2Demo extends WindowAdapter implements ActionListener{
```

```
Frame f;Button b1,b2;Label l;
int flag=0; //设置的标记,用于切换标签的显示内容
public static void main(String args[]){
    Button2Demo bt=new Button2Demo();
    bt.init();}
public void init(){
    f=new Frame("按钮例题");
    b1=new Button("button1");
    b1.addActionListener(this);    //第一个按钮注册监听器
    b2=new Button("button2");
    b2.addActionListener(this);    //第二个按钮注册监听器
    f.add(b1,"South");  //第一个按钮放在南边
    f.add(b2,"North");  //第二个按钮放在北边
    l=new Label();
    f.add(l,"Center");  //标签放在窗口的中间
    f.addWindowListener(this);
    f.setSize(300,300);f.setVisible(true);
}
public void actionPerformed(ActionEvent e){
    String s1="您按下了奇数次按钮";
    String s2="您按下了偶数次按钮";
    if(e.getSource()==b1){s1+=",您当前按下的按钮是第 1 个";s2+=",您当前按下的按钮是第
    1 个";}   //如果按下的是第一个按钮
    if(e.getSource()==b2){s1+=",您当前按下的按钮是第 2 个";s2+=",您当前按下的按钮是第
    2 个";}   //如果按下的是第二个按钮
    if(flag==0){l.setText(s1);flag=1;}
        else{l.setText(s2);flag=0;}
    }
public void windowClosing(WindowEvent e){   //使窗口的关闭按钮生效
    System.exit(0);
    }
}
```

运行结果如图 13-4 所示。

图 13-4 两个按钮同时被监听

13.2.3 Checkbox 复选框

复选框也称检查框,表示在一组选项中可以选择 0 个或者一个或者多个或者全部;用户对复选框的操作引发 ItemEvent 选项事件,此事件需要由实现了 ItemListner 接口的类处理,在

ItemEvent 类中定义了 getStateChange()即获取状态改变方法,以判断复选框是否选中,并返回常量 Item. DESELECTED(没有被选中)或 Item. SELECTED(已经被选中),方法 getItem()返回标签内容。

1. 构造方法

(1)public Checkbox():无标签,初始状态为"关"。

(2)public Checkbox(String label):有标签,初始状态为"关"。

(3)public Checkbox(String label,boolean state):有标签,初始状态值由 state 决定。

(4)public Checkbox(String label,boolean state,CheckboxGroup group):构造具有指定标签的 Checkbox,并设置初始状态,使它处于指定复选框组中。

例如:

Checkbox one＝new Checkbox();

Checkbox two＝new Checkbox("标尺");

Checkbox three＝new Checkbox("标尺",false);

2. 常用方法

(1)addItemListener(ItemListener l):添加指定的项侦听器,以接收来自此复选框的项事件。

(2)getCheckboxGroup():确定此复选框的组。

(3)getLabel():获取此复选框的标签。

(4)getState():确定此复选框是处于"开"状态,还是处于"关"状态。

(5)removeItemListener(ItemListener l):移除此项侦听器,这样项侦听器将不再接收来自此复选框的选项事件。

(6)setCheckboxGroup(CheckboxGroup g):将此复选框的组设置为指定复选框组。

(7)setLabel(String label):将此复选框的标签设置为字符串。

(8)setState(boolean state):将此复选框的状态设置为指定状态。

【例 13-6】　复选框综合应用,设计三个复选框,实现对它们的全部监听,并将各个复选框的选中状态显示在文本区域中。如图 13-5 所示。

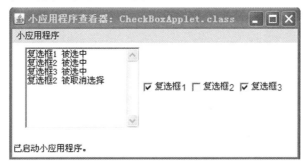

图 13-5　多复选框状态的监听

此题的编程关键有三个:(1)如何实现全部组件的同时监听;(2)如何识别复选框的状态;(3)如何对四个组件进行布局管理。

```
import java. awt. * ;
import java. applet. * ; //采用 applet 小程序,需要在网页文件中运行
public class CheckBoxApplet extends Applet{
    TextArea ta＝new TextArea(6,20);
```

```
Checkbox cb1＝new Checkbox("复选框 1");
Checkbox cb2＝new Checkbox("复选框 2");
DCheckbox cb3＝new Checkbox("复选框 3");
public void init(){
    add(ta);add(cb1);add(cb2);add(cb3);
}
public boolean action(Event e,Object o){
    if(e. target. equals(cb1)) trace("1",cb1. getState());
    else if(e. target. equals(cb2)) trace("2",cb2. getState());
    else if(e. target. equals(cb3)) trace("3",cb3. getState());
    else return super. action(e,o);
    return true;
}
void trace(String b,boolean state){
    if(state) //如果当前复选框被选中
        ta. appendText("复选框"＋b＋" 被选中\n");
    else //如果当前复选框被取消选中
        ta. appendText("复选框"＋b＋" 被取消选择\n");
}
}
```

说明：程序中 e. target. equals(cb1)表示 e 的目标对象是 cb1,其中 target 是 Event 类的常量,表示当前用户操作的目标对象,equals 是方法,相当于"＝"。

13.2.4 复选框组——单选框

单选框是在一组选项中,必须选一个而且只能选一个,不能不选也不能多选。单选功能是通过复选框组来实现的。创建单选按钮的方法是：

public Checkbox(String s,CheckboxGroup c,boolean state);

其中 s 表示按钮的标签名,属于复选框组 c,state 表示初始状态是否被选中。

1. 创建单选按钮的步骤

(1)第一步,创建一个 CheckboxGroup 对象。例如：

CheckboxGroup cg＝new CheckboxGroup();

(2)第二步,创建各复选框按钮,并将各复选框按钮放入复选框组对象中,即构成了单选按钮。例如：

Checkbox male＝Checkbox("男",cg,true);

Checkbox female＝Checkbox("女",cg,false);

2. 常用方法

(1)public CheckboxGroup getCheckboxGroup():返回按钮所在的复选框组。

(2)public String getLabel():返回标签。

(3)public String getState():返回状态。

(4)public void setCheckboxGroup(CheckboxGroup g):设置按钮所在复选框组。

（5）public void setLabel(String label)：设置标签。

（6）public void setState(boolean state)：设置状态。

【例 13-7】 复选框和单选按钮混合应用举例，设计如图 13-6 所示界面的程序。

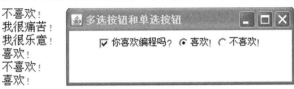

图 13-6 复选框和单选按钮混合应用

此题的关键是：(1)如何实现对单选按钮和复选框的同时监听；(2)如何建立复选框组；(3)如何获取三个按钮的状态。

```java
import java.awt.*;
import java.awt.event.*;
class TestCheckbox1 implements ItemListener{
    Checkbox cb1=new Checkbox("你喜欢编程吗?",true);
    CheckboxGroup cbg=new CheckboxGroup();
    Checkbox cb2=new Checkbox("喜欢!",cbg,true);
    Checkbox cb3=new Checkbox("不喜欢!",cbg,false);
    public static void main(String [] args){
        new TestCheckbox1().init();
    }
    public void init(){
        Frame f=new Frame("多选按钮和单选按钮");
        FlowLayout f1=new FlowLayout();
        f.setLayout(f1);
        f.add(cb1);f.add(cb2);f.add(cb3);
        cb1.addItemListener(this);
        cb2.addItemListener(this);
        cb3.addItemListener(this);
        f.setBounds(0,0,300,100);//起点的 xy 坐标、宽、高
        f.setVisible(true);
        f.addWindowListener(new WindowAdapter(){public void windowClosing(WindowEvent e)
        {System.exit(0);}});
    }
    public void itemStateChanged(ItemEvent e){
        Checkbox cb=(Checkbox)e.getItemSelectable();
        if(cb.getLabel().equals("你喜欢编程吗?")){
            if(cb.getState()==true)
                System.out.println("我很乐意!");
            else
                System.out.println("我很痛苦!");
        }
```

```
        else{
            Checkbox cbx＝cbg. getSelectedCheckbox();
            if(cbx!＝null)
                System. out. println(cbx. getLabel());
        }
    }
}
```

13.2.5　Choice 选择框

Choice 类用于制作下拉列表框,用户只能选择其中的一个选项,单击即选中。

1. 构造方法

只有一个:public Choice()。

构造方法产生的选择框中并没有实际内容,需要使用 addItem 方法添加选择项。

例如:

Choice c＝new Choice();

c. addItem("first");

c. addItem("second");……

用户对选择项的操作会引发 ItemEvent 选项事件,由实现了 ItemListener 接口的类对象进行处理,需要实现抽象方法 itemStateChanged,注册监听器的方法是 addItemListener。

2. 常用方法

(1)public void addItem(String item):向选项框中加入选择项 item。

(2)public int countItem():返回选择项个数。

(3)public String getItem(int index):返回指定下标值的某个选择项。

(4)public int setSelectIndex():设置被选中的选择项的下标值。

(5)public int getSelectItem():返回被选中的选择项。

(6)public void select(int pos):选择指定下标值的选择项。

(7)public void select(String str):选择指定内容的选择项。

【例 13-8】　选择框综合应用,实现对选择框的监听,显示用户选择的城市。

import java. awt. * ;

import java. applet. Applet;

import java. awt. event. * ;

public class ChoiceDemo extends Applet implements ItemListener{

　public void init(){

　　Label l＝new Label("请选择您最喜欢的城市:");

　　add(l);

　　Choice c＝new Choice();

　　c. addItem("北京"); c. addItem("上海");

　　c. addItem("重庆"); c. addItem("天津");

　　c. addItem("武汉"); c. addItem("沈阳");

　　c. addItem("深圳");

　　add(c);

```
        c. addItemListener(this);
    }
    public void itemStateChanged(ItemEvent e){
        String city="北京";        // equals 方法相当于等于=
        if(e. getItem(). equals("上海")) city="上海";
        if(e. getItem(). equals("重庆")) city="重庆";
        if(e. getItem(). equals("天津")) city="天津";
        if(e. getItem(). equals("武汉")) city="武汉";
        if(e. getItem(). equals("沈阳")) city="沈阳";
        if(e. getItem(). equals("深圳")) city="深圳";
        System. out. println("您最喜欢的城市是:"+city);
    }
}
```

13.2.6 TextField 文本框

文本框就是单行文字输入框,只有一行的空间,不能是多行,但这一行的长度可以设置。

1. 构造方法

(1)public TextField():构造一个空的文本框。

(2)public TextField(String text):构造有预置文字的文本框。

(3)public TextField(int columns):构造一个指定列数的文本框。

(4)public TextField(String text,int columns):构造一个指定列数,具有预置文字的文本框。

2. 文本框创建方法

TextField tf=new TextField("Single Line",30)。

用户输入文本内容后,按回车键,会引发 ActionEvent 事件,可以用实现了 ActionListener 接口的类通过 ActionPerformed 方法处理。

3. 常用方法

(1)public void setEchoChar(char c):设置输入时的回显字符,如输入密码时显示"＊"。

(2)public void setText(String t):设置文本框的文本内容。

【例 13-9】 建立一个界面,能输入用户名和口令。

```
import java. applet. * ;
import java. awt. * ;
public class TextFieldDemo extends Applet{
    public void init(){
        TextField t=new TextField("这里显示密码",20);
        add(new Label("用户名"));
        add(new TextField("输入用户名",20));
        add(new Label("密 码"));
        add(t);
        t. setEchoChar('＊');
    }
}
```

运行结果如图 13-7 所示,密码文本框中的所有内容全部变成了星号。

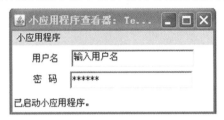

图 13-7　在文本框中输入密码

13.2.7　TextArea 文本区域

也称为文本区,是一个矩形区域,可以包括一行或者多行内容。其监听器为 TextListener,注册监听器的方法是 addTextListener,要实现的抽象方法是 textValueChanged(TextEvent e)。

1. 与文本框不同之处

文本框只能显示一行信息,文本区域可以显示多行内容。

2. 构造方法

(1)TextArea():创建一个默认大小的文本区。

(2)TextArea(int rows,int cols):创建指定行列大小的文本区。

(3)TextArea(Sting text):创建包含指定内容的文本区。

(4)TextArea(Sting text,int rows,int cols):创建指定行列大小且包含内容的文本区。

(5)TextArea(Sting text,int rows,int cols,int scrollbars):创建一个指定行列大小且包含内容并有滚动条的文本区。

scrollbars 常量包括:

SCROLLBARS_BOTH:同时显示水平方向和垂直方向的滚动条。

SCROLLBARS_VERTICAL_ONLY:只显示垂直方向的滚动条。

SCROLLBARS_HORIZONAL_ONLY:只显示水平方向的滚动条。

SCROLLBARS_NONE:不显示滚动条。

3. 常用方法

(1)public void append(String str):追加文字。

(2)public void insert(String str,int pos):指定位置插入文字。

(3)public void setText(String str):设置文本区域内容。

(4)public int getRows():返回行数。

(5)public int getColumns():返回列数。

(6)public void setRows(int rows):设置行数。

(7)public void setColumns(int cols):设置列数。

(8)public void setEditable(boolean b):设置区域的编辑状态,默认为 true。

说明:需要结束输入时,应该增加 Apply 或者 OK 按钮。

【例 13-10】　文本区域综合应用,设计三个文本区域,第一个不可编辑,其他两个可以编辑,第三个文本区域用于显示第二个文本区域中输入的内容,如图 13-8 所示。

图 13-8　多文本区域的应用

```
import java. awt. * ;
import java. applet. Applet;
import java. awt. event. * ;
public class TextAreaDemoApplet extends Applet implements TextListener{
    TextArea ta1,ta2,ta3;
    public void init(){
        ta1＝new TextArea("这是文本区 1",2,20);
        add(ta1);ta1. setEditable(false);
        ta2＝new TextArea("这是文本区 2",2,20);
        ta2. addTextListener(this);
        add(ta2);ta2. setEditable(true);
        ta3＝new TextArea("这是文本区 3,显示文本区 2 的内容",2,20);
        add(ta3);
        ta3. addTextListener(this);}
    public void textValueChanged(TextEvent e){
        ta3. setText(ta2. getText());}
}
```

13.2.8　List 列表框

列表框 List 可让用户选择多个选项,所有选项均可见,如果选项超过了可见区大小,列表框右边出现滚动箭头和滚动条。

1. 构造方法

(1)public List():构造一个单选列表。

(2)public List(int rows):构造一个指定项数的单选列表。

(3)public List(int rows,boolean isMultiMode):构造一个指定项数的单选或多选列表,isMultiMode 表示是否允许多选。

例如,List myList＝new List(4,true);

说明:列表框 List 可让用户选择多个选项,但指定的项数可能因布局管理器而被忽略。

2. 接口处理

选择某个选项,将引发 ItemEvent 事件,该事件需要由 ItemListener 接口中的 itemStateChanged 方法进行处理,双击选项时,引发 ActionEvent 事件,该事件需要由 ActionListener 接口中的 actionPerformed 方法进行处理。

3. 主要方法

(1)void add(String item):在末尾添加选项。

(2)void add(String item,int index):在指定位置添加选项。

(3)void addItem(String item):覆盖式添加选项。

(4)void addItem(String item,int index):在指定位置覆盖式添加选项。

(5)boolean allowsMultipleSelections():是否允许多选。

(6)void clear():清除选项。

(7)int countItems():统计选项数。

(8)void delItem(int position):删除指定位置的选项。

(9)void delItems(int start,int end):删除连续的几个选项。

【例 13-11】 从星期一到星期天中选择休息日,选择结果放在窗口底部。

```
import java.awt. * ;
import java.awt.event. * ;
public class ListDemo extends Frame implements ItemListener{
    Panel p;
    List myList;
    TextField tf;
    ListDemo(String s){super(s);}
    public static void main(String args[]){
        ListDemo le=new ListDemo("列表框示例");
        le.init();}
    void init(){
        myList=new List(5,false);
        myList.addItem("Monday");
        myList.addItem("Tuesday");
        myList.addItem("Wednesday");
        myList.addItem("Thursday");
        myList.addItem("Friday");
        myList.addItem("Saturday");
        myList.addItem("Sunday");
        myList.addItemListener(this);
        p=new Panel();
        p.add(new Label("本周休息天是:\n"));
        p.add(myList);
        add(p,"Center");
        tf=new TextField();
        add(tf,"South");
        setSize(300,200);setVisible(true);
    }
    public void itemStateChanged(ItemEvent e){
        tf.setText("您选择了"+myList.getSelectedItem());
    }
}
```

运行结果如图 13-9 所示。

图 13-9 列表框示例

13.2.9 组件的外观控制

1. 颜色控制

(1)颜色设置

颜色由 Java 中的 java.awt.Color 类控制,用于在图形方法下文字和图形的输出。表 13-4 表示了颜色常量、色彩和 RGB 值的关系。

表 13-4　　　　　　　　　　　颜色的有关参数

颜色常量	色　彩	RGB 值
black	黑	(0,0,0)
blue	蓝	(0,0,255)
green	绿	(0,255,0)
red	红	(255,0,0)
white	白	(255,255,255)
yellow	黄	(255,255,0)
magenta	洋红	(255,0,255)
cyan	青	(0,255,255)

Color 类可以设置前景色和背景色,颜色值为常量,也可以自己定义,方法是:

setForeground(Color c)。

setBackground(Color c)。

(2)颜色类的构造方法

(1)Color(float r,float g,float b):指定红绿蓝三原色的浮点值,范围为 0.0~1.0。

(2)Color(int r,int g,int b):指定三原色的整数值,范围 0~255。

(3)Color(int rgb):用整数代表三原色,0~7 bit 表示蓝色,8~15 bit 表示绿色,16~23 bit 表示红色。

2. 字体控制

字体由 java.awt.Font 类管理,可设置字体、风格(字形)、大小。Java 提供了五种逻辑字体:Dialog、SansSerif、Serif、Monospaced、DialogInput,并将它们映射为计算机物理字体,若使用了计算机不支持的字体,系统会自动变为默认字体。

（1）字体的设置方法

Font f＝new Font(Font f);

f 表示为字体、字形、大小。例如：

g. setFont(new Font("宋体",Font. PLAIN,14));

（2）构造方法

Font(String fontName,int style,int size);

字体名可用逻辑字体名，也可用物理字体名，风格常量包括四种：BOLD（粗体），ITALIC（倾斜），PLAIN（正常），BOLD＋ITALIC（粗体＋倾斜）。

【例 13-12】 字体设置，显示不同的字体外观。

```
import java. awt. * ;
import java. applet. Applet;
public class FontSet extends Applet{
    Font font1＝new Font("SansSerif",Font. BOLD,24);
    Font font2＝new Font("Serif",Font. PLAIN,20);
    Font font3＝new Font("黑体",Font. PLAIN,20);
    public void paint(Graphics g){
        g. setFont(font1);
        g. drawString("这是 SansSerif 字体,粗体,24 点阵",20,30);
        g. setFont(font2);
        g. drawString("这是 Serif 字体,普通体,20 点阵",20,60);
        g. setFont(font3);
        g. drawString("这是黑体,普通体,20 点阵",20,90);
        g. setFont(new Font("仿宋体",Font. ITALIC,20));
        g. drawString("这是仿宋体 24 点阵,倾斜",20,120);
        g. setFont(new Font("宋体",Font. BOLD＋Font. ITALIC,18));
        g. drawString("这是宋体 18 点阵粗体倾斜",20,150);}
    }
```

13.3　Swing 组件

Swing 组件是 Java 基础类库 JFC(Java Foundation Classes)的一个组件部分，它提供了一套功能更强、数量更多的图形用户界面组件，它们都包含在类库 javax. swing 中，对应的事件处理和监听器类由包 javax. swing. event 提供。

Swing 和 AWT 的最大区别在于：Swing 组件中的类是纯 Java 编写的，不依赖任何具体的操作系统，可以跨平台使用，具有比 AWT 组件更强的功能，反映在以下六个方面：

（1）Swing 按钮类和标签类除了显示文本标题，还可以显示图形标题。

（2）Swing 容器可以加边框。

（3）Swing 组件可以自动适应操作系统外观，而 AWT 组件总是保持相同的外观。

（4）Swing 组件可以设计成圆形，而不一定是矩形。

（5）通过 Swing 组件的方法改变其外观和行为。

（6）不能在 Swing 的顶层容器（如 JApplet、JFrame）直接加入组件，而要先获得容器，再在容器中加入组件。

　　javax. swing 包中有四个最重要的类,即 JFrame、JApplet、JDialog、JComponent 类,同时还提供了 40 多个组件,其中 JApplet、JFrame、JDialog 组件属于顶层容器组件。在顶层容器下是中间容器,它们用于容纳其他组件的组件,如 JPanel、JScrollPane 等面板组件都是中间容器。其他组件 JButton、JCheckBox 等基础组件必须通过中间容器放入顶层容器中。

　　例如,对于 JApplet,不能直接用 add 方法加入组件,而要先调用 JApplet 的方法 getContentPane 获得一个容器,再使用这个容器的 add 方法加入组件。

　　Swing 组件名称与 AWT 组件名称基本相同,只在 AWT 组件名称的前面加上字母 J 作为标志,例如,在 AWT 中的按钮名称是 Button,而在 Swing 中的按钮名称是 JButton。Swing 提供了 40 多个组件,其组件名均以 J 开头,表 13-5 列出了 Swing 组件及其描述,并给出了与之对应的 AWT 组件。

表 13-5　　　　　　　　　　　　　Swing 组件一览

序　号	组　件	说　明
1	JApplet	是 AWT 中的 Applet 的扩展,它含有 JRootPane 的一个实例
2	JButton	能显示文字和图标的按钮,对应于 AWT 中的 Button
3	JCheckBox	能显示文字和图标的复选框,对应于 AWT 中的 Checkbox
4	JCheckBoxMenuItem	复选菜单,对应于 AWT 中的 CheckboxMenuItem
5	JComboBox	下拉列表框,对应于 AWT 中的 Choice
6	JComponent	所有轻量组件的基类
7	JDesktopPane	内部窗体的容器
8	JDialog	对话框,是 AWT 中的 Dialog 的扩展
9	JEditorPane	文本编辑面板
10	JFrame	窗口,是 AWT 中的 Frame 的扩展
11	JInternalFrame	在 JDesktopPane 中出现的内部窗口
12	JLabel	能显示文字和图标的标签,对应于 AWT 中的 Label
13	JLayeredPane	能够在不同层上显示对象的容器
14	JList	列表框,对应于 AWT 中的 List
15	JMenu	菜单,对应于 AWT 中的 Menu
16	JMenuBar	菜单条,对应于 AWT 中的 MenuBar
17	JMenuItem	菜单项,对应于 AWT 中的 MenuItem
18	JOptionPane	标准对话框
19	JPanel	容器,对应于 AWT 中的 Panel
20	JPasswordField	口令输入框,是 AWT 中的 TextField 的扩展
21	JPopupMenu	弹出式菜单
22	JProgressBar	进度条
23	JRadioButton	单选按钮,对应于 AWT 中的 Checkbox
24	JRootPane	根面板,包含一个层次面板 Layered Pane、内容面板 Content Pane、玻璃面板 Glass Pane 和一个菜单条
25	JScrollBar	滚动条,对应于 AWT 中的 ScrollBar
26	JScrollPane	滚动面板,对应于 AWT 中的 ScrollPane

（续表）

序　号	组　件	说　明
27	JSeparator	水平或垂直分隔条
28	JSlider	滑动条
29	JSplitPane	有两个分隔区的面板，这两个分隔区能自动调整大小
30	JTabbedPane	选项卡
31	JTable	表格
32	JTableHeader	表格头
33	JTextArea	多行文本编辑框，对应于 AWT 中的 TextArea
34	JTextComponent	文本组件的基类，对应于 AWT 中的 TextComponent
35	JTextField	单行文本编辑框，对应于 AWT 中的 TextField
36	JTextPane	简单的文本编辑器
37	JToggleButton	有两种状态的按钮
38	JToolBar	工具条
39	JToolTip	当光标落在一个组件上时，该组件上显示的一行文字
40	JTree	树型视图
41	JViewport	取景器
42	JWindow	窗口，是 AWT 中的 Window 的扩展

13.3.1　JButton 按钮

Swing 按钮是一个具有按下、弹起两种状态的组件，它分为两种类型：JButton 和 JToggleButton，两者的区别是：当按下 JButton 按钮并释放鼠标时，按钮会自动弹起，而当按下 JToggleButton 按钮并释放鼠标，按钮不会自动弹起，必须再按一次才能弹起。

Swing 按钮可以实现以下效果：

（1）根据 Swing 按钮所处的状态设置不同的图标。

（2）为按钮加上提示。

（3）设置按钮对应的快捷键。

1. JButton 类的构造方法

（1）JButton()：创建一个无文字标签或图形的按钮。

（2）JButton(Icon icon)：创建一个有图形的按钮。

（3）JButton(String text)：创建一个有文字标签的按钮。

（4）JButton(String text,Icon icon)：创建一个有文字标签和图形的按钮。

2. JToggleButton 类的构造方法

（1）JToggleButton()：创建一个无文字标签或图形的按钮。

（2）JToggleButton(Icon icon)：创建一个有图形的按钮。

（3）JToggleButton(Icon icon,boolean selected)：创建一个有图形的按钮且初始状态为 false。

（4）JToggleButton(String text)：创建一个有文字标签的按钮。

（5）JToggleButton(String text,boolean selected)：创建一个有文字标签的按钮且初始状态为 false。

（6）JToggleButton(String text,Icon icon)：创建一个有文字标签和图形的按钮。

（7）JToggleButton(String text,Icon icon,boolean selected)：创建一个有文字标签和图形的按钮,且初始状态为 false。

3. AbstractButton 类的事件及事件监听器

AbstractButton 类可激发的事件及对应的监听器见表 13-6。

表 13-6　　　　　　　　AbstractButton 类可激发的事件及对应的监听器

事　件	监听器
ActionEvent	ActionListener
ChangeEvent	ChangeListener
ItemEvent	ItemListener

JButton 类和 JToggleButton 类都是 AbstractButton 类的子类,这些事件及事件监听器均可以被 JButton 类和 JToggleButton 类继承使用。

4. ActionEvent 事件

用户在界面上按下按钮或者选择一个菜单项时会激发一个事件,即 ActionEvent 事件或者动作事件,能触发这个事件的动作包括：

（1）单击按钮。

（2）双击一个列表中的选项。

（3）选择菜单项。

（4）在文本框中输入文本内容后按回车键。

其处理是通过 ActionListener 的成员方法 actionPerformed 进行的,ActionEvent 类可使用的主要方法有：

（1）getSource()：获得引发事件的对象名。

（2）getActionCommand()：获得对象的标签或者事先为这个对象设置的命令名。

5. AbstractButton 类的常用方法

（1）addActionListeners(ActionListener I)：给按钮添加 ActionListener 类的监听器 I。

（2）addChangeListeners(ChangeListener I)：给按钮添加 ChangeListener 类的监听器 I。

（3）addItemListeners(ItemListener I)：给按钮添加 ItemListener 类的监听器 I。

（4）getIcon()：返回默认图标。

（5）getLabel()：返回按钮标签文字。

（6）getPressedIcon()：返回按钮按下的图标。

（7）getSelectedIcon()：返回按钮选中时的图标。

（8）getSelectedObjects()：返回已选择的对象。

（9）getText()：返回按钮对象的文字。

（10）getVerticalAlignment()：返回垂直对齐的方式。

（11）getHorizontalAlignment()：返回水平对齐的方式。

（12）setIcon(Icon icon)：设置按钮图标。

（13）setLabel(String label)：设置按钮上的文字标签。

（14）setText(String text)：设置文本。

（15）setVerticalAlignment(int alig)：设置垂直对齐的方式。

（16）setHorizontalAlignment(int alig)：设置水平对齐的方式。

（17）setEnable(boolean b)：设置按钮是否被禁止使用。

【例 13-13】 图形按钮与图形标签的使用。

```java
import javax. swing. * ;
import java. awt. * ;
public class ImageButtonDemo extends JApplet{
    Container pane;
    JPanel p1,p2;
    JButton b1,b2,b3;
    JLabel l;
    public void init(){
        pane=getContentPane(); //获取容器
        p1=new JPanel(new FlowLayout()); //设置布局管理器
        p2=new JPanel(new FlowLayout());
        b1=new JButton(new ImageIcon("left. gif")); //图片按钮
        b2=new JButton(new ImageIcon("go. gif"));
        b3=new JButton(new ImageIcon("right. gif"));
        l=new JLabel("图形标签",new ImageIcon("hand. gif"),SwingConstants. CENTER); //图形标签居中
        pane. setBackground(new Color(255,255,200)); //设置背景颜色
        p1. setBackground(new Color(255,255,200));
        p2. setBackground(new Color(255,255,200));
        b1. setToolTipText("往前翻页"); //设置按钮的提示文字
        b2. setToolTipText("确定");
        b3. setToolTipText("向后翻页");
        pane. add(p1,BorderLayout. NORTH); //在容器中添加面板
        pane. add(p2,BorderLayout. SOUTH);
        p1. add(b1); //添加组件
        p1. add(b2);
        p1. add(b3);
        p2. add(l);
    }
}
```

运行结果如图 13-10 所示。

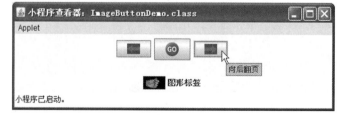

图 13-10　图形按钮与图形标签

13.3.2　JPasswordField 密码框

JPasswordField 密码框是从单行文本框 JTextField 扩展而来的,专门用于口令等需要保密的文字输入。

1.构造方法

JPasswordField 的构造函数常用的有四个:

(1)JPasswordField():建立一个初始文字为空的 JPasswordField 对象。

(2)JPasswordField(String txt):建立一个初始文字为 txt 的 JPasswordField 对象。

(3)JPasswordField(int len):建立一个列数为 len 个字符的 JPasswordField 对象。

(4)JPasswordField(String txt,int len):建立一个初始文字为 txt、列数为 len 个字符的 JPasswordField 对象。

2.主要方法

(1)getPassword():返回 JPasswordField 中的字符。

(2)setEchoChar(char c):设置回显字符,系统默认为黑点。例如,"pw. setEchoChar('＊');"则不管输入什么字符都显示为 ＊。

(3)setToolTipText(String txt):设定当光标落在 JPasswordField 上时显示的提示信息为 txt。

(4)getEchoChar():返回密码显示的字符。

(5)echoCharIsSet():判断是否设置了密码显示字符。

(6)getPassword():返回此密码框中所包含的文本,以字符数组形式表示,如果需要作为一个整体输出,则需要转换为字符串。

(7)paramString():返回此 JPasswordField 的字符串表示形式,此方法仅在进行调试的时候使用,对于各个实现,所返回字符串的内容和格式可能有所不同。

3.事件处理

与 JPasswordField 关联的事件一般是:TextEvent、ActionEvent、MouseEvent、Mouse-MontionEvent、KeyEvent、FocusEvent、ComponentEvent。输入密码后按回车键触发相应的事件。

【例 13-14】　综合运行文本框 JTextField、密码输入框 JPasswordField、文本区域 JTextArea 等组件设计一个登录界面,如图 13-11 所示,当输入用户名和密码后按回车键,在文本区域中显示输入的内容。

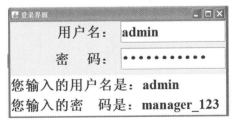

图 13-11　文本框和密码框

```
import java.awt. * ;
import java.awt.event. * ;
import javax.swing. * ;
```

```
public class JPasswordTextDemo{
    private JFrame f=new JFrame("登录界面");
    private JTextField user=new JTextField(20);
    private JPasswordField pwd=new JPasswordField(10);
    private JTextArea ta=new JTextArea(5,10);
    Font ft=new Font("Serif",Font.BOLD,28);
    JPanel jp=new JPanel(new GridLayout(2,2,10,10));
    //定义一个容器,有 2 行 2 列,间隔为 10
    public static void main(String args[]){
        JPasswordTextDemo that=new JPasswordTextDemo();
        that.go();
    } //main 方法结束
    void go(){
        f.getContentPane().setLayout(new BorderLayout(0,10));
        f.getContentPane().add("North",jp);
        //将容器 jp 添加到窗口 f 的北面
        JLabel u1=new JLabel("用户名:",JLabel.RIGHT);  //右对齐
        jp.add(u1);
        jp.add(user);
        JLabel p1=new JLabel("密    码:",JLabel.RIGHT);
        jp.add(p1);
        jp.add(pwd);
        f.getContentPane().add("Center",ta);  //文本区域居中
        ta.setFont(ft);  //设置多行编辑框 ta 的字体
        user.setFont(ft);
        pwd.setFont(ft);
        u1.setFont(ft);
        p1.setFont(ft);
        user.addActionListener(new TextHandler(1));
        //将文本框 user 注册到监听器 TextHandler
        pwd.addActionListener(new TextHandler(2));
        //将密码框 pwd 注册到监听器 TextHandler
        f.addWindowListener(new WindowHandler());
        //将窗口 f 注册到监听器 WindowHandler
        f.setSize(450,250); f.setResizable(true);
        f.setVisible(true);
    } //go 方法结束
    class TextHandler implements ActionListener{
        //监听器 TextHandler 实现了接口 ActionListener,必须实现方法 actionPerformed,当按回车键
        //时立刻调用该方法
        int sel;
        TextHandler(int sel){
            this.sel=sel;
        } // TextHandler 的构造方法结束
```

```
public void actionPerformed(ActionEvent e){
    String username,password;
    username＝user.getText();//获取用户名
    password＝new String(pwd.getPassword());
    //用 getPassword()方法获取密码,而不是 getText()
    ta.setText("您输入的用户名是:"+username+"\n"+"您输入的密码是:"+password);
    } //actionPerformed 方法结束
} //类 TextHandler 结束
class WindowHandler extends WindowAdapter{
    public void windowClosing(WindowEvent e)
    {System.exit(1);}
    } //WindowHandler 结束
} //主类 JPasswordTextDemo 结束
```

13.3.3　复选框、单选按钮、按钮组

1.复选框 JCheckBox

复选框 JCheckBox 是由开关按钮 JToggleButton 扩展而来的,用于实现多选操作,按钮选中时有一个"√"标记,类似于 AWT 中的 Checkbox,但 JCheckBox 可以显示图片。复选框 JCheckBox 的常用构造方法有七个:

(1)JCheckBox():建立一个无标题、无图片的复选框。

(2)JCheckBox(String txt):建立一个标题为 txt 但没有图片的复选框。

(3)JCheckBox(Icon ico):建立一个图片为 ico 但没有标题的复选框。

(4)JCheckBox(String txt,Icon ico):建立一个标题为 txt、图片为 ico 的复选框。

(5)JCheckBox(String txt,boolean stat):建立一个标题为 txt 但没有图片的复选框,其初始选择状态由 stat 指定。

(6)JCheckBox(Icon ico,boolean stat):建立一个图片为 ico 但没有标题的复选框,其初始选择状态由 stat 指定。

(7)JCheckBox(String txt,Icon ico,boolean stat):建立一个标题为 txt、图片为 ico 的复选框,其初始选择状态由 stat 指定。

复选框 JCheckBox 的常用方法和开关按钮 JToggleButton 相同,与 Button 类似。与复选框 JCheckBox 关联的事件一般是:ItemEvent、MouseEvent、MouseMontionEvent、KeyEvent、FocusEvent、ComponentEvent。

2.单选按钮 JRadioButton

单选按钮 JRadioButton 是开关按钮 JToggleButton 扩展而来的,用于实现单选操作,类似于 AWT 中的 Checkbox 和 CheckboxGroup,但在 JRadioButton 上还可以显示图片。不过,一般是将几个单选按钮作为一组,添加到某个 ButtonGroup 按钮中,否则单选按钮之间不能关联,各自独立。

单选按钮 JRadioButton 的常用构造函数有七个:

(1)JRadioButton():建立一个无标题、无图片的单选按钮。

(2)JRadioButton(String txt):建立一个标题为 txt 但没有图片的单选按钮。

(3)JRadioButton(Icon ico):建立一个图片为 ico 但没有标题的单选按钮。

（4）JRadioButton(String txt,Icon ico)：建立一个标题为 txt、图片为 ico 的单选按钮。

（5）JRadioButton(String txt,boolean stat)：建立一个标题为 txt 但没有图片的单选按钮，其初始选择状态由 stat 指定。

（6）JRadioButton(Icon ico,boolean stat)：建立一个图片为 ico 但没有标题的单选按钮，其初始选择状态由 stat 指定。

（7）JRadioButton(String txt,Icon ico,boolean stat)：建立一个标题为 txt、图片为 ico 的单选按钮，其初始选择状态由 stat 指定。

单选按钮 JRadioButton 的常用方法和开关按钮 JToggleButton 相同，与单选按钮 JRadioButton 关联的事件一般是：ItemEvent、MouseEvent、MouseMontionEvent、KeyEvent、FocusEvent、ComponentEvent。

3. 按钮组 ButtonGroup

按钮组 ButtonGroup 一般用于把单选按钮 JRadioButton 分成不同的组，同组中的单选按钮作为一个整体，只能选择其中的一个，组中其余的单选按钮自动解除选中状态，所以单选按钮一般都要加到某个按钮组 ButtonGroup 中。

按钮组 ButtonGroup 的构造函数只有一个：

ButtonGroup()：建立一个按钮组 ButtonGroup。

按钮组 ButtonGroup 的主要方法有：

（1）add(AbstractButton b)：将按钮 b 加到组中。

（2）int getButtonCount()：返回组中按钮数目。

（3）void remove(AbstractButton b)：从组中删除按钮 b。

（4）Enumeration getElements()：返回组中所有按钮，返回枚举类型 Enumeration 的值，这种类型由 java.util 包定义。

【例 13-15】 综合运用开关按钮 JToggleButton、复选框 JCheckBox、单选按钮 JRadioButton 和按钮组 ButtonGroup，设计界面如图 13-12 所示。

图 13-12　例 13-15 的运行界面

分析：在窗口上放置两个容器和一个标签：pc、pb、display，分别在北部、中部、南部。display 用来显示选择的结果。pc 中放置了三个容器 p1、p2、p3。p1 中放置了三个单选按钮并将其组成一组；p2 中放置了两个单选按钮并将其组成一组；p3 中放置了五个复选框。pb 中放置了两个开关按钮：jtb1、jtb2。jtb1 用来控制 jtb2 是否可用。单击 jtb2 可以在 display 中显示选择的结果，通过在 jtb2 的事件中加上语句"jtb2.setSelected(false);"，使 jtb2 类似于 JButton 按钮。

```
import java.awt. * ;
import java.awt.event. * ;
```

```
import javax.swing.*;
import java.util.*;  //提供 Enumeration 类
public class ButtonGroupDemo{
    private JFrame f=new JFrame("按钮综合应用");
    private JPanel pc=new JPanel(new GridLayout(1,3));  //面板 pc 是 1 行 3 列的网格
    private JPanel p1=new JPanel(new GridLayout(4,1,0,20));
    private JPanel p2=new JPanel(new GridLayout(3,1,0,30));
    private JPanel p3=new JPanel(new GridLayout(6,1,0,5));
    private JPanel pb=new JPanel(new GridLayout(1,2,10,5));
    private JLabel display=new JLabel();
    Font ft=new Font("Serif",Font.BOLD,18);
    ButtonGroup bg1=new ButtonGroup();  //定义一个按钮组 bg1
    ButtonGroup bg2=new ButtonGroup();    //定义一个按钮组 bg2
    JRadioButton cb1=new JRadioButton("学生");  //定义单选按钮 cb1,显示为"学生"
    JRadioButton cb2=new JRadioButton("教师");
    JRadioButton cb3=new JRadioButton("管理人员");
    JRadioButton cb4=new JRadioButton("男");
    JRadioButton cb5=new JRadioButton("女");
    JCheckBox cb6=new JCheckBox("旅游");
    JCheckBox cb7=new JCheckBox("运动");
    JCheckBox cb8=new JCheckBox("看书");
    JCheckBox cb9=new JCheckBox("上网");
    JCheckBox cb10=new JCheckBox("交友");
    JToggleButton jtb1=new JToggleButton("屏蔽右边的按钮",true);  //开关按钮 jtb1,初始为选中
    JToggleButton jtb2=new JToggleButton("显示您选择的结果");    //开关按钮 jtb2,初始为没有选中
    private String st="学生";
    private String sx="男";
    private String hobby="旅游";
    public static void main(String args[]){
        ButtonGroupDemo that=new ButtonGroupDemo();
        that.go();
    } //main 方法结束
    void go(){
        f.getContentPane().setLayout(new BorderLayout(0,10));
        f.getContentPane().add("North",pc);//将容器 pc 加到窗口 f 的北部区域
        pc.add(p1); //将容器 p1 加到 pc 中
        pc.add(p2); pc.add(p3);
        p1.add(new Label("身份")); p1.add(cb1);
        bg1.add(cb1);//将 cb1 加到按钮组 bg1 中
        cb1.setSelected(true);//选中单选按钮 cb1
        p1.add(cb2);//将 cb2 加到面板容器 p1 中
        bg1.add(cb2);//将 cb2 加到按钮组 bg1 中
        p1.add(cb3); bg1.add(cb3);//将 cb3 加到按钮组 bg1 中
        p2.add(new Label("性别"));
```

p2. add(cb4);bg2. add(cb4); //将 cb4 加到按钮组 bg2 中

cb4. setSelected(true); //选中 cb4

p2. add(cb5); bg2. add(cb5); //将 cb5 加到按钮组 bg2 中

p3. add(new Label("爱好")); p3. add(cb6);

cb6. setSelected(true); //选中 cb6

p3. add(cb7);p3. add(cb8);p3. add(cb9);p3. add(cb10);

f. getContentPane(). add("Center",pb); //在窗口 f 的中部区域加上容器 pb

pb. add(jtb1); //将开关按钮 jtb1 加到容器 pb 中

pb. add(jtb2); //将开关按钮 jtb2 加到容器 pb 中

jtb1. setFont(ft); //设置 jtb1 的字体

jtb2. setFont(ft);

f. getContentPane(). add("South",display);//在窗口 f 的底部区域加上标签 display

display. setFont(ft);

display. setText("您的身份是"+st+","+sx+"性,爱好有"+hobby);

jtb1. addActionListener(new ButtonH(1));

//将开关按钮 jtb1 注册到监听器 ButtonH 中,参数 1 表示 jtb1 按钮

jtb2. addActionListener(new ButtonH(2));

//将开关按钮 jtb2 注册到监听器 ButtonH 中,参数 2 表示 jtb2 按钮

f. addWindowListener(new WindowHandler());

//将窗口 f 注册到监听器 WindowHandler 上

f. setSize(420,300);f. setResizable(true); f. setVisible(true);

} //go 方法结束

class ButtonH implements ActionListener{

　　int sel;

　　ButtonH(int select){

　　　　sel=select;} //构造方法

　　public void actionPerformed(ActionEvent e){

　　　　if(sel==1) //若是 jtb1 按钮

　　　　　　if(jtb1. isSelected()) //若 jtb1 按钮被选中

　　　　　　　　{jtb1. setText("屏蔽右边的按钮");jtb2. setEnabled(true);}

　　　　　　else //若 jtb1 按钮没有被选中

　　　　　　　　{jtb1. setText("启用右边的按钮");jtb2. setEnabled(false);}

　　　　if(sel==2) //若是 jtb2 按钮

　　　　　　{ Enumeration er; //获得所选择的身份

　　　　　　er=bg1. getElements(); //返回按钮组 bg1 中的所有按钮

　　　　　　for(;er. hasMoreElements();){

　　　　　　　　JRadioButton jrb=(JRadioButton)er. nextElement();

　　　　　　　　//依次取 er 中的按钮到 jrb 中

　　　　　　　　if(jrb. isSelected()) //若按钮 jrb 为选中,则取其标题,结束循环

　　　　　　　　　　{st=jrb. getText();break;}

　　　　　　} //for 循环结束

　　　　　　//下面的代码获得所选择的性别,单选

　　　　　　er=bg2. getElements();//返回按钮组 bg2 中的所有按钮

　　　　　　for(;er. hasMoreElements();)

```
    { JRadioButton jrb=(JRadioButton)er. nextElement();
        if(jrb. isSelected()) //若按钮被选中,则取其标题,结束循环(因为是单选)
        {sx=jrb. getText(); break;}
    }
    //下面的代码获得所选择的爱好,多选
    hobby=""; //hobby 表示选择的爱好
    if(cb6. isSelected()) hobby=cb6. getText();
    if(cb7. isSelected()) hobby=hobby+cb7. getText();
    if(cb8. isSelected()) hobby=hobby+cb8. getText();
    if(cb9. isSelected()) hobby=hobby+cb9. getText();
    if(cb10. isSelected()) hobby=hobby+cb10. getText();
    display. setText("您的身份是"+st+","+sx+"性,爱好有"+hobby);
    //在标签 display 中显示选择的结果
    jtb2. setSelected(false);
    //将开关按钮 jtb2 置为未选状态,看上去像 JButton 按钮
    } //结束 if(sel==2)语句
    } //结束 actionPerformed 方法
} //结束 ButtonH 类
class WindowHandler extends WindowAdapter{
    public void windowClosing(WindowEvent e){
        System. exit(1);}
    } //结束 WindowHandler
} //结束 ButtonGroupDemo
```

13.3.4　菜单组件

Swing 菜单和 AWT 菜单类似,每个菜单组件包括一个菜单栏,称为 JMenuBar;每个 JMenuBar 由若干个菜单项组成,称为 JMenu;每个 JMenu 又由若干个子菜单项组成,称为 JMenuItem。JMenuBar、JMenu、JMenuItem 是构成菜单的三个基本要素。在 Swing 菜单中,可以分别设置每个菜单项标题的字体,还可以给菜单项添加图片。

1. JMenuBar 菜单栏

每个窗口最多可以有一个菜单栏 JMenuBar,其构造函数只有一个:

JMenuBar():用于创建一个 JMenuBar 对象。

常用方法有三个:

(1)add(JMenuItem menu):添加菜单项 menu 到菜单栏 JMenuBar 中。

(2)getMenu(int idx):返回指定位置 idx 上的 JMenu 对象。

(3)getMenuCount():返回菜单条 JMenuBar 中的菜单项总数。

2. JMenu 菜单项

菜单栏 JMenuBar 有若干个主菜单 JMenu,JMenu 是 JMenuItem 的扩展。JMenu 的常用构造函数有两个:

(1)JMenu():创建一个 JMenu 对象。

(2)JMenu(String title):创建一个标题为 title 的 JMenu 对象。

JMenu 的常用方法见表 13-7。

表 13-7   JMenu 的常用方法

方　法	说　明
JMenuItem add(String txt)	添加一个标题为 txt 的 JMenuItem 到菜单 JMenu 中
JMenuItem add(JMenuItem mitm)	添加指定的 JMenuItem 对象 mitm 到菜单 JMenu 中
void remove(int idx)	从菜单中删除指定位置 idx 上的菜单项
void removeAll()	从菜单中删除所有的菜单项
void addSeparator()	添加一条分隔线
void insertSeparator(int idx)	在指定位置 idx 上插入一条分隔线
JMenuItem getItem(int idx)	返回指定位置 idx 上的 JMenuItem
int getItemCount()	返回 JMenu 中的菜单项 JMenuItem 总数
JMenuItem insert(JMenuItem itm,int idx)	在指定位置 idx 插入一个 JMenuItem 对象 itm
void insert(String txt,int idx)	在指定位置 idx 插入标题为 txt 的 JMenuItem 对象
JPopupMenu getPopupMenu()	返回与该菜单项关联的弹出式菜单,若没有,则创建
boolean isPopupMenuVisible()	判断与该菜单项关联的弹出式菜单是否可见

3. JMenuItem 子菜单项

每个 JMenu 一般有若干个 JMenuItem,JMenuItem 的常用构造函数有四个:

(1)JMenuItem():创建一个 JMenuItem 对象。

(2)JMenuItem(String title):创建一个标题为 title 的 JMenuItem 对象。

(3)JMenuItem(Icon ico):创建一个图片为 ico 的 JMenuItem 对象。

(4)JMenuItem(String title,Icon ico):创建一个标题为 title、图片为 ico 的 JMenuItem 对象。

JMenuItem 的常用方法有六个,见表 13-8。

表 13-8   JMenuItem 的常用方法

方　法	说　明
String getText()	返回 JMenuItem 的标题
void setText(String lab)	设定 JMenuItem 的标题为 lab
void setEnabled(boolean b)	设定 JMenuItem 是否可用,true 可用,false 不可用
boolean isEnabled()	判断 JMenuItem 是否可用,true 可用,false 不可用
void setAccelerator(KeyStroke key)	指定 JMenuItem 上的快捷键
KeyStroke getAccelerator()	返回 JMenuItem 上的快捷键

4. JCheckBoxMenuItem 检查框菜单项

JCheckBoxMenuItem 和 AWT 中的 CheckboxMenuItem 一样,是一种具有选中和非选中两种状态的菜单项,单击此菜单项可以在这两种状态之间进行切换。选中时,在菜单项前有一个标记"√"。

JCheckBoxMenuItem 的常用构造函数有六个:

(1)JCheckBoxMenuItem():创建一个 JCheckBoxMenuItem 对象。

(2)JCheckBoxMenuItem(String title):创建标题为 title 的 JCheckBoxMenuItem 对象。

(3)JCheckBoxMenuItem(String title,boolean state):创建一个标题为 title、选中状态为

state 的 JCheckBoxMenuItem 对象。

（4）JCheckBoxMenuItem(Icon ico)：创建一个图片为 ico 的 JCheckBoxMenuItem 对象。

（5）JCheckBoxMenuItem(String title,Icon ico)：创建一个标题为 title、图片为 ico 的 JCheckBoxMenuItem 对象。

（6）JCheckBoxMenuItem(String title,Icon ico,boolean state)：创建一个标题为 title、图片为 ico、选中状态为 state 的 JCheckBoxMenuItem 对象。

JCheckBoxMenuItem 的常用方法是：

（1）getState()：判断该菜单项是否被选中。

（2）setState(boolean state)：设定该菜单项的选中状态为 state。

【例 13-16】　综合运用菜单组件，设计如图 13-13 所示界面，选择某一菜单项，能显示菜单项名，通过状态栏可以在窗口底部显示相关的状态信息。

图 13-13　例 13-16 的运行结果

分析：设置菜单项对应的快捷键的方法是：

"jmenuitem1. setAccelerator(KeyStroke. getKeyStroke('S', KeyEvent. CTRL_MASK, false));"，表示给 jmenuitem1 加快捷键 Ctrl+S。

在方法 getKeyStroke 中有三个参数：

第一个参数'S'表示字母 S 键，依次类推，'A'、'B'、'C'……就表示 A 键、B 键、C 键……用 KeyEvent. VK_F1、KeyEvent. VK_F2、KeyEvent. VK_F3……表示 F1 键、F2 键、F3 键……也可以用 KeyEvent. VK_A、KeyEvent. VK_B……表示 A 键、B 键……

第二个参数 KeyEvent. CTRL_MASK 表示 Ctrl 键。同理，KeyEvent. SHIFT_MASK 表示 Shift 键，KeyEvent. ALT_MASK 表示 Alt 键。还可以组合，如 KeyEvent. CTRL_MASK+KeyEvent. SHIFT_MASK 就表示 Ctrl+Shift 键。

第三个参数为 true 或 false。false 表示按键按下立即起作用，true 表示按键松开后才起作用，一般用 false。

完整的程序如下：

```
import java. awt. * ;
import java. awt. event. * ;
import javax. swing. * ;
public class JMenuDemo{
    JFrame f＝new JFrame("Swing 菜单");
    JLabel stat＝new JLabel("您选择的菜单是状态栏");
    //创建一个标签对象 stat,用于显示选择结果
```

```
Font ft＝new Font("仿宋_GB2312",Font.BOLD,18);
//定义一个字体对象 ft
JLabel l1＝new JLabel("您选择的菜单是新建",JLabel.CENTER);
JLabel l2＝new JLabel("您选择的菜单是打开",JLabel.CENTER);
JLabel l3＝new JLabel("您选择的菜单是关闭",JLabel.CENTER);
JPanel pc＝new JPanel();
CardLayout c＝new CardLayout();//创建布局管理器 CardLayout 对象 c
JMenuBar menubar1＝new JMenuBar(); //创建菜单栏
JMenu menu1＝new JMenu("文件"); //定义"文件"菜单
JMenu menu2＝new JMenu("编辑");
JMenuItem mitm1＝new JMenuItem("新建");
//定义一个菜单项 JMenuItem 的对象 mitm1,其标题为"新建"
JMenuItem mitm2＝new JMenuItem("打开");
JMenuItem mitm3＝new JMenuItem("关闭");
JMenuItem mitm4＝new JMenuItem("剪切");
JMenuItem mitm5＝new JMenuItem("粘贴");
JCheckBoxMenuItem mitm6＝new JCheckBoxMenuItem("状态栏",true);
//定义一个菜单项 JCheckBoxMenuItem 的对象 mitm6,其标题为"状态栏",选中
JMenuItem mitm7＝new JMenuItem("退出");
public static void main(String args[]){
    JMenuDemo that＝new JMenuDemo();
    that.go();
} //方法 main 结束
public void go(){
    f.setSize(350,300);
    menubar1.add(menu1); //添加 menu1 到 MenuBar 中
    menubar1.add(menu2);
    menu1.add(mitm1);    //添加 JMenuItem 到 JMenu 中
    menu1.add(mitm2);
    mitm1.setAccelerator(KeyStroke.getKeyStroke('N',KeyEvent.CTRL_MASK,false));
    //为菜单项 mitm1 添加快捷键 Ctrl-N
    mitm2.setAccelerator(KeyStroke.getKeyStroke('O',KeyEvent.CTRL_MASK＋KeyEvent.
    SHIFT_MASK,false));
    //为菜单项 mitm2 添加快捷键 Ctrl＋Shift-O
    menu1.add(mitm3);
    menu1.addSeparator(); //添加一条分隔线
    menu1.add(mitm6);
    menu1.addSeparator();
    menu1.add(mitm7);
    mitm7.setAccelerator(KeyStroke.getKeyStroke('C',KeyEvent.SHIFT_MASK,false));
    //为菜单项 mitm7 添加快捷键 Shift-C
    menu2.add(mitm4);
    menu2.add(mitm5);
```

f. setJMenuBar(menubar1)；//设定窗口 f 的菜单条为 menubar1

f. getContentPane(). add("Center",pc)；//将容器 pc 加到窗口 f 的中间

f. getContentPane(). add("South",stat)；//将标签 stat 加到窗口 f 的底部

pc. setLayout(c)；//将容器 pc 的布局管理器设为 CardLayout

pc. add(l1,"west")；//将标签 l1 加到容器 pc 中,并命名为"west"

pc. add(l2,"center")；

pc. add(l3,"east")；

mitm1. addActionListener(new JMenuHandler(1))；

//将菜单项 mitm1 注册到监听器 JMenuHandler 上,参数 1 代表 mitm1

mitm2. addActionListener(new JMenuHandler(2))；

//将菜单项 mitm2 注册到监听器 JMenuHandler 上,参数 2 代表 mitm2

mitm3. addActionListener(new JMenuHandler(3))；

mitm4. addActionListener(new JMenuHandler(4))；

mitm5. addActionListener(new JMenuHandler(5))；

mitm7. addActionListener(new JMenuHandler(7))；

mitm6. addItemListener(new JMenuDisp())；

//将菜单项 mitm6 注册到监听器 JMenuDisp 上

f. addWindowListener(new WinHandler())；

l1. setFont(ft)； l2. setFont(ft)；

l3. setFont(ft)； stat. setFont(ft)；

menu1. setFont(ft)；//设置菜单字体

menu2. setFont(ft)；mitm1. setFont(ft)；

mitm2. setFont(ft)；mitm3. setFont(ft)；

mitm4. setFont(ft)；mitm5. setFont(ft)；

mitm6. setFont(ft)；mitm7. setFont(ft)；

f. setVisible(true)；

} //go 方法结束

class JMenuDisp implements ItemListener{

  public void itemStateChanged(ItemEvent e){

    if(mitm6. getState()) //若菜单项被选择,则将标签 stat 置为可见,否则不可见

      stat. setVisible(true)；

    else stat. setVisible(false)；

  } //方法 itemStateChanged 结束

} //类 JMenuDisp 结束

class JMenuHandler implements ActionListener{

  private int ch；

  JMenuHandler(int select) {ch＝select；}

  public void actionPerformed(ActionEvent e){

  switch(ch){

    case 1：c. show(pc,"west")；break；//若选择 mitm1,显示"west"对应的卡片

    case 2：c. show(pc,"center")；break；

    case 3：c. show(pc,"east")；break；

    case 4：

    case 5：break；

```
        case 7:System.exit(-1); //若选择了 mitm7,则结束运行,关闭窗口
        } //switch(ch)语句结束
    stat.setText("您选择的菜单项是:"+e.getActionCommand());
    //在标签 stat 中显示选择的菜单项名,e.getActionCommand()获得所选菜单项名
    } //方法 actionPerformed 结束
  } //类 JMenuHandler 结束
  class WinHandler extends WindowAdapter{
    public void windowClosing(WindowEvent e){
      System.exit(-1);
    }
  } //类 WinHandler 结束
} //主类 JMenuDemo 结束
```

13.3.5　工具栏 JToolBar

工具栏 JToolBar 是图形用户界面几乎必备的组件之一,目的是将菜单中一些常用的功能用带文字和图标的按钮形式在窗口的顶部显示出来,以方便用户快速使用。在 Java 中,使用工具栏的窗口,其布局管理器一般设为 BorderLayout,以便可以随意将工具栏拖到窗口的四周。

工具栏 JToolBar 的构造函数有四个:

(1)JToolBar():建立一个按钮排列方向为水平的 JToolBar 对象。

(2)JToolBar(int direct):建立一个按钮排列方向为 direct 的 JToolBar 对象,其中 direct 的值为 HORIZONTAL 或 VERTICAL,表示水平或垂直。

(3)JToolBar(String txt):建立一个标题为 txt、按钮排列方向为水平的 JToolBar 对象,标题是在工具栏变成一个窗口时显示的。

(4)JToolBar(String txt,int direct):建立一个标题为 txt、按钮排列方向为 direct 的 JToolBar 对象。

JToolBar 的常用方法见表 13-9。

表 13-9　　　　　　　　　　工具栏 JToolBar 的常用方法

方　法	说　明
JButton add(JButton btn)	在工具栏 JToolBar 中添加一个按钮
void addSeparator()	添加一条分隔线
Component getComponentAtIndex(int idx)	返回第 idx 位置的组件名
int getComponentIndex(Component c)	返回组件名为 c 的索引值
int getOrientation()	返回工具栏的方向,HORIZONTAL 或 VERTICAL
void setOrientation(int direct)	设置工具栏的方向 direct
void setMargin(Insets m)	设置工具栏的边界与它的按钮之间的间隔。如:jToolBar.setMargin(new Insets(1,2,3,4))表示顶部间隔1、左边间隔2、底部间隔3、右边间隔4
void setFloatable(boolean b)	设定工具栏是否可以被移动

【例 13-17】 工具栏的应用举例,编程实现如图 13-14 所示的图形界面。

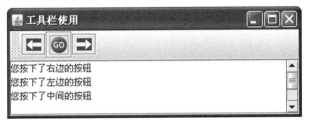

图 13-14 工具栏图形界面

```
import javax.swing.*;
import java.awt.*;
import java.awt.event.*;
public class ToolsBarDemo extends JFrame implements ActionListener{
    JButton b1,b2,b3;
    JToolBar t;    //工具栏对象
    JTextArea ta;    //文本区域对象
    JScrollPane sp;    //滚动条对象
    JPanel p;    //面板对象
    public ToolsBarDemo(){    //定义构造方法
        super("工具栏使用");    //调用父类的构造方法
        addWindowListener(new WindowAdapter(){    //注册窗口监听器
            public void windowClosing(WindowEvent e){
                System.exit(0);
            }
        });
        b1=new JButton(new ImageIcon("left.gif"));    //建立图形按钮
        b2=new JButton(new ImageIcon("go.gif"));
        b3=new JButton(new ImageIcon("right.gif"));
        b1.addActionListener(this);    //注册监听器
        b2.addActionListener(this);
        b3.addActionListener(this);
        t=new JToolBar();    //对象实例化
        t.add(b1);    //添加按钮组件
        t.add(b2);
        t.add(b3);
        ta=new JTextArea(6,30);    //文本区域实例化
        sp=new JScrollPane(ta);    //滚动条实例化
        p=new JPanel();    //面板实例化
        setContentPane(p);    //设置容器
        p.setLayout(new BorderLayout());    //设置布局管理器
        p.setPreferredSize(new Dimension(300,150));    //设置面板区域大小
        p.add(t,BorderLayout.NORTH);    //放置组件
        p.add(sp,BorderLayout.CENTER);
```

211

```
show();  //容器可视化
}
public void actionPerformed(ActionEvent e){   //实现抽象方法
    String s="";
    //以下三条语句判断用户按下的是哪个按钮
    if(e.getSource()==b1) s="您按下了左边的按钮\n";
    if(e.getSource()==b2) s="您按下了中间的按钮\n";
    if(e.getSource()==b3) s="您按下了右边的按钮\n";
    ta.append(s);
}
public static void main(String [] args){   //主方法
    new ToolsBarDemo();
}
}
```

从本节内容可以知道,Swing 组件功能更加强大,使用方法与 AWT 组件类似。其他的 Swing 组件,可以查阅 JDK 文档,在此不一一介绍。

技能训练 11   处理图形界面组件事件

一、目的

1. 掌握 JFrame 与 JPanel 容器的使用。
2. 掌握主要布局管理器的用法。
3. 掌握主要 Swing 组件的用法。
4. 熟悉 JDK 的事件处理机制。
5. 掌握处理各种鼠标与键盘事件的编程方法。
6. 熟悉事件适配器的使用方法。
7. 掌握继承、接口等。
8. 培养良好的编码习惯。

☞ 思政小贴士

设计软件需遵循国家标准和软件行业规范,如:国家标准 GB/T 8566-2007《信息技术 软件生存周期过程》和 GB/T 8567-2006《计算机软件产品开发文件编制指南》把软件开发过程分成可行性研究、需求分析、设计、实现、测试、运行与维护六个阶段,对于软件开发过程、用户界面、图表名称都有规定,程序员设计 GUI 时,要守标准,懂规范,形成良好的职业素养。

二、内容

1. 任务描述

编写程序 TestKeyListener.java,创建一个窗体,当窗体获得焦点时按下键盘,窗体中将实时显示所按下的键,如图 13-T-1 所示。

2. 实训步骤

(1)打开 Eclipse 开发工具,新建一个 Java Project,项目名称为 Ch13Train,项目的其他设置采用默认设置。注意当前项目文件的保存路径。

图 13-T-1 运行结果

（2）在 Ch13Train 项目中添加一个类文件 TestKeyListener. java，继承 JFrame 窗体，实现
KeyListener 接口，代码如下：

```java
import javax. swing. JFrame；
import javax. swing. JLabel；
import javax. swing. JOption Pane；
import javax. swing. JPanel；
import java. awt. BorderLayout；
import java. awt. Font；
import java. awt. event. KeyEvent；
import java. awt. event. KeyListener；
import java. awt. event. WindowAdapter；
import java. awt. event. WindowEvent；
/**
 *  处理键盘事件
 *  @author wmxing
 */
public class TestKeyListener extends JFrame implements KeyListener{
  private JLabel lblHint＝new JLabel("")；
  //构造函数
  public TestKeyListener(){
    this. setTitle("测试键盘输入事件")；        //窗体标题
    this. setSize(300,200)；          //窗体大小
    this. setLocationRelativeTo(this)；   //位置在窗体中央
    //创建显示的 Label
    lblHint＝new JLabel("",JLabel. CENTER)；
    lblHint. setFont(new Font("Dialog",Font. BOLD,80))；
    //创建面板
    JPanel panel＝new JPanel(new BorderLayout())；
    panel. add(lblHint,BorderLayout. CENTER)；
    this. add(panel)；
    //将窗体与键盘事件监听器相关联
    this. addKeyListener(this)；
  }
  @Override
```

```
public void keyTyped(KeyEvent e){
    //键盘按下松开时触发,显示输入的字符
    lblHint.setText(e.getKeyChar()+"");
}
@Override
public void keyPressed(KeyEvent e){
    //键盘按下时触发
}
@Override
public void keyReleased(KeyEvent e){
    //键盘松开时触发
}
public static void main(String[] args){
    TestKeyListener frm=new TestKeyListener();
    frm.setVisible(true);
}
}
```

（3）编译运行上述程序,按下键盘“h”时,运行结果如图 13-T-1 所示。

（4）修改上面的程序代码,在 TestKeyListener 类中创建一个内部类 CloseWin,继承 WindowAdapter 适配器类,在内部类中处理窗体关闭事件,并通过事件适配器简化窗体事件 处理方法。CloseWin 内部类的代码如下:

```
/**
 * 处理窗体的关闭事件
 * @author wmxing
 */
class CloseWin extends WindowAdapter{
    @Override
    public void windowClosing(WindowEvent e){
        //获取事件源
        if(e.getSource() instanceof JFrame){
            JOptionPane.showMessageDialog(null,"窗体正在关闭……");
            JFrame frm=(JFrame)(e.getSource());
            frm.dispose();
            System.exit(0);
        }
    }
}
```

（5）在 TestKeyListener 类的构造函数中增加一句代码,将窗体与窗体事件监听器相关 联。如下所示:

```
this.addWindowListener(new CloseWin());
```

（6）运行 TestKeyListener 类,当单击【关闭】按钮时,将弹出如图 13-T-2 所示界面,单击 【确定】按钮后窗体关闭。

（7）使用事件适配器处理事件,只需要重写自己所关心的事件,而如果使用事件接口,则需 要实现接口中所有的事件。因此使用适配器可以简化事件处理。

图 13-T-2　关闭窗体时的界面

(8)修改前面的 TestKeyListener 类,改用事件适配器简化键盘事件处理,完整代码如下:

```java
import javax.swing.JFrame;
import javax.swing.JLabel;
import javax.swing.JOptionPane;
import javax.swing.JPanel;
import java.awt.BorderLayout;
import java.awt.Font;
import java.awt.event.KeyAdapter;
import java.awt.event.KeyEvent;
import java.awt.event.KeyListener;
import java.awt.event.WindowAdapter;
import java.awt.event.WindowEvent;
/**
 * 处理键盘事件
 */
public class TestKeyListener extends JFrame{
    private JLabel lblHint=new JLabel("");
    //构造函数
    public TestKeyListener(){
        //关闭窗体时销毁对象
        this.setDefaultCloseOperation(EXIT_ON_CLOSE);
        this.setTitle("测试键盘输入事件");        //窗体标题
        this.setSize(300,200);              //窗体大小
        this.setLocationRelativeTo(this);   //位置在窗体中央
        //创建显示的 Label
        lblHint=new JLabel("",JLabel.CENTER);
        lblHint.setFont(new Font("Dialog",Font.BOLD,80));
        //创建面板
        JPanel panel=new JPanel(new BorderLayout());
        panel.add(lblHint,BorderLayout.CENTER);
        this.add(panel);
        //将窗体与键盘事件监听器相关联
        this.addKeyListener(new MyKeyPressed());
        this.addWindowListener(new CloseWin());
    }
```

```
public static void main(String[] args){
    TestKeyListener frm=new TestKeyListener();
    frm.setVisible(true);
}
/**
 * 处理窗体的关闭事件
 */
class CloseWin extends WindowAdapter{
    @Override
    public void windowClosing(WindowEvent e){
        //获取事件源
        if(e.getSource() instanceof JFrame){
            JOptionPane.showMessageDialog(null,"窗体正在关闭……");
            JFrame frm=(JFrame)(e.getSource());
            frm.dispose();
            System.exit(0);
        }
    }
}
class MyKeyPressed extends KeyAdapter{
    @Override
    public void keyPressed(KeyEvent e){
        lblHint.setText(e.getKeyChar()+"");
    }
}
}
```

(9)运行该程序,查看输出结果,与开始的结果相同。

3.任务拓展

编写一个窗体程序,在窗体中添加一个面板,面板背景为黑色,跟踪面板上鼠标的移动和所有的鼠标事件,并把鼠标的当前位置和监测到的事件名称显示在窗体的标题栏中,如图 13-T-3 所示。

图 13-T-3　鼠标事件

在当前项目中添加一个类 TestMouseEvent，实现代码如下：

```java
import java.awt.Color;
import java.awt.event.MouseEvent;
import java.awt.event.MouseListener;
import java.awt.event.MouseMotionListener;
import javax.swing.JFrame;
import javax.swing.JPanel;
/**
 * 处理鼠标事件
 */
public class TestMouseEvent extends JFrame implements MouseListener,
                        MouseMotionListener{
    public TestMouseEvent(){
        //创建一个面板
        JPanel panel=new JPanel();
        panel.setSize(200,200);
        panel.setBackground(Color.BLACK);
        panel.setLocation(45,45);
        //给面板注册鼠标事件
        panel.addMouseListener(this);
        panel.addMouseMotionListener(this);
        //将面板添加到窗体上
        this.add(panel);
        this.setLayout(null);
        this.setSize(300,300);
        this.setDefaultCloseOperation(EXIT_ON_CLOSE);
        this.setLocationRelativeTo(this);
    }
    public static void main(String[] args){
        TestMouseEvent frm=new TestMouseEvent();
        frm.setVisible(true);
    }
    @Override
    public void mouseDragged(MouseEvent e){
        this.setTitle("("+e.getX()+","+
            e.getY()+") "+"mouseDragged 拖动鼠标");
    }
    @Override
    public void mouseMoved(MouseEvent e){
        this.setTitle("("+e.getX()+","+
            e.getY()+") "+"mouseMoved 移动鼠标");
    }
    @Override
    public void mouseClicked(MouseEvent e){
```

```
        this.setTitle("("+e.getX()+","+
                e.getY()+") "+"mouseClicked 单击鼠标");
    }
    @Override
    public void mousePressed(MouseEvent e){
        this.setTitle("("+e.getX()+","+
                e.getY()+") "+"mousePressed 按下鼠标");
    }
    @Override
    public void mouseReleased(MouseEvent e){
        this.setTitle("("+e.getX()+","+
                e.getY()+") "+"mouseReleased 松开鼠标");
    }
    @Override
    public void mouseEntered(MouseEvent e){
        this.setTitle("("+e.getX()+","+
                e.getY()+") "+"mouseEntered 鼠标进入");
    }
    @Override
    public void mouseExited(MouseEvent e){
        this.setTitle("("+e.getX()+","+
                e.getY()+") "+"mouseExited 鼠标退出");
    }
}
```

4. 思考题

调试运行程序，思考下面的问题：

（1）如果在程序中删除事件处理方法 mouseMoved() 的定义，会出现什么错误？为什么？

（2）鼠标事件处理方法 mouseRealeased() 是什么时候被触发的？

（3）如果本题只要求处理鼠标单击事件，获取鼠标单击时鼠标所在的位置，请用事件适配器简化鼠标事件处理代码。

三、独立实践

编写程序，实现如图 13-T-4 所示界面，当单击【确定】按钮时，显示用户输入的卡号、密码与金额。

图 13-T-4　增加账户界面

 习　题

一、简答题

1. 说明文本框和标签之间的区别。

2. 试列举 Java 中常用的基本控制组件。如果有两到三种取值可能,采用哪种组件合适?如果可能的取值大于五种,采用哪种组件合适?

3. 什么是选择事件? 可能产生选择事件的 GUI 组件有哪些?

4. 设计一个菜单的步骤是什么?

5. 有模式的对话框最突出的特点是什么? 如果一个对话框的目的在于警告或提醒用户(例如,删除数据库记录的确认),这个对话框应该是有模式的还是无模式的?

6. Swing 组件与 AWT 组件的区别是什么?

二、编程题

1. 如图 13-15 所示。标签 1 的字号比文本框的字号大,当单击按钮时若输入文本框中的数正确,则标签 2 文本显示"正确",否则显示"不正确"。

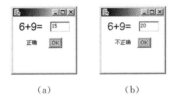

（a）　　　　　　（b）

图 13-15　第 1 题运行结果

2. 编写代码,创建一个 JFrame 窗口,为其构建两个单选按钮,程序运行的初始界面如图 13-16(a)所示。当用户单击"禁用"按钮时,显示图 13-16(b)所示的界面,单击"启用"按钮时,显示图 13-16(c)所示的界面。

（a）　　　　　　　　（b）　　　　　　　　（c）

图 13-16　第 2 题运行结果

3. 创建一个菜单程序。添加一个菜单:文件,在"文件"下添加三个菜单选项:"功能 1""功能 2"和"退出","功能 2"和"退出"两项之间用分隔线分开。当用户单击菜单项时,在窗口的标题栏显示相应的命令文本。

项目训练 4

实现"银行 ATM 自动取款系统"的图形界面

一、目的

1. 掌握 JFrame 与 JPanel 容器的使用。
3. 掌握主要布局管理器的用法。
4. 掌握主要 Swing 组件的用法。
5. 熟悉 JDK 的事件处理机制。
6. 培养良好的编码习惯。

二、内容

1. 任务描述

使用图形界面组件,重写 ATM 系统的各个界面,实现的 ATM 系统界面如图 P4-1 所示。

(a) ATM 欢迎界面

(b) ATM 账户验证界面

图 P4-1　ATM 系统界面

通过各界面的比较发现,ATM 系统界面很多内容是不变的,变的是屏幕部分。因此可将整个屏幕分成四个部分(左上方的屏幕 Screen *,右上方的功能面板 PanelFunctionTop,左下方的数字面板 PanelKeyboard 和右下方的特殊功能面板 PanelFunctionBtm),每个部分用面板 JPanel 来实现。另外为了降低功能面板与显示屏幕间的耦合,设计一个面板操作接口 IPanelOperator,并将原来的 IScreen 屏幕显示接口进行修改变成了屏幕切换接口。各屏幕对象 Screen * 都实现这个接口。同时为了降低接口实现的复杂性,用一个 Screen 抽象类实现了 IScreen 与 IPanelOperator 接口,各屏幕对象继承 Screen 类,只需要重写当前屏幕和面板间与输入相关的功能接口即可。

说明：因为本次项目是要将原来的控制台界面修改为 GUI，所以改动会比较大，涉及的文件也很多，请仔细理解 IPanelOperator 接口、IScreen 接口相关内容的使用。

2. 实训步骤

（1）打开 Eclipse 开发工具，将原来的实训项目 ATMSim2 复制创建一个新的项目 ATMSim3。

（2）在项目 ATMSim3 的包 com. csmzxy. soft. atm 中添加 IPanelOperator. java 接口文件，代码如下：

```java
package com. csmzxy. soft. atm;
/**
 *  面板上的各种按钮操作对应的功能接口
 */
public interface IPanelOperator{
  /**
   * 从数字键盘接收一个字符
   * @param c
   */
  void inputChar(String str);
  /**
   * 对单击数字面板上的"取消"操作进行处理
   */
  void cancel();
  /**
   * 对单击数字面板上的"确定"操作进行处理
   */
  void ok();
  /**
   * 对功能面板上的"<"进行处理
   */
  void cmdLine1();
  /**
   * 对功能面板上的"<<"进行处理
   */
  void cmdLine2();
  /**
   * 对功能面板上的"<<<"进行处理
   */
  void cmdLine3();
  /**
   * 对功能面板上的"<<<<"进行处理
   */
  void cmdLine4();
  /**
```

```
 * 插卡处理
 * /
void insertCard();
/**
 * 退卡处理
 * /
void exitCard();
/**
 * 修改密码处理
 * /
void changePwd();
/**
 * 打印交易记录处理
 * /
void print();
}
```

(3)修改原来的 IScreen 接口,代码如下:

```
package com.csmzxy.soft.atm;
/**
 * 屏幕切换接口
 * /
public interface IScreen{
    String SCR_CARD="ScreenCard";
    String SCR_CHANGE_PWD="ScreenChangePwd";
    String SCR_DEPOSIT="ScreenDeposit";
    String SCR_MAIN="ScreenMain";
    String SCR_MESSAGE="ScreenMessage";
    String SCR_OTHER_WITHDRAW="ScreenOtherWithdraw";
    String SCR_TRANSFER="ScreenTransfer";
    String SCR_WELCOME="ScreenWelcome";
    String SCR_WITHDRAW="ScreenWithdraw";
    /**
     * 切换到指定屏幕
     * @param scrName 要切换的屏幕名称
     * /
    void changeScreen(String scrName);
    /**
     * 切换到指定屏幕
     * @param screen 要切换的屏幕对象
     * /
    void changeScreen(Screen screen);
}
```

(4)为了减少各 Screen＊屏幕类实现一些无关的接口,因此设计一个抽象类 Screen 来减少各屏幕对象需要实现的方法,代码如下:

```java
package com.csmzxy.soft.atm;
import java.awt.Container;
import javax.swing.JPanel;
/**
 * 屏幕抽象类，显示信息，并获取输入内容
 */
public abstract class Screen extends JPanel
        implements IPanelOperator,IScreen{
  protected NWhichField curField;
  protected static IATMService aService;
  protected static Screen curScreen;
  protected static Screen prevScreen;
  protected IATMService atmService;
  public Screen(){
    curScreen=this;
    prevScreen=this;
    curField=NWhichField.None;
    if(aService==null){
      aService=new ATMFileService();
    }
    atmService=aService;
  }
  @Override
  public void inputChar(String str){}
  @Override
  public void cancel(){}
  @Override
  public void ok(){}
  @Override
  public void cmdLine1(){}
  @Override
  public void cmdLine2(){}
  @Override
  public void cmdLine3(){}
  @Override
  public void cmdLine4(){
    //默认返回前一屏幕
    changeScreen(prevScreen);
  }
  @Override
  public void insertCard(){}
  @Override
  public void exitCard(){
```

```java
        changeScreen(SCR_WELCOME);
    }
    @Override
    public void changePwd(){}
    @Override
    public void print(){}
    @Override
    public void changeScreen(String scrName){
        Container c=curScreen.getParent();
        if(c instanceof IScreen){
            IScreen scr=(IScreen)c;
            scr.changeScreen(scrName);
        }
    }
    @Override
    public void changeScreen(Screen screen){
        Container c=curScreen.getParent();
        if(c instanceof IScreen){
            IScreen scr=(IScreen)c;
            scr.changeScreen(screen);
        }
    }
    /**
     * 在屏幕上显示消息 msg
     * @param msg
     */
    public void showMessage(String msg){
        changeScreen(SCR_MESSAGE);
        ScreenMessage scr=(ScreenMessage)curScreen;
        scr.showMessage(msg);
    }
    //获取屏幕对象的名称,使用类名作为屏幕名称
    public String getScreenName(){
        String str=this.getClass().toString();
        int x=str.lastIndexOf('.');
        str=str.substring(x+1);
        return str;
    }
    //设置当前正在显示的屏幕
    public void setCurScreen(){
        Screen.prevScreen=curScreen;
        Screen.curScreen=this;
    }
}
```

(5)实现待机欢迎屏幕 ScreenWelcome 类,此类继承了 Screen 抽象类,只处理插卡操作,代码如下:

```java
package com. csmzxy. soft. atm;
import java. awt. * ;
import javax. swing. * ;
/**
 * 欢迎屏幕
 * @author wmxing
 */
public class ScreenWelcome extends Screen{
  private JLabel lblMsg;
  public ScreenWelcome(String msg){
    this. setLayout(new BorderLayout());
    JLabel jlbWelcome= new JLabel("欢迎使用 ATM",JLabel. CENTER);
    jlbWelcome. setFont(new Font("Dialog",1,35));
    lblMsg= new JLabel(msg,JLabel. CENTER);
    lblMsg. setFont(new Font("Dialog",1,20));
    lblMsg. setForeground(Color. BLUE);
    JPanel jp= new JPanel(new BorderLayout());
    jp. add(jlbWelcome,BorderLayout. PAGE_START);
    jp. add(lblMsg,BorderLayout. CENTER);
    this. add(jp,BorderLayout. CENTER);
    this. add(new JLabel("软件设计:长沙民政职院吴名星",JLabel. RIGHT),
        BorderLayout. PAGE_END);
  }
  @Override //只处理插卡事件
  public void insertCard(){
    changeScreen(SCR_CARD);
  }
}
```

(6)实现账户验证屏幕 ScreenCard 类,此类继承了 Screen 抽象类,代码如下:

```java
package com. csmzxy. soft. atm;
import java. awt. FlowLayout;
import java. awt. GridLayout;
import javax. swing. JLabel;
import javax. swing. JPanel;
import javax. swing. JPasswordField;
import javax. swing. JTextField;
import com. csmzxy. soft. comm. Status;
/**
 * 账户验证显示屏幕,接收账号与输入
 */
public class ScreenCard extends Screen{
  private JTextField tfCardNo;
```

```java
    private JPasswordField pfPassword;
    public ScreenCard(){
        JPanel accPanel=new JPanel(new FlowLayout());
        accPanel.add(new JLabel("请输入账号:"));
        tfCardNo=new JTextField("123456",10);
        accPanel.add(tfCardNo);
        JPanel pwdPanel=new JPanel(new FlowLayout());
        pwdPanel.add(new JLabel("请输入密码:"));
        pfPassword=new JPasswordField("123456",10);
        pfPassword.setEchoChar('*');
        pwdPanel.add(pfPassword);
        this.setLayout(new GridLayout(4,1));
        this.add(new JLabel("账户验证",JLabel.CENTER));
        this.add(accPanel);
        this.add(pwdPanel);
    }
    @Override //处理面板的数字输入
    public void inputChar(String str){
        if(curField==NWhichField.CardNo ||
                curField==NWhichField.None)
            tfCardNo.setText(tfCardNo.getText()+str);
        else if(curField==NWhichField.Password)
            pfPassword.setText(new String(pfPassword.getPassword())+str);
    }
    @Override //处理数字面板的"取消"按钮
    public void cancel(){
        if(curField==NWhichField.CardNo)
            tfCardNo.setText("");
        else if(curField==NWhichField.Password)
            pfPassword.setText("");
    }
    @Override //处理数字面板上的"确定"按钮
    public void ok(){
        String cardNo=tfCardNo.getText();
        String pwd=new String(pfPassword.getPassword());
        Status status=atmService.login(cardNo,pwd);
        if(status==Status.OK){
            changeScreen("ScreenMain");
        }else{
            showMessage("无效的用户名与密码");
        }
    }
    @Override //处理屏幕右边的">>"
    public void cmdLine2(){
```

```
      curField＝NWhichField. CardNo;
      tfCardNo. grabFocus();
    }
  @Override //处理屏幕右边的">>>"
  public void cmdLine3(){
      curField＝NWhichField. Password;
      pfPassword. grabFocus();
    }
}
```

（7）每个屏幕 Screen＊类都放置在一个面板 PanelScreen 容器内，由 PanelScreen 类来控制屏幕之间的切换，其中 IScreen 接口用于屏幕的切换，代码如下：

```
package com. csmzxy. soft. atm;
import java. awt. ＊;
import javax. swing. ＊;
public class PanelScreen extends JPanel implements IScreen{
  /**
    * ATM 面板与屏幕对象
    * /
  private PanelFunctionTop panelFunctionTop;        //ATM 右上面板
  private PanelKeyord panelKeyord;                  //ATM 输入键盘面板
  private PanelFunctionBtm panelFunctionBtm;        //ATM 右下面板
  private ScreenWelcome scrWelcome;                 // 欢迎屏幕
  private ScreenCard scrCard;                       // 插卡验证屏幕
  public PanelScreen(String msg,PanelKeyord kb,
      PanelFunctionTop top,PanelFunctionBtm btm){
    this. panelKeyord＝kb;
    this. panelFunctionTop＝top;
    this. panelFunctionBtm＝btm;
    // 所有屏幕对象
    scrWelcome＝new ScreenWelcome(msg);
    scrCard＝new ScreenCard();
    this. setLayout(new BorderLayout());
    this. setBorder(BorderFactory. createEtchedBorder());
    this. add(scrWelcome,BorderLayout. CENTER);
    scrCurrent＝scrWelcome;
    scrCurrent. setCurScreen();
    this. panelFunctionBtm. setOperator(scrCurrent);
    }
  @Override
  public void changeScreen(String scrName){
    if(SCR_WELCOME. equals(scrName)){
      changeScreen(scrWelcome);
    } else if(SCR_CARD. equals(scrName)){
```

```
        changeScreen(scrCard);
      }
    }
    @Override
    public void changeScreen(Screen screen){
      if(screen!=scrCurrent){
        this.remove(scrCurrent);
        this.add(screen);
        scrCurrent=screen;
        scrCurrent.setCurScreen();
        //更改其他面板的事件处理接口为当前屏幕
        this.panelKeyboard.setOperator(scrCurrent);
        this.panelFunctionTop.setOperator(scrCurrent);
        this.panelFunctionBtm.setOperator(scrCurrent);
        this.updateUI();
      }
    }
}
```

(8)添加 PanelFunctionTop 类,实现右上面板界面,使用 4×1 的风格布局,代码如下:

```
package com.csmzxy.soft.atm;
import java.awt.*;
import java.awt.event.*;
import javax.swing.*;
/**
 * 屏幕上4个功能键面板
 * <
 * <<
 * <<<
 * <<<<
 * @author wmxing
 */
public class PanelFunctionTop extends JPanel
                    implements ActionListener{
    private static final String CMD_LINE1="CMD1";     // 命令"< "
    private static final String CMD_LINE2="CMD2";     // 命令"<<"
    private static final String CMD_LINE3="CMD3";     // 命令"<<<<"
    private static final String CMD_LINE4="CMD4";     // 命令"<<<<"
    private static final String[] funcTxts={"    <    ",
        "    <<    ",
        "    <<<    ",
        "    <<<<"};
    private static final String[] funcCmds={CMD_LINE1,
        CMD_LINE2,
        CMD_LINE3,
```

```
            CMD_LINE4};
    //ATM 操作面板功能接口
    private IPanelOperator operator;
    public PanelFunctionTop(){
        this.setLayout(new GridLayout(4,1,10,10));
        for(int i=0;i<funcCmds.length;i++){
            JButton jr=new JButton(funcTxts[i]);
            jr.setActionCommand(funcCmds[i]);
            this.add(jr);
            jr.addActionListener(this);
        }
    }
    @Override
    public void actionPerformed(ActionEvent e){
        if(operator==null) return;
        String cmd=e.getActionCommand();
        if(CMD_LINE1.equals(cmd)){
            operator.cmdLine1();
        }else if(CMD_LINE2.equals(cmd)){
            operator.cmdLine2();
        }else if(CMD_LINE3.equals(cmd)){
            operator.cmdLine3();
        }else if(CMD_LINE4.equals(cmd)){
            operator.cmdLine4();
        }
    }
    public void setOperator(IPanelOperator operator){
        this.operator=operator;
    }
}
```

(9)添加 PanelKeyboard 类,使用了 4×4 的网格布局,实现数字面板,代码如下:

```
package com.csmzxy.soft.atm;
import java.awt.*;
import java.awt.event.*;
import javax.swing.*;
/**
 * 数字键盘面板,包含"确定""取消"
 */
public class PanelKeyboard extends JPanel implements ActionListener{
    private static final String[] keyTxts={
        "1",    "2",    "3",    "取消",
        "4",    "5",    "6",    "",
        "7",    "8",    "9",    "",
        ".",    "0",    "00",   "确定"};
```

```java
        private static final String CMD_INPUT="CMD_INPUT";
        private static final String CMD_CANCEL="Cancel";
        private static final String CMD_OK="Ok";
        private static final String[] keyCmds={CMD_INPUT, CMD_INPUT, CMD_INPUT, CMD_CANCEL,
                CMD_INPUT, CMD_INPUT, CMD_INPUT, "",
                CMD_INPUT, CMD_INPUT, CMD_INPUT, "",
                CMD_INPUT, CMD_INPUT, CMD_INPUT, CMD_OK};
        //ATM 操作面板功能接口
        private IPanelOperator operator;
        public PanelKeyboard(){
            this.setLayout(new GridLayout(4,4,5,5));
            for(int i=0;i<keyTxts.length;i++){
                JButton jb=new JButton(keyTxts[i]);
                jb.addActionListener(this);
                if(keyCmds[i]!=""){
                    jb.setActionCommand(keyCmds[i]);
                }
                this.add(jb);
            }
        }
        @Override
        public void actionPerformed(ActionEvent e){
            if(operator==null) return;
            String cmd=e.getActionCommand();
            if(CMD_INPUT.equals(cmd)){
                JButton jb=(JButton)e.getSource();
                operator.inputChar(jb.getText());
            }else if(CMD_OK.equals(cmd))
                operator.ok();
            else if(CMD_CANCEL.equals(cmd))
                operator.cancel();
        }
        public void setOperator(IPanelOperator operator){
            this.operator=operator;
        }
    }
```

(10)整个 ATM 界面由四个面板组成,修改类 ATMClient 代码如下:

```java
package com.csmzxy.soft.atm;
import java.awt.*;
import javax.swing.*;
/**
 * 封装 ATM 系统
 *
 */
```

```java
class ATMClient extends JFrame{
    private String id;
    private String name;
    private String location;
    /**
     * ATM 面板与屏幕对象
     */
    private PanelFunctionTop panelFunctionTop;    //ATM 右上面板
    private PanelKeyboard panelKeyboard;          //ATM 输入键盘面板
    private PanelFunctionBtm panelFunctionBtm;    //ATM 右下面板
    private PanelScreen panelScreen;              //屏幕面板
    public ATMClient(){
        this("01","默认","长沙民政");
    }
    public ATMClient(String id,String name,String location){
        this.id=id;
        this.name=name;
        this.location=location;
        //所有面板对象
        panelFunctionTop=new PanelFunctionTop();
        panelFunctionBtm=new PanelFunctionBtm();
        panelKeyboard=new PanelKeyboard();
        panelScreen=new PanelScreen(getAtmInfo(),
                    panelKeyboard,
                    panelFunctionTop,
                    panelFunctionBtm);
        JPanel jpTop=new JPanel();
        jpTop.setLayout(new BorderLayout(20,20));
        jpTop.add(panelScreen,BorderLayout.CENTER);
        jpTop.add(panelFunctionTop,BorderLayout.EAST);
        JPanel jpBtm=new JPanel(new BorderLayout(20,20));
        jpBtm.add(panelKeyboard,BorderLayout.CENTER);
        jpBtm.add(panelFunctionBtm,BorderLayout.LINE_END);
        JPanel jp=new JPanel(new GridLayout(2,1,20,30));
        jp.add(jpTop);
        jp.add(jpBtm);
        this.setLayout(new BorderLayout(20,10));
        this.add(jp,BorderLayout.CENTER);
        this.setTitle("ATM 模拟器");
        this.setSize(400,400);
        this.setLocationRelativeTo(this);
        this.setVisible(true);
        this.setDefaultCloseOperation(EXIT_ON_CLOSE);
    }
```

```
public static void main(String[] args){
    ATMClient atm＝new ATMClient();
}
}
```

三、独立实践

(1)添加新类 PanelFunctionBtm,继承 JPanel 类,实现右下面板,可使用 6×1 的网格布局,如图 P4-2 所示。

(2)修改 ScreenTransfer 类,实现转账屏幕,如图 P4-3 所示。

 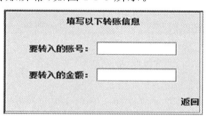

图 P4-2　右下面板　　　　　　　图 P4-3　转账屏幕

(3)自己完成其他屏幕类的设计,实现完整的基于 GUI 的 ATM 本机取款系统功能。

  ScreenMessage——————————— 消息屏幕

  ScreenDeposit——————————— 存款屏幕

  ScreenWithdraw————————— 取款屏幕

  ScreenOtherWithdraw————————— 自定义取款屏幕

  ScreenChangePwd ——————————— 修改密码屏幕

  ScreenMain———————————功能主屏幕

模块 5

网络编程及相关技术

Java 语言是基于网络计算的语言，网络应用是 Java 语言的重要应用之一。网络应用的核心思想是联入网络的不同计算机能够跨越空间协同工作，这首先要求它们之间能够准确、迅速地传递信息，在 Java 中这些信息是以数据流的方式传送的。在 Java 中通常使用多线程提高网络程序的性能，使用数据库技术为网络程序提供数据存取服务。

通过本模块的学习，能够：

- 创建和应用数据流。
- 创建和控制多线程。
- 实现基于 Socket 的网络通信。
- 实现基于 Datagram 的网络通信。

本模块通过实现"银行 ATM 自动取款系统"网络编程，让读者掌握网络通信技术及相关的流、多线程技术在实际项目中的综合运用。

第14章

实现流

主要知识点

- 流的分类。
- 主要流类的功能与用法。
- 文件流的处理。

学习目标

熟悉流的基本功能,掌握主要流类的用法,能够运用流进行输入/输出操作和文件的处理。

Java 程序的输入/输出功能是通过流(Stream)来实现的。流是指一组有顺序、有起点和终点的字节结合,如文件、网络。java. io 系统包提供了一套完整的流类,能够进行基本的 IO 操作和复杂的文件处理以及网络功能。本章主要介绍流和文件的处理方法并利用流完成 ATM 项目的输入/输出功能。

14.1　识别流的类型

数据流按照功能一般分为输入流(Input Stream)和输出流(Output Stream),但这种划分并不是绝对的,例如,一个文件,当向其中写数据时,它就是一个输出流;当从其中读取数据时,它就是一个输入流。当然,键盘只是一个输入流,而屏幕则只是一个输出流。

Java 中的流按照处理数据的单位可以分为两种:字节流和字符流,分别由四个抽象类来表示:InputStream、OutputStream、Reader、Writer,InputStream 和 Reader 用于读操作,OutputStream 和 Writer 用于写操作,Java 中的许多其他流类都是它们的子类。

按照对流中数据的处理方式,流又可以分为文本流和二进制流。文本流是一个字符序列,能够按照需要进行某些字符的转换,被读写的字符和外部设备之间不存在一一对应的关系,被读写的字符个数与外部设备中的字符个数不一定相等,例如,标准输出流 System. out 就是文本流,不同类型的数据经过转换后输出到标准输出设备(显示器)。而二进制流则在读写过程中不需要转换,外部调用的字节或字符与被读写的字节或字符完全对应。

文本不仅表示磁盘文件,也包括设备,如键盘、显示器、打印机,对它们的操作也是通过流完成的,通过建立流与特定文件的联系,可以从文件中读出字节,保存到数组或者使用输出流写入文件,外部设备中的字节或字符与被读写的字节或字符完全对应。

所有涉及流操作的程序均要加上语句"import java. io. ＊;"。

14.1.1　Java 标准输入/输出数据流

标准输入/输出指在字符方式（如 MS-DOS）下，程序与系统进行交互的方式，分为三种：标准输入、标准输出和标准错误。

System 是 java. lang 包提供的类，在 System 类提供的设施中，有标准输入、标准输出、标准错误输出流、对外部定义的属性和环境变量的访问、加载文件和库的方法，还有快速复制数组的一部分实用方法。它包括 PrintStream 类的三个常量，即 in（标准输入流，指键盘）、out（标准输出流，指屏幕）、err（标准错误流）。例如，System. in. read(buffer)用于接收从键盘输入的数据，System. out. println(buffer)用于在屏幕上显示 buffer 的内容。

【例 14-1】　从键盘输入若干个字符，回车结束，统计输入的字符个数。

```java
import java. io. * ;
public class StandardInputOutput{
  public static void main(String args[]) throws IOException{
    System. out. println("请输入字符，以回车结束：");
    byte buffer[]＝new byte[512]; //输入缓冲区
    int count＝System. in. read(buffer); //保存实际读入的字节个数
    System. out. println("输出："); //读取标准输入流
    for(int i=0;i<count;i++){
      System. out. print(""+buffer[i]); //输出 buffer 元素值
    }
    System. out. println(); //换行
    for(int i=0;i<count;i++){//按字符方式输出 buffer
      System. out. print((char) buffer[i]); //转换为字符后输出
    }
    System. out. println("count="+count); //buffer 实际长度
  }
}
```

运行结果如图 14-1 所示。

```
请输入字符，以回车结束：
abc123ABC456
输出：
 97 98 99 49 50 51 65 66 67 52 53 54 13 10
abc123ABC456
count = 14
```

图 14-1　标准输入/输出结果

从例 14-1 可以看出：(1)buffer[i]中保存的是字符的 ASCII 码，如果需要输出字符，则必须将它强制转换为 char 类型。(2)通过"count＝System. in. read(buffer);"语句，count 保存了用户输入的所有字符个数，包括回车键在内，回车键的字符个数为 2，ASCII 码分别是 13（回车）、10（换行），因此 count 的值为输入字符＋2。

14.1.2　InputStream 类

InputStream 是基本的输入流类，是一个抽象类，它定义了输入流类共同的特性，该类中的所有方法在遇到错误时都会引发 IOException 异常，所以，一般在定义方法时都会在后面加上 throws IOException 子句。它包括以下常用方法：

（1）int read()：返回下一个输入字节的整型表示，－1 表示遇到流的末尾（结束）。

（2）int read(byte[] b)：读入 b.length 个字节到数组 b 并返回实际读入的字节数。

（3）int read(byte[] b,int off,int len)：读入流中的数据到数组 b,保存在 off 开始的长度为 len 的数组元素中。

（4）long skip(long n)：跳过输入流上的 n 个字节并返回实际跳过的字节数。

（5）int avaiable()：返回当前输入流中可读的字节数。

（6）void mark(int readlimit)：在输入流的当前放置一个标志,表示允许最多读入 readlimit 个字节。

（7）void reset()：把输入指针返回以前所做的标志处（复位）。

（8）boolean markSupported()：是否支持 mark/reset 操作。

（9）void close()：关闭流操作,释放相应资源。

说明：InputStream 类是一个抽象类,不能直接实例化,程序中使用的是它的子类对象,但有些子类不支持其中的一些方法,如 skip、mark、reset。

14.1.3　OutputStream 类

OutputStream 是基本的输出流类,与 InputStream 类对应,它定义了输出流类共同的特性,定义和使用与 InputStream 类似,但它的所有方法都是 void 返回类型。包括以下常用方法：

（1）void writed(int b)：将一个字节写入输出流,也可以使用表达式。

（2）void writed(byte[] b)：将一个字节数组写入输出流。

（3）void writed(byte[] b,int off,int len)：将字节数组的从 off 开始的 len 个字节写入输出流。

（4）void flush()：彻底完成输出并清空缓冲区。

（5）void close()：关闭输出流,释放资源。

14.1.4　PrintStream 类

PrintStream 是打印流,用于打印输出,前面常用的标准打印输出对象 System.out 就是 PrintStream 类的实例对象。PrintStream 类可以使用 OutputStream 类定义的所有方法,还包括 print 和 println 方法,能够将不同类型的数据转换成字符串输出,println 方法输出当前内容后会换行,而 print 方法不会换行。PrintStream 类提供的方法包括：

（1）void writed(int b)。

（2）void writed(byte[] b)。

（3）void writed(byte[] b,int off,int len)。

（4）void flush()。

（5）void close()。

（6）void print(String s)或 void println(String s)。

（7）void println()：仅仅输出一个换行符。

PrintStream 类的构造方法包括：

（1）PrintStream(OutputStream out)。

（2）PrintStream(OutputStream out,boolean autoflush)：输出后是否自动清空缓冲区。

14.1.5 DataInputStream 类和 DataOutputStream 类

InputStream 类和 OutputStream 类定义了流类的基本特性,但它们读写数据时只能一次读写若干字节,实际使用不方便。数据输入/输出流类 DataInputStream 和 DataOutputStream 则以 InputStream 和 OutputStream 作为对象,以 InputStream 和 OutputStream 类一次读写若干字节的功能为基础,提供了读写各种类型数据的功能。其构造方法是:

public DataInputStream(InputStream in) 或 public DataOutputStream(OutputStream out),其中 in 和 out 是输入/输出流对象。例如:

DataOutputStream display=new DataOutputStream(System.out);

DataInputStream input=new DataInputStream(System.in);

DataInputStream 类提供了读取各种数据的方法,包括 read(byte b[])、read(byte[] b,int off,int len)、readChar()、readLong()、readFloat()、readDouble()等。

DataInputStream 类是 FilterInputStream 类的子类,能够继承 FilterInputStream 类的 skip、avaiable、close、mark、read 等方法,功能用法与 InputStream 相似。

DataOutputStream 用于输出数据,其方法与 DataInputStream 相似。

14.1.6 InputStreamReader 类和 OutputStreamWriter 类

InputStreamReader 类和 OutputStreamWriter 类是 Reader 和 Writer 的子类,提供从字节流到字符流的转换,InputStream 类和 OutputStream 类处理的是字节流,在读写双字节的中文信息时可能出现错误,利用 Reader 和 Writer 类处理就能够解决这个问题。

InputStreamReader 类提供的构造方法包括:

(1)InputStreamReader(InputStream in)。

(2)InputStreamReader(InputStream in,String charsetName)。

(3)InputStreamReader(InputStream in,Charset cs)。

(4)InputStreamReader(InputStream in,CharsetDecoder dec)。

charsetName 是字符集名,Charset 是字符集,CharsetDecoder 是字符编码集。

InputStreamReader 和 OutputStreamWriter 类提供的方法与 InputStream 以及 OutputStream 相似,只是以字符为单位进行读写操作。

14.1.7 BufferedInputStream 类和 BufferedOutputStream 类

BufferedInputStream 类和 BufferedOutputStream 类允许 I/O 一次读取多个字节,提高系统性能,可以使用 skip、reset、mark 方法。

1. BufferedInputStream 类

可以对任何 InputStream 进行带缓冲区的封装。构造方法包括:

(1)BufferedInputStream(InputStream in):构造一个带 32 B 缓冲区的缓冲流。

(2)BufferedInputStream(InputStream in,int size):构造一个指定大小缓冲区的缓冲流。

2. BufferedOutputStream 类

向 BufferedOutputStream 输出和向 OutputStream 输出完全相同,只不过 BufferedOutputStream 中有一个强制输出缓冲区数据的方法 flush。构造方法包括:

（1）BufferedOutputStream(OutputStream in)：构造一个带 32 B 缓冲区的缓冲流。

（2）BufferedOutputStream(OutputStream in,int size)：构造一个指定大小缓冲区的缓冲流。

【例 14-2】 将键盘输入的信息显示到屏幕上。

```java
import java.io.*;
public class CharInput{
  public static void main(String args[]) throws IOException{
    String s;
    InputStreamReader ir;
    BufferedReader in;
    ir=new InputStreamReader(System.in);
    in=new BufferedReader(ir);
    while((s=in.readLine())!=null){
      System.out.println("Read:"+s);
    }
  }
}
```

运行结果是输入一行信息后回车,系统显示输入内容。程序中表达式 s=in.readLine()!= null 的意义是：当从键盘读入的当前行内容不为空,也就是说结束输入的方法是强制退出或者关闭窗口。

【例 14-3】 编写程序,接收用户输入的 10 个整数,求平均值。

```java
import java.io.*;
public class Average{
  public static void main(String args[]){
    int i,n=10,s=0;
    float aver;
    try{
      for(i=1;i<=n;i++){
        BufferedReader br=new BufferedReader(new InputStreamReader(System.in));
        s=s+Integer.parseInt(br.readLine());} //将字符型转换为整型
      }
      catch(IOException e){}
      aver=s/10f;
      System.out.println("这 10 个数的平均值是:"+aver);
    }
  }
}
```

说明：本程序在运行时输入数据,应该每输入一个数值就要按一下回车键。

14.2 应用文件流

文件是一种特殊的数据流,同时具有输入和输出功能。既可以以字节为单位读取文件内容,常用于读二进制文件,如图片、声音、影像等文件；也可以以字符为单位读取文件内容,常用于读文本文件,如数字等类型的文件；还可以以记录方式（行为单位）读取其内容,常用于读随机存取文件。

14.2.1 File 类

File 类

File 类是 IO 包中唯一能够代表磁盘文件本身的对象,File 类定义了一些与平台无关的方法进行文件操作,如建立、删除、查询、重命名等。

目录是一种特殊的文件,用\(在 Windows 环境下)或/(在 UNIX 及 Linux 环境下)分隔目录名。对文件进行处理后,可利用资源管理器查看。例如:

File myFile＝new File("myfilename");

功能是让文件对象与实际文件建立关联,文件名前可以加上路径。

1. File 类的常用方法

(1)String getName():获取文件名。

(2)String getPath():获取文件路径。

(3)String getAbsolutePath():获取文件绝对路径。

(4)String getParent():获取文件父目录名称。

(5)boolean renameTo(File newName):文件改名是否成功。

(6)boolean exists():文件是否存在。

(7)boolean canWrite():文件是否可写。

(8)boolean canRead():文件是否可读。

(9)boolean isFile():是不是文件。

(10)boolean isDirectory():是不是目录。

(11)boolean isAbsolute():是不是绝对路径。

(12)long lastModified():文件最后修改的时间。

(13)long length():文件长度。

(14)boolean delete():删除文件。

2. 对于目录的操作方法

(1)boolean mkdir():建立目录。

(2)boolean mkdirs():建立多个层次的目录。

(3)String[] list():找出符合条件的文件名。

【例 14-4】 判断 C 盘根目录下指定的文件 1. txt 是否存在,若存在显示其相关信息,否则显示文件不存在的提示。

```
import java.io. * ;
public class FileTestDemo{
    public static void main(String[] args){
        File f＝new File("c:\\1. txt");
        if(f. exists()){
            System. out. println("文件名:"＋f. getName());
            System. out. println("文件所在目录:"＋f. getPath());
            System. out. println("绝对路径是:"＋f. getAbsolutePath());
            System. out. println("父目录是:"＋f. getParent());
            System. out. println(f. canWrite()?"此文件可写":"此文件不可写");
            System. out. println(f. canRead()?"此文件可读":"此文件不可读");
            System. out. println(f. isDirectory()?"是":"不是"＋"一个目录");
```

```
            System.out.println(f.isFile()?"是一个普通文件":"不是普通文件");
            System.out.println(f.isAbsolute()?"是绝对路径":"不是绝对路径");
            System.out.println("最后修改时间:"+f.lastModified());
            System.out.println("大小为:"+f.length()+"Bytes");
        }
        else
            System.out.println("C 盘根目录下不存在这个文件");
    }
}
```

运行结果如图 14-2 所示。

```
文件名:1.txt
文件所在目录:c:\1.txt
绝对路径是:c:\1.txt
父目录是:c:\
此文件可写
此文件可读
不是一个目录
是一个普通文件
是绝对路径
最后修改时间:1389536480687
大小为:822Bytes
```

图 14-2　文件信息的显示

说明:最后修改时间是从 1970 年 1 月 1 日开始到现在一共经过的毫秒数,而不是最后修改日期。

14.2.2　FileInputStream 类和 FileOutputStream 类

文件输入/输出类,用于完成磁盘文件的读写操作。在创建一个 FileInputStream 类的对象时通过构造函数指定文件名和路径,而在创建一个 FileOutputStream 类的对象时,如果文件存在,则覆盖它。

FileInputStream 类的常用构造方法有两种:

(1)FileInputStream(String fileName)。

(2)FileInputStream(File file)。

例如:下面两种方法均可形成文件对象。

方法一:

FileInputStream inOne=new FileInputStream("helloworld.txt");

方法二:

File f=new File("helloworld.txt");

FileInputStream inTwo=new FileInputStream(f);

FileOutputStream 类的常用构造方法也有两种,与 FileInputStream 类相似:

(1)FileOutputStream(String fileName)。

(2)FileOutputStream(File file)。

说明:创建一个 FileOutputStream 类的对象时,可以是不存在的文件,但不能是已经存在的目录,也不能是已打开的文件。

【例 14-5】　读出文件 FileInputDemo.java 的内容并显示出来。

import java.io.*;

```
public class FileInputDemo{
    public static void main(String args[]){
        byte b[]＝new byte[2048]；//建立缓冲区数组
        try{
            FileInputStream f＝new FileInputStream("FileInputDemo. java")；
            //建立文件对象与实际文件的关联
            int i＝f. read(b,0,2048)；//将文件中读出 2048 个字节内容放入数组 b
            String s＝new String(b,0,2048)；//利用数组 b 中的内容建立字符串
            System. out. print(s)；}
        catch(Exception e){System. out. println(e. toString())；} //异常捕获语句
    }
}
```

说明：文件处理程序在编译时并不考虑实际文件是否存在，只有在运行时才查找物理文件，因为可能遇到文件不存在的情况，从而产生异常，所以文件读写操作程序大多要进行异常处理。

☞思政小贴士

通过本章学习，掌握了输入/输出流和文件流的用法，它们都有各自的用处和优缺点，在编程时要根据具体的情况选取最合适的方法。同学们在成长过程中，也要擅于总结和提炼，取长补短，从众多渠道中探索最佳方案和路径，提高工作效率。

技能训练 12 实现流

一、目的

1. 理解流式输入/输出的基本原理。
2. 掌握 DataInputStream 和 DataOutputStream 类的使用方法。
3. 掌握 File、FileInputStream 和 FileOutputStream 类的使用方法。
4. 掌握 RandomAccessFile 类的使用方法。
5. 培养良好的编码习惯。

二、内容

1. 任务描述

(1)使用 FileInputStream 类和 FileOutputStream 类将 Input. txt 文件中的内容复制到 Output. txt 文件中。

(2)使用 DataOutputStream 类将 Java 基本类型数据写到一个输出流，然后再使用 DataInputStream 类从输入流读取这些数据。

2. 实训步骤

(1)打开 Eclipse 开发工具，新建一个 Java Project，项目名称为 Ch14Train，项目的其他设置采用默认设置。注意当前项目文件的保存路径。

(2)在 Ch14Train 项目中添加一个文本文件 Input. txt(添加在当前项目 Ch14Train 的目

录下),打开 Input. txt 文件,在其中输入一些内容进行保存。

(3)在 Ch14Train 项目中添加一个类文件 TestCopyFile. java,代码如下:

```java
import java.io.*;
/**
 * 文件读写操作
 */
public class TestCopyFile{
  public static void main(String[] args){
    try{
      //构造输入流进行读
      FileInputStream fis=new FileInputStream("Input.txt");
      //构造输出流进行写
      FileOutputStream fos=new FileOutputStream("Output.txt");
      int read=fis.read();   //读取一字节,当返回-1时结束
      while(read!=-1){
        fos.write(read);   //写一字节
        read=fis.read();
      }
      fis.close();   //关闭文件
      fos.close();
    }catch(IOException e){
      System.out.println(e);
    }
  }
}
```

(4)编译并运行该程序,查看当前项目的目录下是否存在 Output. txt 文件,如果存在,查看该文件的内容是否与 Input. txt 文件的内容相同,相同则说明文件复制成功。

(5)在 Ch14Train 项目中新建一个 Java 类文件 TestDataStream. java,输入的程序代码如下:

```java
import java.io.*;
public class TestDataStream{
  public static void main(String[] args){
    try{
      //构建输出流进行写文件
      FileOutputStream fos=new FileOutputStream("DStream.txt");
      DataOutputStream dos=new DataOutputStream(fos);
      //写入内容
      dos.writeUTF("Java 程序设计");
      dos.writeInt(90);
      dos.close();
      //构造输入流进行读文件
      FileInputStream fis=new FileInputStream("DStream.txt");
```

```
    DataInputStream dis＝new DataInputStream(fis);
    //读内容
    System. out. println("课程:"＋dis. readUTF());
    System. out. println("分数:"＋dis. readInt());
    dis. close();
}catch(IOException e){
    System. out. println(e);
}
}
}
```

(6)编译并运行该文件,查看当前实验目录下 DStream. txt 文件的内容,分析 DataInputStream 和 DataOutputStream 的作用。

3. 任务拓展

创建包含一个 TextArea、一个打开按钮和一个关闭按钮的 Java 应用程序。当用户单击【打开】按钮时,弹出一个 FileDialog 以帮助用户选择要查看的文件名称,然后使用 RandomAccessFile 类读取选定的文件并将其内容显示在文本输入框中。参考程序代码如下:

```java
import java. awt. FileDialog;
import java. awt. FlowLayout;
import java. awt. event. ActionEvent;
import java. awt. event. ActionListener;
import java. io. * ;
import javax. swing. * ;
public class TestRandomAccessFile extends JFrame
    implements ActionListener{
    public static void main(String[] args){
        new TestRandomAccessFile();
    }
    private JTextArea taContent;
    private JButton btnOpen,btnQuit;
    private FileDialog fd;
    public TestRandomAccessFile(){
        //设置标题
        super("获取并显示文本文件");
        //创建界面
        taContent＝new JTextArea(10,45);
        btnOpen＝new JButton("打开");
        btnQuit＝new JButton("关闭");
        setLayout(new FlowLayout());
        add(taContent);
        add(btnOpen);
        add(btnQuit);
        //设置监听事件
```

```
        btnOpen. addActionListener(this);
        btnQuit. addActionListener(this);
        setSize(350,300);
        setVisible(true);
    }
    public void actionPerformed(ActionEvent e){
        if(e. getActionCommand()=="打开"){
            //创建文件打开对话框
            fd=new FileDialog(this,"打开文件",FileDialog. LOAD);
            fd. setDirectory(".");
            fd. setVisible(true);
            try{
                if(fd. getFile()==null || fd. getFile()=="") return;
                File myfile=new File(fd. getDirectory(),fd. getFile());
                RandomAccessFile raf=new RandomAccessFile(myfile,"r");
                //读取文件
                while(raf. getFilePointer()<raf. length()){
                    taContent. append(raf. readLine()+"\n");
                }
            }catch(IOException ioe){
                System. err. println(ioe. toString());
            }
        }
        if(e. getActionCommand()=="关闭"){
            dispose();
            System. exit(0);
        }
    }
}
```

运行上面的程序,单击【打开】按钮时,弹出文件对话框,选择文件,将文件的内容显示在文本输入框中。

4.思考题

运行上面的程序,思考下面的问题:

(1)文件对话框打开时的基础目录是什么?

(2)本程序中 File 类的作用是什么?

(3)如果用该程序读取带有汉字的文件时,会出现乱码,这是为什么?

(4)如何将本程序改为以 FileInputStream 类读取文本文件的内容?

三、独立实践

1.编写一个图形界面的程序,包括分别用于输入字符串和浮点数的两个 TextField,以及两个按钮(一个是【输入】按钮,一个是【输出】按钮)和一个 TextArea。用户在两个 TextField 中输入数据并单击【输入】按钮后,程序利用 DataOutputStream 把这两个数据存入文件 file. dat 中,单击【输出】按钮后,则把这个文件的内容利用 DataInputStream 读出,并显示在 TextArea 中。

2.改写上面的程序,利用 PrintStream 向文件中输入数据,则应该怎样读取数据?

3.改写上面的程序,利用 FileDialog 确定保存数据文件的名称和位置。

4.修改 ATM 系统,将 ATM 单机系统中的客户数据与账户信息保存到文件中。

提示:用两个文本文件分别保存客户数据 customer. txt、账户数据 acc. txt,创建一个 ATMFileService 类,继承 ATMLocalService 类或实现 IATMService 接口,在类的构造函数中,从数据文件读取数据,初始化客户列表和账户列表,另外实现两个方法分别保存客户列表和账户列表中的数据。 当 ATM 系统关闭或客户进行了账户变动的操作时,将数据保存到文件。

 习　题

一、简答题

1.什么叫流? 流分为哪几种?

2.Java 的所有 I/O 流都是四个抽象类的子类,这四个抽象类是什么?

3.写出下面这些输入/输出流类的输入/输出操作的特点。

(1)InputStream 和 OutputStream

(2)DataInputStream 和 DataOutputStream

(3)FileInputStream 和 FileOutputStream

4.File 类的作用是什么?

5.Java 语言是否可以读入和写出文本格式的文件? 如果可以,如何读写?

6.流文件读入和写出的操作过程有哪些?

二、操作题

1.设计一个程序,接收用户从键盘输入的多个字符,换行表示字符输入结束。输入完后将其显示在屏幕上。

2.编写程序,实现当用户输入的文件名不存在时,可以重新输入,直到输入一个正确的文件名后,打开这个文件并将文件的内容输出到屏幕上的功能。

3.编写程序,将程序文件的源代码复制到程序文件所在目录下的"backup. txt"文件中。

第 15 章

实现多线程

主要知识点

- 线程的概念。
- 线程的优先级与生命周期。
- 线程的创建方法。
- 线程的同步处理。

学习目标

理解线程与多线程的意义,掌握线程的创建和用法,能够运用线程处理机制解决程序的同步问题。

多线程是 Java 程序的一个重要特征,线程本来是操作系统中的概念,Java 将这一概念引入程序设计语言中,让程序员利用线程机制编写多线程程序,使系统能够同时运行多个执行体,从而加快程序的响应速度,提高计算机资源的利用率。本章主要介绍多线程机制和多线程编程的基本方法。

15.1 认识多线程

线程 Thread 本来是操作系统中的概念,由进程 Process 引申而来。进程是在多任务 OS 中,每个独立运行的程序,即"正在进行的程序",它是程序的一次动态执行过程。而线程是一个程序内部的一条执行线路,是一个比进程更小的单位,一个进程包含若干个线程,也就是说线程是指程序中顺序执行的一个指令序列,多线程机制允许程序并发执行多个指令序列,且彼此相互独立、互不干涉。一个标准的线程由线程 ID、当前指令指针、寄存器集合和堆栈组成,线程是进程中的一个实体,是被系统独立调度和分派的基本单位,线程自己不拥有系统资源,只拥有一点在运行中必不可少的资源,但它可以与同属一个进程的其他线程共享进程所拥有的全部资源。一个线程可以创建和撤销另一个线程,同一进程中的多个线程之间可以并发执行。由于线程之间的相互制约,致使线程在运行中呈现出间断性。线程也有就绪、阻塞和运行三种基本状态。每一个程序都至少有一个线程,若程序只有一个线程,那就是程序本身。

如果要实现一个程序中多段代码的交替运行,需要创建多个线程,并为每个线程指定所要运行的代码段。

迅雷、腾讯 QQ、高德导航等优秀国产软件都是多线程技术的典型应用,如同时开启多个聊天窗口、同时为多台汽车选择最佳路线,编程就是解决工作生活中的问题,程序员不仅要有良好的技术技能,也要关注生活,要善于吸收别人的经验,才能设计出更高质量的软件,服务社会,服务国家。

15.1.1 多线程的意义

多线程允许将程序任务分成几个并行的子任务,以提高系统的运行效率。网络编程时,很多功能是可以并发进行的。网络蚂蚁(NetAnts)、迅雷等软件就是采用多线程实现快速下载的,其中的蚂蚁数就是线程数,用户可以设置。也就是说,如果需要从 FTP 服务器上下载文件,由于网络传输速度慢,客户端发出请求后,等待服务器响应,此时客户端处于等待状态,如果有两个独立的线程去完成这一功能,当一个线程等待时,另一个线程可以建立连接,请求另一部分数据,这样就可以充分利用网络资源,提高文件的下载速度。

多个线程的执行是并发进行的,即在逻辑上同时进行,而不管在物理上是否同时,例如,一台机器只有一个 CPU 设备,物理上不可能同时进行,但因为处理速度非常快,用户并不能感觉到 CPU 还在完成其他任务,完全可以设想各个线程是同时进行的。多线程程序和单线程程序在设计时必须考虑的问题是:因为各线程的控制流彼此独立,从而导致各线程代码执行的顺序不确定,程序员需要解决由此带来的线程同步及调度问题。

线程是比进程更小的执行单位,一个进程在执行过程中可以产生多个线程,每个线程也有自己的产生、存在和消亡过程,也是一个动态的概念,同一进程的多个线程共享一块内存空间和一组系统资源,有可能相互影响。

15.1.2 线程的优先级与分类

每一个线程都会分配一个优先级,优先级越高,系统优先调度执行。Java 将线程的优先级分为十个等级,用数字 1~10 表示,数字越大优先级越高,默认的优先级是居中,即 5。

Thread 类定义了三个线程优先级常量,它们是:

(1)MIN_PRIORITY:最小优先级,用 1 表示。

(2)MAX_PRIORITY:最大优先级,用 10 表示。

(3)NORMAL_PRIORITY:普通优先级,用 5 表示。

为了控制线程的运行,Java 定义了线程调度器监视系统中处于就绪状态的所有线程,并按优先级决定哪个线程投入运行。具有相同优先级的所有线程采用排队的方式共同分配 CPU 时间。

线程分为两类,用户线程和守护线程(Daemon,也称为后台线程)。守护线程具有最低的优先级,用于为系统中其他对象和线程提供服务,例如,系统资源自动回收线程,它始终在低级别的状态中运行,用于实时监控和管理系统可回收资源。Java 程序运行到所有用户线程终止,然后结束所有守护进程,对一个应用程序,main 方法结束以后,如果另一个用户线程仍在运行,则程序继续运行,如果只剩下守护进程,则程序自动终止。

15.1.3 线程的生命周期

每个 Java 程序都有一个缺省的主线程,对于 Application,主线程就是 main 方法执行的指令序列,对于 Applet,主线程指挥浏览器加载并执行 Java 小程序。

要实现多线程,必须由用户创建新的线程对象。前面所有例题都是单线程程序。

Java 程序使用 Thread 类及其子类的对象表示线程,新建的线程在它完整的生命周期中,包括新建、就绪、运行、阻塞和死亡五种状态。

(1)新建(New)状态,用 new 命令建立一个线程后,还没有启动其指定的指令序列,这时的线程状态就是新建状态,这时线程已经分配了内存空间和其他资源。处于新建状态的线程可能被启动也可能被杀死。

(2)就绪(Runnable)状态,也称为可运行状态,处于新建状态的线程被启动后即进入了本状态。这时线程正在等待分配 CPU 资源,一旦获得 CPU 资源即进入自动运行状态。

(3)运行(Running)状态,线程获得了 CPU 资源正在执行任务,此时除非它自动放弃 CPU 资源或者有更高优先级的线程进入,否则线程将一直运行到结束。

(4)阻塞(Blocked)状态,由于某种原因致使正在运行的线程让出 CPU 资源暂停自己的执行,即进入阻塞状态,这时只有引起线程堵塞的原因被消除后才能使本线程回到就绪状态。

(5)死亡(Dead)状态,处于死亡状态的线程不具备继续运行的能力,死亡的原因有两个:一个是正常的线程完成了它的全部任务后退出;另一个是线程被强制中止,如调用 stop 或 destroy 方法让线程消亡。此时线程不可能再进入就绪状态等待执行。

线程的状态及生命周期如图 15-1 所示。

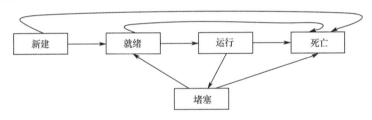

图 15-1　线程的状态及生命周期

15.2　创建多线程

Java 语言支持多线程编程,编写多线程程序无须访问操作系统的编程接口,它提供了类 java.lang.Thread,程序员创建一个新的线程只需要指明这个线程所需要执行的代码。

15.2.1　Thread 线程类

Thread 线程类包含在 java.lang 包中,提供了多线程编程的基本方法。

1.构造方法

Thread 线程类的构造方法很多,主要包括:

(1)Thread()。

(2)Thread(Runnable target)。

(3)Thread(Runnable target,String name)。

(4)Thread(String name)。

(5)Thread(ThreadGroup group,String name)。

(6)Thread(ThreadGroup group,Runnable target,String name)。

(7)Thread(ThreadGroup group,Runnable target)。

其中 target 是 Runnable 接口类型的对象,用于提供该线程执行的指令序列,name 是新线程的名称,group 是线程组,ThreadGroup 线程组类是为了方便线程的调度管理而定义的一个类,可以将若干线程加入同一线程组。

2. 主要方法

(1)int activeCount():返回当前活动线程数。

(2)Thread currentThread():返回当前运行的线程。

(3)String getName():返回线程的名字。

(4)void destroy():破坏线程,但不进行清理。

(5)int getPriority():返回线程的优先级。

(6)ThreadGroup getThreadGroup():返回线程组名。

(7)void interrupt():中断线程。

(8)boolean isInterrupted():判断线程是否已经中断。

(9)boolean isActive():判断线程是否处于活动状态。

(10)boolean isDaemon():判断线程是不是守护线程。

(11)void run():运行,指定线程需要运行的代码。

(12)void setDaemon(boolean on):设置是不是守护线程。

(13)void setName(String name):设置线程名。

(14)void setPriority():设置线程的优先级。

(15)void sleep(long millis):设置等待的毫秒数。

(16)void stop():停止线程,进入死亡状态。

(17)void suspend():挂起线程,使之阻塞,进入睡眠状态。

(18)void resume():恢复被挂起的线程。

15.2.2 线程的创建

创建线程有两种方法,一种是继承 Thread 类创建线程,另一种是通过实现 Runnable 接口创建线程。

创建线程

1. 继承 Thread 类创建线程

线程类中定义了方法 run,称为线程体方法,指定线程所要执行的指令序列,创建一个线程并调用 start 方法启动线程后,run 方法会自动被调用,如果在 Thread 的子类中覆盖 run 方法,则线程启动后子类中定义的 run 方法被调用,这是创建线程最简单最直接的方法。一般包括三步:

(1)从 Thread 类派生一个类,并覆盖 Thread 类中的 run 方法。

(2)创建该子类的对象。

(3)调用 start 方法启动本线程。

【例 15-1】 线程的使用。

```
public class ThreadDemo1{
    public static void main(String args[]){
        new TestThread().run();
        while(true){//注意代码块 1
            System.out.println("主线程正在运行");}
    }
}
```

```
class TestThread{
    public void run(){
        while(true){//注意代码块 2
            System. out. println(Thread. currentThread(). getName()+"正在运行");
        }
    }
}
```

运行结果是不停地显示"main 正在运行",而不是"主线程正在运行"。可以得出结论:代码块 2 先执行并且是死循环,代码块 1 没有执行,当前线程名是 main。

下面对 ThreadDemo1.java 做修改,增加 Thread 类的方法 start(),看结果如何。

【例 15-2】　修改后的程序。

```
public class ThreadDemo2{
    public static void main(String args[]){
        new TestThread(). start(); //原来是 run()
        while(true){System. out. println("主线程正在运行");}
    }
}
class TestThread extends Thread{//原来没有 extends Thread 子句
    public void run(){
        while(true){
            System. out. println(Thread. currentThread(). getName()+"正在运行");}
        }
    }
}
```

运行结果是:"主线程正在运行"和"Thread-1 正在运行"交替显示。可以得出结论:在单线程环境下,main 方法必须等到方法 TestThread. run 返回后才能继续执行;多线程时,main 方法调用了 TestThread. start 方法,而不必等到 TestThread. run 方法返回就继续执行,TestThread. run 方法在一边单独执行,并不影响 main 方法的运行。

线程总结:

(1)要将一段代码放在一个新的线程上运行,应该包括在类的 run 方法中,并且 run 方法所在的类是 Thread 的子类。

(2)要实现多线程,必须编写一个继承了类 Thread 的子类,子类要覆盖 Thread 类的 run 方法,在子类的 run 方法中调用要在新线程上运行的程序代码。默认的 run 方法什么也不做。

(3)通过 Thread 子类对象的 start 方法启动一个新线程,它将产生一个新线程,并在这个线程上运行 Thread 子类对象的 run 方法。

(4)run 方法结束时相应线程也结束,通过控制 run 方法中的循环条件达到终止线程的目的。

(5)线程具有优先级,优先级高的线程优先调度。

2. 实现 Runnable 接口创建线程

通过继承 Thread 类创建线程的方法虽然简单,但存在问题,例如,如果一个类继承了 Applet 类,它就无法再继承 Thread 类了,因为 Java 是单继承的语言。于是 Java 提供了第二种建立线程的方法,那就是实现 Runnable 接口创建线程。

接口类 Runnable 只有一个方法 run,本方法传递了一个实现 Runnable 接口的类对象,这样创建的线程调用那个实现 Runnable 接口的类对象中的 run 方法;作为线程的运行代码,而不再调用 Thread 类的 run 方法。

方法 run 由系统自动调度，即通过 start 方法，而不能由程序调用。

实现 Runnable 接口建立多线程的步骤是：

(1)定义一个类，实现 Runnable 接口，例如：

public class MyThread implements Runnable{

public run(){……}}

(2)创建自定义类的对象，如 MyThread target＝new MyThread()。

(3)创建 Thread 类对象，并指定该类的对象作为 target 参数，例如：

Thread newThread＝new Thread(target)；

(4)启动线程，如 newThread. start()。

【例 15-3】 利用实现 Runnable 接口的方法创建线程。

```
public class ThreadDemo3{
   public static void main(String args[]){
     Target first,second; //类 Target 的定义在后面
     first＝new Target("第一个线程");
     second＝new Target("第二个线程");
     Thread one,two; //建立两个 Thread 类对象
     one＝new Thread(first);
     two＝new Thread(second);
     one. start();
     two. start();}
   }
   class Target implements Runnable{//此处实现接口 Runnable
     String s; //线程名
     public Target(String s){//建立构造方法
     this. s＝s;
     System. out. println(s+"已经建立");}
     public void run(){
     System. out. println(s+"已经运行");
     try{
        Thread. sleep(1000); //等待 1 分钟
     }catch(InterruptedException e){} //捕获对应的异常
     System. out. println(s+"已经结束");
   }
}
```

运行结果如图 15-2 所示。

```
第一个线程已经建立
第二个线程已经建立
第二个线程已经运行
第一个线程已经运行
第二个线程已经结束
第一个线程已经结束
```

图 15-2 通过实现 Runnable 接口创建线程

从运行结果可以看出,两个线程分别建立后再投入运行直到最后完成。调用 Thread. sleep 方法时必须使用 try...catch 代码块处理,否则编译出错。sleep 方法只是临时让出 CPU,并没有放弃 CPU 的控制权。相对继承 Thread 类,实现 Runnable 接口方法的好处包括:

(1)适合于多个相同程序代码的线程处理同一资源的情况。

(2)避免了单继承带来的局限性。

(3)有利于程序的健壮性,代码可被多个线程共享,代码与数据独立。

(4)几乎所有多线程应用都采用实现 Runnable 接口的方法创建线程。

15.3 同步多线程

同一进程的多个线程共享同一内存空间,而线程调度是抢占式的,这样就会带来访问冲突的问题。

例如,有一个银行账号,存款余额是 8000 元,用户 A 持有信用卡,用户 B 持有存折,如果两人同一时间都要求取款 5000 元。会出现什么情况?

取款的过程分两步:(1)取款;(2)更新账户余额。用户 A 取款 5000 后,还没有来得及更新账户余额,用户 B 抢得线程,又取款 5000 元(这时账户余额还是 8000 元),然后更新账户余额,剩下 3000 元,用户 B 取款完成后,用户 A 线程再运行,继续更新账户余额,余额变为 —2000。

产生负数余额的原因是:取款过程的两步被分开执行。针对这个问题,可以将取款过程的两个动作锁定,即放入同步代码块中,直到两步都执行完才能允许其他线程执行,这就是线程的同步。

15.3.1 synchronized 同步方法

通过在方法声明中加入 synchronized 关键字可以声明同步方法。例如:

```
public synchronized void fetchMoney(){
    synchronized(this){
    ……}
}
```

synchronized 方法控制对对象成员的访问,每个对象对应一把锁,每个 synchronized 方法都必须获得调用该方法对象的锁后才能执行,本方法一旦执行就独享该锁,直到从本方法返回时才释放,然后被阻塞的线程可以获得锁而投入运行状态。这种同步机制确保了同一时刻对于同一个类的不同对象,synchronized 方法成员至多有一个处于运行状态,避免了对对象成员的访问冲突。

【例 15-4】 多个窗口联网卖车票的问题,假设车票共 100 张,编写从 100 号开始逐渐减少,直到票号为 0,表示所有票已经全部卖完的卖票程序。票号是根据卖出情况自动编写并当场打印的,就是说卖票过程包括卖票和车票号递减两步。

```
public class ThreadSyncDemo{
    public static void main(String [] args){
        ThreadTest t=new ThreadTest();
        new Thread(t).start();//产生第一个线程(售票窗口)
        t.str=new String("method");
```

```
        new Thread(t).start(); //产生第二个线程(售票窗口)
    }
}
class ThreadTest implements Runnable{
    private int tickets=100;
    String str=new String("");
    public void run(){
        if(str.equals("method")){
            while(true){sale();}
    }
    else{while(true){
        synchronized(str){
            if(tickets>0){
            try{Thread.sleep(10);}
            catch(Exception e){
                System.out.println(e.getMessage());}
                System.out.println(Thread.currentThread().getName()+
                "正在卖第"+tickets--+"号票");}
            }
          }
        }
    }
    public synchronized void sale(){
        if(tickets>0){
            try{Thread.sleep(10);}
            catch(Exception e){System.out.println(e.getMessage());}
            System.out.println(Thread.currentThread().getName()+"正在卖第"+tickets--+"号票");}
        //if 语句结束
    } //同步方法 sale 结束
}
```

本程序的运行结果是显示 Thread-0 正在卖第 X 张票,X 的值由 100 逐渐减少为 1。从本题可以看出来,把代码放到一个同步方法中,保证了各个窗口卖出的票号不相同,而且不会出现票号为 0 或者负数的情况。

15.3.2 synchronized 同步代码块

synchronized 方法虽然可以解决同步问题,但也存在缺陷,如果一个 synchronized 方法需要执行较长的时间,将影响系统效率。Java 提供了一种解决办法,就是 synchronized 同步代码块,通过 synchronized 关键字将一个程序块声明为同步代码块,而不是将整个方法声明为同步方法。synchronized 同步代码块的声明格式如下:

```
synchronized(syncObject){
    …… //允许访问控制的代码
}
```

synchronized 同步代码块中的代码必须获得 syncObject(同步对象,可以是类或者实例)

的锁后才能执行,管理机制与同步方法相同。由于可以针对任意代码块,并且可以指定任意加锁的对象,具有较大的灵活性。

【例 15-5】　将例 15-4 程序的功能用同步代码块的方法实现。

```
public class ThreadSyncCodeDemo{
    public static void main(String[] args){
        ThreadTest t＝new ThreadTest();
        new Thread(t).start();//本线程调用同步代码块
        new Thread(t).start();//本线程调用同步函数
    }
} // ThreadSyncCodeDemo 类结束
class ThreadTest implements Runnable{
    private int tickets＝100;
    public void run(){
        while(true){
            synchronized(this){//在这里设置同步代码块,而不是同步方法
                if(tickets＞0){
                    try{Thread.sleep(10);}
                    catch(Exception e){
                        System.out.println(e.getMessage());}
                    System.out.println(Thread.currentThread().getName()＋"正在卖第"+tickets--
                        +"号票");
                } //结束条件语句 if(tickets＞0)
            } //结束同步代码块 synchronized(this)
        } //结束循环语句 while(true)
    } //结束方法 public void run()
} //结束 ThreadTest 类
```

运行结果如图 15-3 所示。

```
Thread-1 正在卖第5号票
Thread-1 正在卖第4号票
Thread-0 正在卖第3号票
Thread-0 正在卖第2号票
Thread-0 正在卖第1号票
```

图 15-3　同步代码块

说明:以上程序采用了同步代码块的方式,满足了代码段在某一时刻只能有一个线程执行的要求,此程序每次执行的结果可能会不同。

同步方法总结:

在同一类中,使用 synchronized 关键字定义和修饰方法,如果一个线程进入了 synchronized 修饰的方法(获得监视器,称为 monitor 管程),其他线程就不能进入同一个对象的所有使用 synchronized 修饰的方法,直到第一个线程执行完它所进入的 synchronized 修饰的方法(释放监视器,即管程)为止。任何一个对象都有一个标志位,标志位只有两种状态 0 和 1,初始状态为 1,当执行到 synchronized(object)语句后,object 对象的标志位变为 0,直到执行整个 synchronized()语句中的代码段回到 1 为止。一个线程执行 synchronized(object)语句时,先检查 object 对象的标志位,若为 0,表示已有线程正在执行同步代码段,从而暂时阻塞,让出 CPU,等待其他线程执行完同步代码段。

技能训练 13　实现多线程

一、目的

1.掌握线程与多线程的基本概念。

2.掌握创建线程的两种基本方法。

3.掌握 Thread 类的常用方法,如 start()、run()、stop()和 sleep()等的使用。

4.掌握编写同步代码的方法。

5.培养良好的编码习惯。

二、内容

1.任务描述

(1)创建两个线程。每个线程均输出"你好",接着输出线程名及消息数字,每个线程输出五次"你好",可以查看这些消息是如何以交叉方式显示的。

(2)给 ATM 的欢迎屏幕增加一个屏保程序,当 ATM 待机时,如果在规定的时间内没有操作,ATM 自动进入屏保程序,如图 15-T-1 所示,屏幕上自动出现由小到大变换的实心圆,每个圆出现的位置和颜色都是随机的,当圆扩大到 100 像素时将其擦除,重新出现一个新的圆。

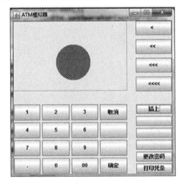

图 15-T-1　ATM 屏保程序界面

2.实训步骤

(1)打开 Eclipse 开发工具,新建一个 Java Project,项目名称为 Ch15Train,项目的其他设置采用默认设置。注意当前项目文件的保存路径。

(2)在 Ch15Train 项目中添加一个类文件 TestThread.java,实现 Runnable 接口,程序代码如下:

```
public class TestThread implements Runnable{
  private String mName;   //线程名称
  private int mCounter;   //计数变量
  public TestThread(String pName){// 定义线程构造方法
    mName=pName;
    mCounter=0;
  }
  // 实现 Runnable 接口所需的 run 方法
```

```
public void run(){
    for(int cnt=0;cnt < 5;cnt++){
        mCounter++;
        System.out.println("你好,来自"+mName+" "+mCounter);
        try{
            Thread.sleep(1);   //睡眠 1 毫秒
        }catch(Exception ex){
        }
    }
}
/**
 * @param args
 */
public static void main(String[] args){
    TestThread objOne=new TestThread("第一个线程");
    System.out.println("在启动第一个线程之前");
    Thread thOne=new Thread(objOne);
    TestThread objTwo=new TestThread("第二个线程");
    System.out.println("在启动第二个线程之前");
    Thread thTwo=new Thread(objTwo);
    thOne.start();
    thTwo.start();
}
}
```

(3)编译后其运行结果如图 15-T-2 所示。

```
在启动第一个线程之前
在启动第二个线程之前
你好, 来自第一个线程 1
你好, 来自第二个线程 1
你好, 来自第一个线程 2
你好, 来自第二个线程 2
你好, 来自第一个线程 3
你好, 来自第一个线程 4
你好, 来自第二个线程 3
你好, 来自第一个线程 5
你好, 来自第二个线程 4
你好, 来自第二个线程 5
```

图 15-T-2 线程运行结果

(4)ATM 屏保程序设计,思路是通过创建一个圆对象,圆使用线程,每隔 10 毫秒,半径增加 1,当半径增加到 100 时,线程结束,在屏幕面板上绘制出这个圆,当圆半径达到 100 时,擦除这个圆,并重新绘制新的圆。程序代码如下:

```
package com.csmzxy.soft.atm;
import java.awt.Color;
import java.awt.Graphics;
```

```java
import java.util.Random;
import javax.swing.JFrame;
/**
 *  ATM 屏幕保护程序,在屏幕上显示一个由小变大的圆
 */
public class ScreenProtection extends Screen{
    private Random rdm=new Random();
    private Circle circle;
    private int MAX_R=100;
    public ScreenProtection(){
        this.setSize(200,200);
        //创建一个圆
        circle=new Circle(rdm.nextInt(this.getWidth()),
            rdm.nextInt(this.getHeight()),
            1,new Color(rdm.nextInt(255),
            rdm.nextInt(255),
            rdm.nextInt(255)));
    }
    @Override //重画圆面板
    public void paint(Graphics g){
        super.paint(g);
        if(circle.isOver()){
            //上个圆结束了,再建一个新的圆
            circle=new Circle(rdm.nextInt(this.getWidth()),
                rdm.nextInt(this.getHeight()),
                1,new Color(rdm.nextInt(255),
                rdm.nextInt(255),
                rdm.nextInt(255)));
        }else{
            circle.draw(g);
        }
    }
    //圆对象,使用线程自己从小变大
class Circle implements Runnable{
        private int x,y ,r;
        Color color;
        public Circle(int x,int y,int r,Color c){
            this.x=x;
            this.y=y;
            this.r=r;
            this.color=c;
            //启动线程
            new Thread(this).start();
```

```
    }
    //画一个圆
    public void draw(Graphics g){
        g. setColor(color);
        g. fillArc(x,y,r,r,0,360);
    }
    //圆是否变到最大
    public boolean isOver(){
        return r>=MAX_R;
    }
    @Override
    public void run(){    //圆的变化
        for(r=1;r<=MAX_R;r++){
            try{
                Thread. sleep(rdm. nextInt(10));
            } catch(InterruptedException e){
            }
            //触发重绘
            ScreenProtection. this. repaint();
        }
    }
}
@Override //处理在屏保界面进行插卡
public void insertCard(){
    changeScreen(SCR_CARD);
}
//测试程序
public static void main(String[] args){
    JFrame jf=new JFrame();
    jf. add(new ScreenProtection());
    jf. setSize(300,300);
    jf. setTitle("ATM 屏保程序测试");
    jf. setVisible(true);
}
```

（5）单独运行此程序，注意此程序要放在 ATMSim3 项目中才能运行。

3. 任务扩展

（1）修改 ATMSim3 项目程序，运行 ATM 模拟器，能看到如图 15-T-1 所示的效果。请问要修改哪些地方？

（2）假设某家银行，它可接收顾客的存款，每进行一次存款，便可计算出存款的总额。现有两个顾客，每人都分三次存款，每次 100 元将钱存入。试编写一个程序，模拟实际作业。

参考程序代码如下：

```
public class DespositMoney{
```

```java
public static void main(String[] args){
    // 创建两个客户
    Customer c1=new Customer();
    Customer c2=new Customer();
    // 模拟去存款
    c1.start();
    c2.start();
    }
}
class Bank{
    private static int sum=0; // 银行存款总数
    public static void deposit(int n){
        int tmp=sum;
        tmp=tmp+n; // 累加存款总额
        try{
            // 小睡几秒钟 模拟客户随机来存款
            Thread.sleep((int)(1000 * Math.random()));
        } catch(InterruptedException e){
        }
        sum=tmp;
        System.out.println("sum="+sum);
    }
}
class Customer extends Thread // Customer 类,继承自 Thread 类
{
    public void run(){
        for(int i=1;i<=3;i++)
            Bank.deposit(100); // 将 100 元分三次存入
    }
}
```

4. 思考题

运行上面的程序,思考下面的问题:

(1)程序运行结果每次是否相同? 运行时间是否相同? 为什么?

(2)要使程序运行结果每次相同,应该怎样修改程序?

(3)本程序使用哪种方法创建线程? 它和实验指导部分的程序创建线程的方式有何不同?

(4)图 15-T-3(a)是程序的运行结果。怎样修改程序,使运行结果像图 15-T-3(b)那样?

sum= 100	sum= 100
sum= 100	sum= 200
sum= 200	sum= 300
sum= 300	sum= 400
sum= 200	sum= 500
sum= 300	sum= 600
(a)	(b)

图 15-T-3　DespositMoney.java 运行结果

三、独立实践

扩展 ATM 的屏保程序,使在屏幕上一次可以显示多于一个圆,圆的个数在程序启动时确定。

提示:可以使用一个 ArrayList 对象保存当前屏幕上所有圆的信息,如图 15-T-4 所示。

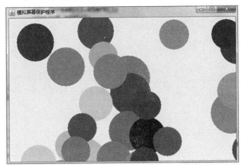

图 15-T-4　某一时刻屏幕程序效果

 习　题

一、简答题

1.什么叫线程? 什么叫多线程?

2.进程和线程的区别是什么?

3.简述线程的生命周期。

4.在 Java 语言中创建线程有几种方式? 它们有何区别?

5.Java 线程的优先级设置遵循什么原则?

6.举例说明什么是线程的同步? Java 中如何实现线程的同步?

二、操作题

1.编写一个程序,通过继承 Thread 类创建线程并以此生成两个线程,每个线程输出 1～5 的数。

2.创建一个名称为 Myapplet 的 Applet,通过实现 Runnable 接口为其提供多线程的功能。在 Applet 中输出 1～20 的数字,且每个数字间延迟 300 毫秒。

3.编写程序,通过多线程实现电子时钟的功能。程序的运行结果图 15-4 所示(提示:需用到 java.unil.Calendar 类来获得系统的时间)。

图 15-4　第 3 题运行结果:电子时钟

4.编写一个创建三个线程对象的程序。每个线程应该输出一个消息,并且输出消息后紧跟字符串"消息结束"。要求:在线程输出消息后,暂停一秒钟后才输出"消息结束"。

第 16 章

实现网络通信

理解网络协议与 IP 地址的概念,掌握 URL 类的用法、Socket 和 Datagram 通信机制,能够运用 URL、Socket、Datagram 实现网络软件的通信功能。

Java 是一种优秀的网络编程语言,能方便地将 Applet 嵌入网页,也可以实现客户端和服务器端的通信,还支持多客户端。Java 语言使用了基于套接字(Socket)和数据报(Datagram)的通信方式,通过系统包 java.net 实现三种网络通信模式:URL、Socket 和 Datagram。本章主要介绍网络编程的一般方法和基本技术,实现 ATM 项目中的通信功能。

16.1   认识网络通信

Internet 上的计算机之间采用 TCP/IP 协议进行通信,其体系结构分为四层,其结构及各层主要协议如图 16-1 所示。

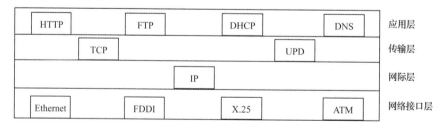

HTTP	FTP	DHCP	DNS	应用层
TCP		UPD		传输层
IP				网际层
Ethernet	FDDI	X.25	ATM	网络接口层

图 16-1   TCP/IP 协议的层次结构

使用 Java 语言编写网络通信程序一般在应用层,对某些特殊的情况可能需要对传输层编程,无须关心网络通信的具体细节,特别是网际层和网络接口层。

16.1.1　网络编程基本理论

在 TCP/IP 协议的层次结构中,传输层提供源节点和目标节点的两个实体之间可靠的端到端数据传输,TCP/IP 模型提供了两种传输协议,即传输控制协议 TCP 和用户数据报协议 UDP。

TCP 是面向连接的协议,在传递数据之前必须和目标节点建立连接,然后再传送数据,传送数据结束后,关闭连接。而 UDP 是一种无连接协议,无须事先建立连接即可直接传送带有目标节点信息的数据报,不同的数据报可能经过不同的路径到达目标位置,接收的顺序和发送时的顺序可能不相同。采用哪一种传输层协议由应用程序决定,如果希望更加稳定可靠地传送数据,用面向连接的协议更加合适,如果希望尽可能提高系统资源的利用率,可以考虑采用面向非连接的协议,即 UDP 方式。

TCP/UDP 数据报格式如下:

协议类型	源 IP 地址	目标 IP 地址	源端口号	目标端口号	帧序号	帧数据

端口(Port)和 IP 地址为网络通信的应用程序提供了一种确定的地址标识,目标 IP 地址表示了发送端口的目的计算机,而目标端口号表明了将数据包发送给目的计算机上的哪一个应用程序。应用层协议通常采用客户机/服务器模式(C/S 模式),应用服务器启动后监听特定的端口,客户端根据服务请求与服务端口建立连接。端口号用 16 位表示,编号是 0~65535,其中 0~1023 分配给常用的网络服务,如 HTTP 为 80、FTP 为 21 等,用户的网络程序应使用 1024 以上的端口号。

☞思政小贴士

目前全世界的 IPv4 地址大约 43 亿个,美国分配最多,超过 40%,中国约 9%。2016 年,中国申请的 IP 地址数达到 4000 万,年度世界第一,表示中国在互联网应用领域的发展速度领先于其他国家,2020 年,我国自主研发的 5G 通信技术已经成为全球通信技术的领航者。

Socket 套接字是网络驱动层提供给应用程序编程的接口和管理方法,处理数据接收与输出。Socket 在应用程序创建,通过一种绑定机制与应用程序建立关联,告诉对方自己的 IP 和端口号,然后应用程序送给 Socket 数据,由 Socket 交给驱动程序向网络发布。接收方可以从 Socket 提取相应的数据。

Datagram 数据报是一种面向非连接的、以数据报方式工作的通信,适用于网络层不可靠的数据传输与访问。

URL 网络统一资源定位器,确定数据在网络中的位置。例如,一个网址、一个网络路径、磁盘上文件的相对路径都是一个有效的 URL 地址。

思政案例

中国互联网技术的快速发展

16.1.2　网络编程的基本方法

Java 语言专门为网络通信提供了系统软件包 java.net,利用它提供的有关类及方法可以快速开发基于网络的应用程序。

系统软件包 java.net 对 HTTP 协议提供了特别的支持,只要通过 URL 类对象指明图像、声音资源的位置,即可轻松地从 Web 服务器上下载图像和声音资源,或者通过数据流操作获得 HTML 文档和文本资源,并对这些资源进行处理,简单而快捷。

java.net 包还提供了对 TCP、UDP 协议,套接字 Socket 编程的支持,可以建立自己的服务器,实现特定的应用。Socket 是一种程序接口,最初由 California(加利福尼亚)大学

Berkeley(伯克利)分校开发,是用于简化网络通信的工具,也是 UNIX 操作系统的一个组成部分,Socket 概念已经深入各种操作环境,包括 Java。

16.2 URL 编程

URL 用来标识 Internet 的资源,包括获得资源采用的地址,通过 URL 可以访问 Internet 的文件和其他资源。URL 的一般格式如下:

protocol://hostName:port/resourcePath

即:

协议名://主机名:端口号/资源路径

协议名指明了获取资源所用的传输协议,如 HTTP、FTP;主机名指明了资源所在的计算机;端口号是指服务器相应的端口,如果采用默认的端口(如 HTTP-80、FTP-21),则端口可以省略;资源路径指示该资源在服务器上的虚拟路径。例如:

http://tech.sina.com.cn/t/2014-01-30/10525178.html

说明:以上 URL 中没有指定端口号,表示采用默认的端口号,即 80,而路径"/t/2014-01-30/10525178.html"是文件 10525178.html 在服务器上的虚拟路径。

以上采用的 URL 都是网络资源的完整路径,称为绝对 URL,但有时也使用相对 URL,它不包括协议和主机信息,表示文件在主机上的相对位置。相对 URL 可以是一个文件名,也可以是一个包括路径的文件名。

16.2.1 URL 类

1. URL 类的使用

Java 语言访问网络资源是通过 URL 类来实现的,URL 定义了统一资源定位器来对网络资源进行定位,还包括一些访问方法。URL 类对象指向网络资源,如网页、图形图像、音频视频文件,创建 URL 对象后可得到 URL 各个部分的信息,获取 URL 内容。

URL 的构造方法很多,主要包括:

(1)public URL(String url)

例如:URL url1=new URL("http://www.163.com");

(2)public URL(URL baseURL,String relativeURL)

其中 baseURL 表示绝对地址,relativeURL 表示相对地址。

例如:URL gameWeb=new URL("http://www.ourgame.com/");

URL myGame=new URL(gameWeb,"pai/sandaha.html");

如果第一个参数为 null,则与第一种构造方法相同。

例如:URL url2=new URL(null,"http://www.163.com");

(3)URL(String protocol,String host,String fileName)

(4)URL(String protocol,String host,int port,String fileName)

其中 protocol 表示协议名,host 表示主机名,port 表示端口号,fileName 表示文件名,文件名前面可以带上路径。

URL 的构造方法都会抛出 malformedURLException 异常(畸形 URL 异常),生成 URL 对象时,必须对这个异常进行处理,否则系统编译不通过。例如:

```
try{
    myURL=new URL("http://www.163.com/");
}catch(malformedURLException e){
    System.out.println("malformedURLException:"+e);
}
```

2. URL 类的主要方法

URL 类提供了很多方法,主要用于设置或者获取有关参数,主要包括:

(1)getContent():获取 URL 的内容。

(2)getDefaultPort():获取 URL 的默认端口。

(3)getFile():获取 URL 的文件名。

(4)getHost():获取 URL 的主机名。

(5)getPath():获取 URL 的路径。

(6)getPort():获取 URL 的端口号。

(7)getProtocol():获取 URL 的协议名。

(8)getUserInfo():获取 URL 的用户信息。

(9)openStream():打开 URL 连接并返回在此连接上的输入流。

(10)set(String protocol,String host,int port,String file,String ref):设置 URL 各部分的参数。

(11)getFile():获取 URL 的参考点。

【例 16-1】　利用 URL 获取 WWW 服务器文件内容。

```
import java.io. * ;
import java.net. * ;
public class ReadURLContent{
    public static void main(String args[]) throws Exception{
        URL url=new URL("http://www.163.com/");
        InputStreamReader urlStream=new InputStreamReader(url.openStream());
        //建立输入流读者对象
        BufferedReader in=new BufferedReader(urlStream); //建立缓冲区读者对象
        String str;
        while((str=in.readLine())!=null) //读出信息
            System.out.println(str); //输出信息
        in.close();
        urlStream.close();
    }
}
```

启动本程序时,系统自动打开网站,并读出网站首页信息,一行一行显示出来。

16.2.2　URLConnection 类

前面介绍了利用 URL 访问网络资源的方法,但没有涉及向服务器提供信息的问题,而这种情况并不少见,例如,发送一个表单、向搜索引擎提供关键字等,这时需要运用 URLConnection(URL 连接)类,它是 Java 程序和 URL 之间创建通信链路的抽象类,可用于连接由 URL 标识的任意资源,该类的对象既可从资源中读数据,也可向资源写数据。

1. URL 连接的创建

URLConnection 类的构造方法只有一个,即:

URLConnection(URL url):构建一个与 URL 的连接。

2. 常用方法

(1)public InputStream getInputStream() throws IOException:打开一个连接到该 URL 的 InputStream 对象,通过该对象,可从 URL 中读取 Web 页面内容。

(2)public OutputStream getOutputStream() throws IOException:生成一个向该连接写入数据的 OutputStream 对象。

(3)public void setDoInput(boolean doinput):若参数 doinput 是 true,表示通过该 URLConnection 进行读操作,即从服务器读取页面内容。默认情况是 true,用于读取内容。

(4)public void setDoOutput(boolean dooutput):若参数 dooutput 是 true,表示通过该 URLConnection 进行写操作,即向服务器上的 CGI 程序(如 ASP 程序、JSP 程序等)上传内容。默认是 false。

(5)public abstract void connect() throws IOException:向 URL 对象所表示的资源发起连接。若已存在这样的连接,则该方法不做任何动作。

(6)public String getHeaderFieldKey(int n):返回 HTTP 响应头中第 n 个域的"名-值"对中"名"这一部分的内容,n 从 1 开始。

(7)public String getHeaderField(int n):返回 HTTP 响应头中第 n 个域的"名-值"对中"值"这一部分的内容,n 从 1 开始。

用户创建了 URL 类对象后,通过其 openConnection 方法获得 URLConnection 类的对象,其过程如下:

```
try{
    URL myWeb=new URL(http://www.cctv.com);
    URLConnection connection=myWeb.openConnection();
}catch(Exception e)
{System.out.println(e.toString());}
```

方法 toString()返回代表 URL 连接的一个字符串。

3. 读写操作

建立好 URL 连接后,就可针对这个连接的输入流(InputStream)进行读操作,也可以针对这个连接的输出流(OutStream)进行写操作,这时需要先调用方法 setDoOutput 将输出(Output)属性设置为真(true),指定该连接后写入的内容。

4. 使用 URLConnection 类进行网络通信的基本步骤

(1)创建 URLConnection 类的对象

第一步:建立 URL 类对象,第二步:调用这个对象的 openConnection 方法,返回一个对应其 URL 地址的 URLConnection 对象。

(2)建立输入/输出数据流

利用 URLConnection 类的方法 getInputStream 和 getOutputStream 获取输入/输出数据流。

(3)从远程计算机节点上读取信息或者写入信息

利用 in.readLine 方法读取信息,利用 out.println 方法写入信息。

【例 16-2】　通过类 URLConnection，读取 www.163.com 网站首页内容。

```
import java.net. * ;
import java.io. * ;
public class URLConnectionTest{
  public static void main(String[] args) throws Exception{
    URL url＝new URL("http://www.163.com");
    URLConnection uc＝url.openConnection();
    //生成一个 URLConnection 对象，发起连接
    BufferedReader br＝new BufferedReader(new InputStreamReader(uc.getInputStream()));
    //生成一个文本输入流
    String s;
    while((s＝br.readLine())!＝null) //从服务器读取网页内容直到结束
      System.out.println(s);
    br.close(); //关闭连接
  } //main()方法结束
}
```

16.3　实现基于 Socket 的网络通信

Socket 套接字是网络通信的一个重要机制，是指两台计算机上运行的两个程序之间双向通信的连接点，这个双向链路上每一端都称为一个 Socket。Java 采用的 Socket 通信是一种流式套接字通信，它使用 TCP 协议，通过面向连接的服务，实现客户机与服务器之间的双向且可靠的通信。系统包 java.net 提供了 ServerSocket 类和 Socket 类，分别用于服务器端(Server)和客户端(Client)。

其通信过程是：客户端程序申请连接，服务器端程序监听所有的端口，判断是否有客户端程序的服务器请求。当客户端程序请示和某个端口连接时，服务器端将对方 IP 地址和端口号绑定形成套接字，这样服务器端与客户机就建立了一个专用的虚拟连接，客户程序可以向套接字写入请求，服务器端处理请求并把结果通过套接字返回。通信结束后，将此虚拟连接拆除。

16.3.1　Socket 通信机制

1. Socket 通信的步骤

利用 Socket 通信有三个基本步骤：

(1)建立 Socket 连接：通信开始之前由双方确认，建立一条专用虚拟连接通道。

(2)数据通信：利用虚拟连接通道传送数据。

(3)拆除连接：通信结束后，将建立的虚拟连接拆除。

这种通信要在服务器端和客户端分别编程进行，服务器端首先建立一个服务器套接字 ServerSocket，并指定端口号监听客户端的请求，还要建立一个客户端套接字 Socket 用来和客户端通信，然后客户端建立套接到同一端口的 Socket 以便和服务器通信。

2. Socket 类和 ServerSocket 类

java.net 包中提供了两个类：Socket 类和 ServerSocket 类，分别用于客户端和服务器端的 Socket 通信，网络通信的方法都封装在这两个类中。构造方法包括：

（1）ServerSocket(int port)：在指定的端口上创建服务器 Socket 对象。

（2）ServerSocket(int port,int count)：在指定的端口上创建服务器 Socket 对象,并指定服务器能够支持的最大连接数。

（3）Socket(InetAddress IP,int port)：使用指定的 IP 地址和端口建立 Socket 对象。

（4）Socket(String host,int port)：使用指定的主机和端口建立 Socket 对象。

（5）Socket(InetAddress IP,int port,boolean stream)：使用指定的 IP 地址和端口建立 Socket 对象,布尔值 stream 表示是否采用流式通信方式。

（6）Socket(String host,int port,boolean stream)：使用指定的主机和端口建立 Socket 对象,布尔值 stream 表示是否采用流式通信方式。

在建立 Socket 时要进行异常处理,以便出现异常时能够做出响应。建立 Socket 连接后,可以利用 Socket 类的 getInputstream 和 getOutputstream 方法获得向 Socket 读写数据的输入/输出流,不过也要进行异常处理,获取 Socket 的输入/输出流后,需要在这两个流的基础上建立容易操作的数据流,如 InputStreamReader 和 OutputStreamReader,通信结束后使用 close 方法断开连接。

在 Socket 通信时,服务器程序可以建立多个线程同时与多个客户程序通信,还可以通过服务器让各个客户机之间互相通信。这点与 URL 通信不同,URL 服务器程序只能与一个客户机进行通信。

16.3.2　Socket 应用

【例 16-3】　利用 Socket 进行服务器与客户机的通信。

服务器端的程序：ServerProgram.java

```java
import java.io.*;
import java.net.*;
public class ServerProgram{
    public static final int SERVERPORT=9999; //设置服务器端的端口为 9999
    public static void main(String[] args){
        try{
            ServerSocket s=new ServerSocket(SERVERPORT);
            //建立服务器端监听套接字
            System.out.println("开始:"+s); //等待并接收请求,建立连接套接字
            Socket incoming=s.accept();
            System.out.println("连接并接收到:"+incoming);
            //新建网络连接的输入流
            BufferedReader in=new BufferedReader(new InputStreamReader(incoming.getInputStream()));
            //新建网络连接并自动刷新的输出流
            PrintWriter out=new PrintWriter(new BufferedWriter(new OutputStreamWriter(
            incoming.getOutputStream())),true);
            System.out.println("输入 quit 退出"); //回显客户端的输入内容
            while(true){//从网络连接读取一行,即接收客户端的数据
                String line=in.readLine();
                //如果接收到的数据为空(注意直接回车不表示空),则退出循环,关闭连接
                if(line==null) break;
                else{
```

```
            if(line. trim(). equals("quit")){
                System. out. println("客户端输入了 quit!");
                System. out. println("连接已经关闭!");
                break;
            }
            System. out. println("客户端输入的是:"+line);
            //向网络连接输出一行,即向客户端发送数据
            out. println("您输入的是:"+line);
        }
    } //关闭套接字
    incoming. close();
}
catch(IOException e){
    System. err. println("输入/输出异常"+e. getMessage());
}
} //主方法结束
} //主类结束
```

客户端的程序:ClientProgram. java

```
import java. io. * ;
import java. net. * ;
public class ClientProgram
public static final int SERVERPORT=9999;{//服务器端的服务端口
    public static void main(String[] args){
        try{//建立连接套接字
            Socket s=new Socket("localhost",SERVERPORT);
            System. out. println("socket="+s);//新建网络连接的输入流
            BufferedReader in=new BufferedReader(new InputStreamReader(s. getInputStream()));
            //新建网络连接的自动刷新的输出流
            PrintWriter out=new PrintWriter(new BufferedWriter(new OutputStreamWriter(
            s. getOutputStream())),true);
            //先使用 System. in 构造 InputStreamReader,再构造 BufferedReader
            BufferedReader stdin=new BufferedReader(new InputStreamReader(System. in));
            System. out. println("输入一个字符串,输入 quit 退出!");
            while(true){
                //读取从控制台输入的字符串,并向网络连接输出,即向服务器端发送数据
                out. println(stdin. readLine());
                //从网络连接读取一行,即接收服务器端的数据
                String str=in. readLine();
                //如果接收到的数据为空(不是回车),则退出循环,关闭连接
                if(str==null) break;
                System. out. println(str);
            }
            s. close();
        }
```

```
        catch(IOException e){
            System. err. println("输入/输出异常!"+e. getMessage());
        }
    } //主方法结束
} //主类结束
```

说明:本程序利用本机作为服务器,同时也作为客户机进行通信,本机的机器名是 localhost,
IP 地址为 127.0.0.1,它们都不是真正的机器名和 IP 地址,而是专门用于测试的机器名和 IP 地
址,这样不管它们真正的机器名和 IP 地址是什么,都可以使用 localhost 和 127.0.0.1 来进行
通信。

本程序的运行不能在同一个 Eclipse 窗口中运行,分成三步完成:

第一步:打开一个 Eclipse 窗口,运行服务器端程序,这时服务器端处于等待状态,等待与
客户端的连接,如图 16-2 所示。

```
开始: ServerSocket[addr=0.0.0.0/0.0.0.0,localport=9999]
```

图 16-2 服务器端初始界面

第二步:打开另外一个 Eclipse 窗口,根据提示输入新的工作空间名,然后进入 Eclipse 窗
口,建立一个项目名,在此项目中添加客户端程序,运行此客户端程序,这时屏幕提示用户输入
字符串,用户输入信息,每输入一行按回车键,键入小写的 quit 并回车可以退出系统。 如
图 16-3 所示。

```
socket = Socket[addr=localhost/127.0.0.1,port=9999,localport=3933]
输入一个字符串, 输入quit退出!
Good morning
您输入的是: Good morning
今天天气真好!
您输入的是: 今天天气真好!
```

图 16-3 客户端工作界面

第三步:切换到服务器端 Eclipse 窗口,可以监视到客户端输入的信息。 在客户端输入的
每一行信息,都会在这里显示出来,如图 16-4 所示。

```
开始: ServerSocket[addr=0.0.0.0/0.0.0.0,localport=9999]
连接并接收到: Socket[addr=/127.0.0.1,port=3933,localport=9999]
输入quit退出
客户端输入的是: Good morning
客户端输入的是: 今天天气真好!
```

图 16-4 服务器端工作界面

【例 16-4】 利用 Socket 编写聊天程序,例 16-3 中,服务器端只能接收来自客户端发送的
消息,如果希望服务器端也能向客户端发送消息,就要用到聊天程序。

服务器程序:Server. java

```
import java.io. * ;
import java. net. * ;
import java. awt. * ;
import java. awt. event. * ;
public class Server extends Frame implements ActionListener{
    Label label=new Label("交谈内容");
    Panel panel=new Panel();
    TextField tf=new TextField(10);
    TextArea ta=new TextArea();
```

```
ServerSocket server；
Socket client；
InputStream in；
OutputStream out；
public Server(){//构造方法
    super("服务器")；
    setSize(250,250)；
    panel. add(label)；panel. add(tf)；
    tf. addActionListener(this)；//给文本框注册监听器
    add("North",panel)；add("Center",ta)；
    addWindowListener(new WindowAdapter(){//给框架注册监听器
        public void windowClosing(WindowEvent e){
        System. exit(0)；}
    })；
    show()；
    try{
        server＝new ServerSocket(4000)；
        client＝server. accept()；//从服务器套接字接收信息
        ta. append("客户机是:"+client. getInetAddress(). getHostName()+"\n\n")；
        in＝client. getInputStream()；//获取输入流
        out＝client. getOutputStream()；//获取输出流
    }
    catch(IOException ioe){}
    while(true){
        try{
            byte[] buf＝new byte[256]；
            in. read(buf)；
            String str＝new String(buf)；
            ta. append("客户机说:"+str+"\n")；
        }
        catch(IOException e){}
    }
}
public void actionPerformed(ActionEvent e){
    //实现 ActionListener 对应的抽象方法
    try{
        String str＝tf. getText()；
        byte[] buf＝str. getBytes()；
        tf. setText(null)；out. write(buf)；
        ta. append("我说:"+str+"\n")；
    }catch(IOException ioe){}
}
public static void main(String[] args){
```

```
    new Server();
  }
}
```

客户端程序：Client. java

```
import java. io. * ;
import java. net. * ;
import java. awt. * ;
import java. awt. event. * ;
public class Client extends Frame implements ActionListener{
    Label label＝new Label("交谈内容");
    Panel panel＝new Panel();
    TextField tf＝new TextField(10);
    TextArea ta＝new TextArea();
    Socket client;
    InputStream in;
    OutputStream out;
    public Client(){//构造方法
      super("客户机");
      setSize(250,250);
      panel. add(label); panel. add(tf);
      tf. addActionListener(this); //给文本框注册监听器
      add("North",panel);add("Center",ta);
      addWindowListener(new WindowAdapter(){//给框架注册监听器
        public void windowClosing(WindowEvent e){
        System. exit(0);}
        });show();
      try{
        client＝new Socket(InetAddress. getLocalHost(),4000); //建立套接字
        ta. append("服务器是:"+client. getInetAddress(). getHostName()+"\n\n");
        in＝client. getInputStream();
        out＝client. getOutputStream();
      }catch(IOException ioe){}
      while(true){
        try{
          byte[] buf＝new byte[256];
          in. read(buf);
          String str＝new String(buf);
          ta. append("服务器说:"+str+"\n");
        }catch(IOException e){}
      }
    }
    public void actionPerformed(ActionEvent e){
      try{
```

```
        String str＝tf. getText();
        byte[] buf＝str. getBytes();
        tf. setText(null);
        out. write(buf);
        ta. append("我说:"＋str＋"\n");
    }catch(IOException iOE){}
  }
  public static void main(String args[]){
    new Client();
  }
}
```

运行方法同例 16-3,系统会自动刷新窗口内容,结果如图 16-5 所示。

（a）　　　　　　　　　　　　　　（b）

图 16-5　聊天室运行结果

技能训练 14　实现网络通信

一、目的

1.掌握用 URL 类访问网络资源的方法和步骤。

2.掌握用 URLConnection 类访问网络资源的基本步骤。

3.掌握 socket 通信的概念和机制。

4.掌握 socket 服务器和客户机的建立与通信的编程方法。

5.培养良好的编码习惯。

二、内容

1.任务描述

使用 URL、TextArea 在窗体中显示 Internet 上的文件。

2.实训步骤

（1）打开 Eclipse 开发工具,新建一个 Java Project,项目名称为 Ch16Train,项目的其他设置采用默认设置。注意当前项目文件的保存路径。

（2）在项目中添加一个类文件 ShowFileFromNet. java，继承 JFrame，程序代码如下：

```java
import java.io. * ;
import java.net. * ;
import javax.swing.JFrame;
import javax.swing.JTextArea;
public class ShowFileFromNet extends JFrame{
    private URL fileURL;
    private JTextArea taContent＝new JTextArea("正在获取文件,请耐心等待……\n",10,70);
    public ShowFileFromNet(){
        String url＝
          "http://www.worlduc.com/UploadFiles/BlogFile/609/18326866/nav.xml";
        try{
            fileURL＝new URL(url);
        } catch(MalformedURLException e){
            System.out.println(url+":地址错误");
        }
        this.setSize(400,300);
        this.setLocationRelativeTo(this);
        taContent.setAutoscrolls(true);
        this.add(taContent);
        this.setVisible(true);
        this.setDefaultCloseOperation(EXIT_ON_CLOSE);
        downloadFile();
    }
    public void downloadFile(){
        InputStream is＝null;
        InputStreamReader isr＝null;
        BufferedReader br＝null;
        String fileline;
        try{
            //获得网络输入流
            is＝fileURL.openStream();
            //按 UTF-8 格式读取
            isr＝new InputStreamReader(is,"utf-8");
            br＝new BufferedReader(isr);
            while((fileline＝br.readLine()) !＝null){
                taContent.append(fileline+"\n");
            }
        } catch(IOException e){
            System.out.println("文件读取错误:"+e.getMessage());
        }
    }
    public static void main(String[] args){
```

```
        new ShowFileFromNet();
    }
}
```

（3）编译运行上述程序，结果如图 16-T-1 所示。

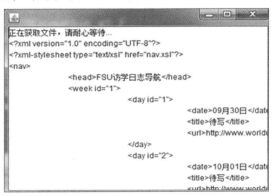

正在获取文件，请耐心等待...
```xml
<?xml version="1.0" encoding="UTF-8"?>
<?xml-stylesheet type="text/xsl" href="nav.xsl"?>
<nav>
        <head>FSU访学日志导航</head>
        <week id="1">
                <day id="1">
                        <date>09月30日</date
                        <title>待写</title>
                        <url>http://www.world
                </day>
                <day id="2">
                        <date>10月01日</date
                        <title>待写</title>
                        <url>http://www.world
```

图 16-T-1　程序运行结果

3. 任务拓展

（1）修改前面的程序，改为使用 URLConnection 类获取网络资源。

（2）编写流式 Socket 服务器端程序，在某端口建立监听服务。然后编写流式 Socket 的客户端程序，与服务器端完成一次通信问答。

服务器端程序代码如下：

```java
import java.io. * ;
import java.net. * ;
/**
 * 服务器端
 */
public class TcpServer{
    public static void main(String[] args){
        try{
            //监听端口 8001
            ServerSocket s＝new ServerSocket(8001);
            Socket s1＝s.accept();
            //获取输出流
            OutputStream os＝s1.getOutputStream();
            DataOutputStream dos＝new DataOutputStream(os);
            dos.writeUTF("Hello,"＋s1.getInetAddress());
            os.close();
            s.close();
        } catch(IOException e){
            System.out.println("程序运行错误:"＋e);
        }
    }
}
```

客户端程序代码：

```java
import java.io.*;
import java.net.*;
/**
 * 客户端程序
 */
public class TcpClient{
  public static void main(String[] args){
    try{
      //连接服务器
      Socket s=new Socket("127.0.0.1",8001);
      //得到输入流
      InputStream s1=s.getInputStream();
      DataInputStream dis=new DataInputStream(s1);
      //读取传过来的数据
      System.out.println(dis.readUTF());
      dis.close();
      s.close();
    } catch(ConnectException e){
      System.out.println("服务器连接错误");
    } catch(IOException e){
    }
  }
}
```

4. 思考题

运行上面的程序，思考下面的问题：

（1）先运行服务器端程序 TcpServer，再运行客户端程序 TcpClient，客户端程序将读取服务器端发送来的问候语；修改程序，使服务器端同样能收到客户端的问候语。

（2）先编译运行 TcpServer.java 程序时，如果 ServerSocket.accept 方法没有发生阻塞，最可能的原因是什么？试一试将端口号由"8001"改为"80"的运行结果。

（3）上面的程序中，服务器端的 accept 方法只能接收一次客户端连接。怎样修改程序，才能使 accept 方法接收多个客户端连接？

三、独立实践

编写一 Socket 程序完成下面的功能：

1. Client 向 Server 端提供一系列的 IP 地址，Server 接受 Client 的输入，将这些 IP 地址记录下来，保存在特定的文件中，形成一个特别控制名单。

2. Client 在进行网络连接前，先向 Server 询问用户欲连接的 IP 地址是否在特别控制名单之中，若 Server 端回答是则不允许这样的连接，否则协助用户完成网络连接。

 习 题

一、简答题

1.什么是面向连接的网络服务？什么是面向无连接的网络服务？它们对应 TCP/IP 协议中的什么协议？

2.什么叫 URL？一个 URL 由哪些部分组成？

3.什么是网络通信中的地址和端口？

4.说明如何通过一个 URL 连接从服务器上读取文件。

5.什么是 Socket 套接字？简述 Socket 的通信机制。

二、编程题

1.编写程序，使用 URL 读取清华大学网站首页的文件内容（注：清华大学的网址为：http://www.tsinghua.edu.cn/）。

2.改造聊天室程序例 16-4，在聊天窗口中显示对方的 IP 和机器名。

3.改造例 16-5，使程序能够读出文件 testfile.txt 中所有行的内容。

项目训练 5

实现"银行 ATM 自动取款系统"的存储和通信

一、目的

1. 掌握文件的存取操作。
2. 掌握网络编程操作。
3. 掌握多线程编程。
4. 培养良好的编码习惯。

二、内容

1. 任务描述

实现 ATM 客户端与银行端的通信,当用户在 ATM 上进行操作时,ATM 将操作发送到银行网络端服务程序,服务器端程序处理 ATM 的请求,然后将结果反馈给 ATM。请通过网络实现账户验证与存款功能。

2. 实训步骤

(1)打开 Eclipse 开发工具,将前面的项目 ATMSim3 复制创建 Java 项目 ATMSim4。

(2)在项目中添加一个类 BankLocalService,继承 ATMLocalService,包名为 com. csmzxy. soft. bank。代码如下:

```
package com. csmzxy. soft. bank;

import com. csmzxy. soft. atm. ATMLocalService;
/**
 * 由于要联网,因此需要将原来 ATM 在本地实现的功能放到服务器端
 * 此处仍然是使用内存保存账户信息
 */
public class BankLocalService extends ATMLocalService{
}
```

(3)创建一个银行端网络多线程 BankNetService 类,负责处理 ATM 客户端发来的数据请求。处理账户验证登录与存款的代码如下:

```
package com. csmzxy. soft. bank;

import com. csmzxy. soft. atm. IATMService;
import com. csmzxy. soft. comm. ATMException;
import com. csmzxy. soft. comm. Cfg;
import com. csmzxy. soft. comm. Status;
import com. csmzxy. soft. comm. UDPSerivce;
/***
```

＊ 银行端网络通信程序

＊ 1.网络通信数据命令如下：

  (1)登录验证，　发送　　　　login:卡号:密码

              返回　　　　login:卡号:金额:状态码:消息

  (2)存款，　　　发送　　　　deposit:卡号:密码:金额

              返回　　　　deposit:卡号:金额:状态码:消息

  (3)取款，　　　发送　　　　withdraw:卡号:密码:金额

              返回　　　　withdraw:卡号:金额:状态码:消息

  (4)转账，　　　发送　　　　transfer:卡号:密码:金额:对方卡号

              返回　　　　transfer:卡号:金额:状态码:消息

  (5)查询，　　　发送　　　　balance:卡号:密码

              返回　　　　balance:卡号:金额:状态码:消息

  (6)修改密码，　发送　　　　changepwd:卡号:旧密码:新密码

              返回　　　　changepwd:卡号:金额:状态码:消息

  (7)打印记录，　发送　　　　print:卡号:密码

              返回　　　　print:卡号:金额:状态码:记录

  状态码说明：OK 操作成功，

  ERROR 出错

  ＊/

```java
public class BankNetService implements Runnable{
  private boolean isRunning;
  private IATMService bankSerivce;
  private UDPSerivce udpService;
  public BankNetService(IATMService bankService) throws ATMException{
    this.bankSerivce＝bankService;
    this.udpService＝new UDPSerivce(Cfg.PORT_BANK);
    this.isRunning＝true;
  }
  @Override
  public void run(){
    System.out.println("银行通信服务器启动……");
    while(isRunning){
      String str＝udpService.recv();
      if(str＝＝null || str.length()＝＝0 || str.indexOf(":")＜0)
        continue;
      System.out.println("服务器收到:"+str);
      try{
        //处理收到的内容
        String[] data＝str.split(":");
        String retfmt="%s:%s:%s:%s:%s";
        String retCmd="";
        Status status＝Status.ERROR;
        //处理接收到的内容
        switch(data[0]){//// ATM 端的卡验证请求
        case Cfg.CMD_LOGIN:
          /*
```

```
    * 登录验证,发送          login:卡号:密码
                返回          login:卡号:金额:状态码:消息
    */
    status=bankSerivce.login(data[1],data[2]);
    if(status==Status.OK){
      double balance=bankSerivce.getBalance(data[1]);
      retCmd=String.format(retfmt,data[0],data[1],
          balance,Cfg.STATUS_OK,"验证通过");
    }else{
      retCmd=String.format(retfmt,data[0],data[1],
          0,Cfg.STATUS_ERROR,"验证失败");
    }
    String ip=udpService.getDataPacket().getAddress()
        .getHostAddress();
    udpService.send(retCmd,ip,Cfg.PORT_ATM);
    break;
case Cfg.CMD_DEPOSIT: // ATM 端的存款请求
    status=bankSerivce.deposit(data[1],
        new Double(data[3]));
    if(status==Status.OK){
      double balance=bankSerivce.getBalance(data[1]);
      retCmd=String.format(retfmt,data[0],data[1],
          balance,Cfg.STATUS_OK,"存款成功");
    }else{
      retCmd=String.format(retfmt,data[0],data[1],
          0,Cfg.STATUS_ERROR,"存款失败");
    }
    ip=udpService.getDataPacket().getAddress()
        .getHostAddress();
    System.out.println("S:"+retCmd);
    udpService.send(retCmd,ip,Cfg.PORT_ATM);
    break;
case Cfg.CMD_WITHDRAW: // ATM 端的取款请求
    throw new ATMException("取款功能未实现");
    //break;
case Cfg.CMD_BALANCE: // ATM 端的查询余额请求
    throw new ATMException("查询余额功能未实现");
    //break;
case Cfg.CMD_TRANSFER: // ATM 端的转账请求
    throw new ATMException("转账功能未实现");
    //break;
case Cfg.CMD_CHANGEPWD: // ATM 端的修改密码请求
    throw new ATMException("修改密码功能未实现");
    //break;
case Cfg.CMD_PRINT: // ATM 端的打印记录请求
    throw new ATMException("打印记录功能未实现");
```

```
          //break;
        }
      } catch(Exception ex){
        ex.printStackTrace();
      }
    }
  }
  public void stopServer(){
    isRunning=false;
    udpService.closeSocket();
  }
  public static void main(String[] args) throws ATMException{
    BankLocalService bankService=new BankLocalService();
    Thread th=new Thread(new BankNetService(bankService));
    th.start();
  }
}
```

(4)新建 ATMNetService 类,实现 IATMService 接口,负责将 ATM 的操作请求通过网络传送给银行客户端,实现账户登录验证与存款的代码如下:

```
package com.csmzxy.soft.atm;
import com.csmzxy.soft.comm.Account;
import com.csmzxy.soft.comm.Cfg;
import com.csmzxy.soft.comm.Status;
import com.csmzxy.soft.comm.UDPSerivce;
/**
 * 负责处理 ATM 的请求传送到银行端,并处理银行的响应结果,采用 UDP 通信,数据命令如下:
 * (1)登录验证,发送 login:卡号:密码
 *               返回 login:卡号:金额:状态码:消息
 * (2)存款,发送 deposit:卡号:密码:金额
 *               返回 deposit:卡号:金额:状态码:消息
 * (3)取款,发送 withdraw:卡号:密码:金额
 *               返回 withdraw:卡号:金额:状态码:消息
 * (4)转账,发送 transfer:卡号:密码:金额:对方卡号
 *               返回 transfer:卡号:金额:状态码:消息
 * (5)查询,发送 balance:卡号:密码
 *        返回 balance:卡号:金额:状态码:消息
 * (6)修改密码,发送 changepwd:卡号:旧密码:新密码
 *        返回 changepwd:卡号:金额:状态码:消息
 * (7)打印记录,发送 print:卡号:密码
 *        返回 print:卡号:金额:状态码:记录
 *
 * 状态码说明:OK 操作成功,ERROR 出错
 */
public class ATMNetService implements IATMService{
  private UDPSerivce udpService;
  private String curAccountId;
```

```java
public ATMNetService(){
    udpService=new UDPSerivce(Cfg.PORT_ATM);
}
@Override
public Status login(String accId,String pwd){
    /*
     * (1)登录验证,发送 login:卡号:密码
     *              返回 login:卡号:金额:状态码:消息
     */
    String cmd=String.format("%s:%s:%s",Cfg.CMD_LOGIN,accId,pwd);
    udpService.send(cmd,Cfg.BANK_IP,Cfg.PORT_BANK);
    cmd=udpService.recv();
    System.out.println("ATM 收到:"+cmd);
    if(cmd==null || cmd.indexOf(":")<0)
        return Status.ERROR;
    String[] data=cmd.split(":");

    if(Cfg.CMD_LOGIN.equals(data[0]) && Cfg.STATUS_OK.equals(data[3])){
        curAccountId=accId;
        return Status.OK;
    }
    return Status.ERROR;
}
@Override
public Status deposit(String accId,double money){
    /*
     * (2)存款,发送 deposit:卡号:密码:金额
     *             返回 deposit:卡号:金额:状态码:消息
     */
    if(accId==null)
        accId=curAccountId;
    String cmd=String.format("%s:%s:%s:%f",Cfg.CMD_DEPOSIT,accId,"",money);
    udpService.send(cmd,Cfg.BANK_IP,Cfg.PORT_BANK);
    cmd=udpService.recv();
    System.out.println("ATM 收到:"+cmd);
    if(cmd==null || cmd.indexOf(":")<0)
        return Status.ERROR;
    String[] data=cmd.split(":");
    if(Cfg.CMD_DEPOSIT.equals(data[0]) && Cfg.STATUS_OK.equals(data[3])){
        return Status.OK;
    }
    return Status.ERROR;
}
@Override
public double getBalance(String accId){
    return 0;
}
```

```
    @Override
    public Status withDraw(String accId,double money){
        return null;
    }
    @Override
    public Status transfer(String fromAccId,String toAccId,double money){
        return null;
    }
    @Override
    public Status changePwd(String accId,String oldPwd,String newPwd){
        return null;
    }
    @Override
    public String getTransactions(String accId){
        return null;
    }
}
```

(5)Cfg 类的常量定义如下：

```
package com.csmzxy.soft.comm;
public class Cfg{
    public static final String CMD_LOGIN="login";
    public static final String CMD_DEPOSIT="deposit";
    public static final String CMD_WITHDRAW="withdraw";
    public static final String CMD_BALANCE="balance";
    public static final String CMD_TRANSFER="transfer";
    public static final String CMD_CHANGEPWD="changepwd";
    public static final String CMD_PRINT="print";
    public static final String STATUS_OK="OK";
    public static final String STATUS_ERROR="ERROR";
    public static final int PORT_BANK=12800;
    public static final int PORT_ATM=12802;
    public static final String BANK_IP="127.0.0.1";
}
```

(6)修改 Screen 类中的代码，将原来的构造函数中的代码"atmService = new ATMLocalService();"修改为"atmService=new ATMNetSerivce();"。

(7)调试运行程序，先启动运行 BankNetService 类，启动银行端的网络服务，再运行 ATMClient 类，启动 ATM 系统，对账户验证与存款功能进行验证，确保工作正常。

3. 任务拓展

完成 ATMNetService 与 BankService 两个类中的代码，完成 ATM 系统的取款、转账、查询、修改密码、打印交易记录等功能，确保 ATM 的各个功能在网络环境下正确运行。

三、独立实践

1.完善 ATM 系统的银行端处理程序，确保可以同时处理多台 ATM 系统的请求操作。

2.设计一个银行端的管理程序界面，可以对客户信息与账户信息进行增、删、改、查操作。

参考文献

[1] 陈炜,张晓蕾,侯燕萍,等.Java 软件开发技术[M].北京:人民邮电出版社,2005.

[2] 朱喜福,郭逢昌,赵玺.Java 网络应用编程入门[M].北京:人民邮电出版社,2005.

[3] 朱喜福.Java 程序设计[M].2 版.北京:人民邮电出版社,2007.

[4] 耿祥义.Java 课程设计[M].2 版.北京:清华大学出版社,2008.

[5] 赵丛军.Java 语言程序设计实用教程[M].3 版.大连:大连理工大学出版社,2008.

[6] 李芝兴,杨瑞龙.Java 程序设计之网络编程[M].2 版.北京:清华大学出版社,2009.

[7] 魏先民,徐翠霞.Java 程序设计实例教程[M].北京:中国水利水电出版社,2009.

[8] 耿祥义.Java 程序设计精编教程[M].北京:清华大学出版社,2010.

[9] 张兴科,季武昌.Java 程序设计项目教程[M].北京:中国人民大学出版社,2010.

[10] 王茹香.Java 网络程序设计项目教程:校园通系统的实现[M].北京:中国人民大学出版社,2010.

[11] 张广斌,孟红蕊,张永宝.Java 课程设计案例精编[M].2 版.北京:清华大学出版社,2011.

[12] 刘卫国.Java 程序设计[M].北京:中国铁道出版社,2012.

[13] 耿祥义,张跃平.Java 程序设计教学做一体化教程[M].北京:清华大学出版社,2012.

[14] 胡伏湘,雷军环.Java 程序设计实用教程[M].3 版.北京:清华大学出版社,2014.

[15] 向昌成,聂军,徐清泉,等.Java 程序设计项目化教程[M].北京:清华大学出版社,2013.

[16] (美)Herbert Schildt.Java 8 编程参考官方教程[M].9 版.北京:清华大学出版社,2015.

[17] 明日科技.Java 从入门到精通[M].4 版.北京:清华大学出版社,2016.

[18] (美)Ian F.Darwin.Java 经典实例[M].3 版.北京:中国电力出版社,2016.

[19] 黑马程序员.Java 自学宝典[M].北京:清华大学出版社,2017.

[20] 明日学院.Java 从入门到精通(项目案例版)[M].北京:中国水利水电出版社,2017.

[21] 李刚.疯狂 Java 讲义[M].4 版.北京:电子工业出版社,2018.

[22] 李兴华.名师讲坛:Java 开发实战经典[M].2 版.北京:清华大学出版社,2018.

[23] 孙修东,王永红.Java 程序设计任务驱动式教程[M].3 版.北京:北京航空航天大学出版社,2019.

[24] (美)约翰·刘易斯,彼得·德帕斯奎尔,乔·查斯.Java 程序设计与数据结构[M].4 版.北京:清华大学出版社,2019.

[25] (印度)沙姆·蒂克库.Java 程序设计入门[M].2 版.北京:人民邮电出版社,2020.

[26] 文杰书院.Java 程序设计基础入门与实战(微课版)[M].北京:清华大学出版社,2020.

[27] 郭俊.Java 程序设计与应用[M].北京:电子工业出版社,2021.

[28] 国信蓝桥教育科技(北京)股份有限公司.Java 程序设计高级教程[M].北京:电子工业出版社,2021.

[29] 郭俊.Java 程序设计与应用[M].北京:电子工业出版社,2021.

[30] 施威铭研究室.Java 程序设计(视频讲解版)[M].6 版.北京:水利水电出版社,2021.